全国电力行业［十四五］规划教材

TONGXINWANG LILUN JICHU

通信网理论基础

主编　李保罡

参编　张京席　王雅宁　孙景芳　李　然

主审　孔英会

中国电力出版社
CHINA ELECTRIC POWER PRESS

内 容 提 要

本书为全国电力行业"十四五"规划教材。

本书从网络的角度，对现代通信相关理论进行系统阐述。首先从通信网络的概论出发，简要介绍通信网的概念、构成、业务和分类等；其次对通信网络中的拓扑结构、业务常用分布、业务分析、流量与拥塞控制和可靠性等关键技术进行详细讨论；然后对组网中的多址接入、路由算法和交换技术进行讲解。全书内容在参考业界权威教材的基础上，考虑教育教学和学生学习需要，进行内容补充完善，并配有难易适中的习题。

本书可作为普通高等学校工科通信工程、电子信息工程、信息工程等专业本科学生、硕士研究生教材，也可供相关专业师生、工程技术人员参考。

图书在版编目（CIP）数据

通信网理论基础/李保罡主编 . --北京：中国电力出版社，2024.8
ISBN 978 - 7 - 5198 - 8922 - 7

Ⅰ.①通… Ⅱ.①李… Ⅲ.①通信网－高等学校－教材 Ⅳ.①TN915

中国国家版本馆 CIP 数据核字（2024）第 099004 号

出版发行：中国电力出版社
地　　址：北京市东城区北京站西街 19 号（邮政编码 100005）
网　　址：http://www.cepp.sgcc.com.cn
责任编辑：冯宁宁（010 - 63412537）
责任校对：黄　蓓　王小鹏
装帧设计：赵姗姗
责任印制：吴　迪

印　　刷：固安县铭成印刷有限公司
版　　次：2024 年 8 月第一版
印　　次：2024 年 8 月北京第一次印刷
开　　本：787 毫米×1092 毫米　16 开本
印　　张：14
字　　数：344 千字
定　　价：45.00 元

前　言

　　通信网络在现代社会中发挥着举足轻重的作用，通信网络相关的理论也是信息通信学科的重要专业理论基础。从 20 世纪 50 年代开始通信网络经过不断开拓，理论渐趋完整。本书的主要目的是讨论这些网络的共性原理基础，希望通过本课程的学习，使读者能够理解当今各种新型通信网络的设计原理和依据，同时为读者设计和构思其他新型的通信网络打下理论基础。

　　本书参考国内外知名的通信网络教材，包括《通信网理论基础》（周炯槃等编著）、《通信网性能分析基础》（苏驷希编著）和《通信网络基础》（李建东等编著）等，根据当前通信网络的最新发展动态，并结合作者多年一线教案和教学经验，进行编撰而成。书中对通信网络的拓扑结构、业务分析和可靠性分析等关键技术进行详细讨论，突出锻炼学生对通信网络相关问题的分析能力和解决能力。

　　本书共分为 9 章，第 1 章简要介绍了通信网的基本概念、构成、分类和通信网的协议体系以及通信网的基本理论问题等；第 2 章详细阐述了图论的基础知识，并对最短路径问题和流量分配问题进行了分析；第 3 章详细介绍了通信网性能分析中常用的随机过程，讨论了通信网性能分析中常用的分布；第 4 章主要讨论了排队系统的模型、Little 公式、$M/M/1$ 型和 $M/G/1$ 型排队系统以及通信网业务分析的方法；第 5 章简要介绍了流量和拥塞控制的概念、窗口式流控技术、漏斗算法及令牌漏斗算法的基本原理；第 6 章讨论了简单不可修复系统和可修复系统以及复杂系统的可靠度计算方法，以及通信网的可靠性定义、端局和线路故障下的可靠度、局间通信可靠度和综合可靠度等；第 7 章、第 8 章和第 9 章分别对多址技术、路由算法和交换技术进行了简要介绍。

　　本书由华北电力大学通信网络教学团队编写，包括李保罡教授、张京席讲师、王雅宁讲师、孙景芳讲师、李然讲师，全书由李保罡教授进行统稿。特别感谢华北电力大学的孔英会教授对全书进行审定，并提出了许多宝贵的修改意见。本书得到了国家自然科学基金项目（61971190）、河北省自然科学基金项目（F2022502020）、河北省高等教育教学改革研究与实践项目（2022GJJG405）、河北省省级研究生示范课程项目《现代通信网理论》（CKCJSX2022109）、华北电力大学教育教学改革项目（以"一流专业"建设为抓手的通信工程专业人才培养与课改协同研究，《通信网理论基础》云教材资源建设研究与实践）和华北电力大学线上线下混合课《通信网理论基础》建设项目等的支持。

　　有关本书的最新教学资料请联系中国电力出版社。

　　由于水平有限，书中难免有缺点和错误，敬请读者批评指正，谨此致谢。

编　者

2024 年 5 月

目　　录

第 1 章　通信网络概论

通信意味着信息的传递和交换，这对人类社会是不可缺少的，它是联系人类社会各组成要素的重要手段。特别是在现代社会中，信息的交换日益频繁，随着通信技术和计算机技术的进步，时间和空间的限制已经能够被克服，大量远距离的信息传输和交换成为可能和现实。通信网络能够使用户通过多种传输手段连接到网络之中，并以高速骨干网为基础，实现多种类型网络的互联、互通，为不同要求的用户提供不同速率、不同服务质量、不同类型的信息传输，从而满足社会需求，促进社会的进步。

本章首先讨论通信网的基本概念、构成、业务和分类，接着讨论网络的协议体系和分层，最后讨论通信网中涉及的基本理论问题。

1.1　通信网的概念与构成

通常，将信息从一个用户传送到另一个用户的全部设施称为一个通信系统。这些系统大部分应用在点对点环境，如微波系统、光通信系统和卫星通信系统等。而通信网络可以看作是用于完成任意用户间信息传输和交换的全部设备的总和，是通信系统的系统，即由许多通信系统组成的多点之间相互通信的全部设施。通信网络离不开具体的通信系统，但网络的很多问题带有整体和全局性质。通信网理论基础就是分析这些问题，如网络拓扑结构、路由、业务随机性和整体可靠性等。在通信网性能分析中，首先研究局部的性质，进而重点考虑网络的整体和全局问题。

点对点通信系统是通信网的基础形式，实际的通信网应解决任意两个用户间的通信问题。采用点对点方式为任意两个用户提供一条专用的信道是不现实的，因为这样需要提供的链路数将与用户数的平方成正比，在用户数较多时将造成线路的巨大浪费，链路的利用率也是比较低的，整个通信网的性价比将是不能接受的。

在实际的通信网中任意两个用户间通信的问题是通过交换技术完成的，即需要引入交换机，设置交换节点，如图 1-1 所示。通信网络的节点主要为交换和复接设备。通信网络中节点的主要功能是将多个用户的信息复接到骨干链路上或从骨干链路上分离出用户的信息。通过使用交换机，用户间不再直接相连，而是与交换机相连。在用户需要通信时，由交换机为该通信过程提供物理或逻辑连接。通过交换机的汇聚作用，使得用户可以低成本地共享骨干链路，进而低成本地实现任意用户之间的信息交换。而通常互联网络中的节点主要为路由器，其为网络中的分组提供选路。

实际的通信网络是由软件和硬件按照特定方式构成的一个通信系统，每一次通信都需要软硬件设施的协调配合来完成。从硬件构成来看：通信网由终端设备、交换设备和传输线路构成，它们完成通信网的基本功能：接入、交换和传输。软件设施则包括信令、协议、控制、管理和计费等，它们主要完成通信网的控制、管理、运营和维护，实现通信网的智能化。下面重点介绍构成通信网的硬件设备。

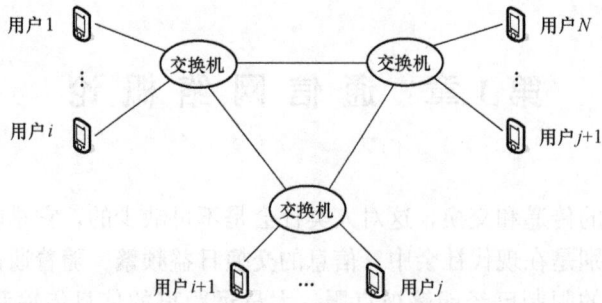

图 1-1　引入交换机后的基本通信网络示意图

1. 终端设备

终端设备是用户与通信网之间的接口设备，包括信源、信宿与变换器、反变换器的一部分。最常见的终端设备包括固网电话机、移动网电话机、传真机、计算机、机顶盒、可视电话终端和视频终端等。终端设备的功能包括以下三种：

（1）将待传送的信息和传输链路上传送的信息进行相互转换。在发送端，将信源产生的信息转换成适合于在传输链路上传送的信号；在接收端则完成相反的转换。

（2）将信号与传输链路相匹配，由信号处理设备完成。

（3）信令的产生和识别，即用来产生和识别网内所需的信令，以完成一系列控制作用。

2. 传输线路

传输线路即传输链路，是信息的传输通道，是连接网络节点的媒介。它一般包括点对点通信系统中的信道与变换器、反变换器的一部分。信道有狭义信道和广义信道之分，狭义信道是单纯的传输媒质；广义信道除了传输媒介之外，还包括相应的变换设备。

常用的信息传递信道包括无线信道和有线信道等。无线信道，主要由发射机、发射天线、接收天线、接收机以及电磁波传输的自由空间构成。按照设备使用的频率范围，一般将无线线路分为长波、中波、短波、超短波和微波等。有线信道，主要包括信号导引线、必要的增音器、均衡器或者再生器等。常用的有线传输方式包括架空明线、同轴电缆和光纤等，其中大量应用的光纤构成了现代电信网络的基础。

3. 交换设备

交换设备是构成通信网的核心要素，基本功能是负责集中、转发终端节点产生的用户信息，或转发其他交换节点需要转接的信息，实现一个呼叫终端（用户）和它所要求的另一个或多个用户终端之间的路由选择的连接。常见的交换设备有电话交换机、分组交换机、帧中继交换机、ATM 交换机、标签交换机等。

常用的交换方式有电路交换、分组交换以及 ATM 中的信元交换和 IP 交换等方式。

电路交换，特点是信息传递的过程包括呼叫建立、信息传输和呼叫清除 3 个阶段，交换信息的双方通过呼叫建立过程来建立端对端通信链路并独占这一部分线路资源，在通信结束后拆除链路并释放其占用的线路资源。这种交换方式由于通信双方在通信过程中占用固定带宽的链路，所以通信的时延性能等能够得到保障，对语音和其他实时性业务特别适合，但是如果信源是各类突发信源，则线路的利用率较低。

分组交换，适合于数据网络，有两种典型工作模式：面向连接和无连接网络。其中，在面向连接的数据网络中，通信的双方占用一个固定的逻辑链路而非实际的物理链路，具有较高的线路利用率，信道的复用方式为统计复用，但是难以保障时延特性，不适合实时通信。

ATM 中的信元交换，ATM 作为宽带综合业务数字网的解决方式，有专门的复用和交换方式，信元交换是其特有的交换方式，更类似于快速分组交换，但是由于高速的接入和信元流的复杂性，难度远高于一般分组交换。

IP 交换，通过处理 IP 数据包，网络以无连接方式工作，该方式与传统的面向连接的方式有很大区别。由于因特网络发展迅速，IP 交换技术已迅速进入传统的电信领域。

通信协议和标准是电信网络中的另一个重要组成部分。在具备了终端设备、传输线路和交换设备这些硬件后，要使一个通信系统能够正常运行，还需要具备相应的软件和标准。在电话网中，必须有约定的信令，在计算机网络中，必须有约定的协议，此外还必须约定一些传输的标准和质量标准，才能形成一个高效的有条不紊的通信网。从某种意义上说，没有这些规定就不能形成通信网，而通信网的性能和效率，在很大程度上取决于这些规定和规定的合理性。

1.2　通信网的业务与分类

现代通信网建设与运行的真正目的是要为用户提供他们所需的各类通信业务，满足他们对不同业务服务质量的要求，因此通信业务是最直接面向用户的。

目前各类网络为用户提供了大量的不同业务，业务的分类并无统一的方式，一般会受实现技术和运营商经营策略的影响。业务可以根据所提供的信息类型、用户的业务量特征、所依赖的技术和对网络资源的需求特征等进行分类。

1. 按照信息类型分类

（1）语音业务。例如固定电话业务、移动电话业务、VOIP、会议电话业务和电话语音信息服务业务等。该类业务不需要复杂的终端设备，所需带宽为 64kbit/s，采用电路或分组方式承载。

（2）数据业务。例如电子邮件、数据检索、Web 浏览、文件传输、局域网互联、面向事务的数据处理业务等，所需带宽差别较大。

（3）图像业务。例如传真、CAD/CAM 图像传送等。G4 类传真需要 2.4～64kbit/s 的带宽，而 CAD/CAM 则需要 64kbit/s～34Mbit/s 的带宽。

（4）视频和多媒体业务。例如可视电话、视频会议、视频点播、普通电视、高清晰电视等。其中，会议电视需要 64kbit/s～2Mbit/s，而高清晰电视需要 140Mbit/s。

2. 按照网络提供业务分类

（1）承载业务。网络在用户网络接口处提供的单纯的信息传送业务。网络用电路或分组交换方式将信息从一个用户网络接口透明地传送到另一个用户网络接口，而不对信息做任何处理和解释，它与终端类型无关。一个承载业务通常用承载方式（如分组交换或电路交换）、承载速率、承载能力（如语音、数据、多媒体）来定义。

（2）用户终端业务。所有面向用户的业务，在与终端的接口上提供，既反映了网络的信息传输能力，又包含了终端设备的能力。终端业务包括电话、传真、数据和多媒体等。一般来讲，用户终端业务都是在承载业务的基础上增加了高层功能而形成的。

（3）补充业务。又称附加业务，是由网络提供的，在承载业务和用户终端业务的基础上附加的业务性能。补充业务不能单独存在，必须与基本业务一起提供。常见的补充业务有主叫号码显示、呼叫转移、三方通信和虚拟专网等。

通信网络的分类是一个复杂的问题，一方面通信网络是一个庞大的对象，另一方面分类的标准也有许多。鉴于现代通信网络具有多方面的特征，因此现代通信网可以从以下不同的角度进行分类。

（1）按通信的业务类型进行分类。包括固定电话通信网、移动电话通信网、传真通信网、数据通信网、广播电视网、多媒体通信网和综合业务数字网等。

（2）按通信网的功能进行分类。包括接入网、传输网、业务网、信令网、电信管理网等。

（3）按通信的传输媒介进行分类。包括电缆通信网、光缆通信网、微波通信网、卫星通信网等。

（4）按通信传输处理信号的形式进行分类。包括模拟通信网和数字通信网等。

（5）按通信服务的范围进行分类。包括本地通信网、长途通信网和国际通信网或局域网（LAN）、城域网（MAN）和广域网（WAN）等。

（6）按通信服务的对象或运营方式进行分类。包括公用通信网、专用通信网等。

（7）按通信的活动方式进行分类。包括固定通信网和移动通信网等。

1.3　协议体系及分层概念

通信网除了上面介绍的终端设备、交换设备和传输线路等硬件外，还需要软件设施完成通信网的控制、管理、运营和维护，这就涉及一系列的通信规则和协议。完善的通信协议应当保证通信的终端能高效地向用户提供所需的服务，不同的通信功能需要不同的通信协议，如 IEEE 802.3、IP、TCP、HTTP 等。一个完整的通信系统需要一组通信协议来支撑，而通信协议通常可通过完善的协议体系来描述。为了描述协议体系，可以对通信网协议进行分层设计，这里先给出分层的概念。

1.3.1　分层的概念

通信网络的协议可按照分层的概念来设计。分层概念的基础是"模块"的概念。例如在计算机系统中，一个模块就是一个过程或一台设备，它完成一个给定的功能；若干个模块组成一个完整的系统功能、模块提供的功能通常称之为"服务"。

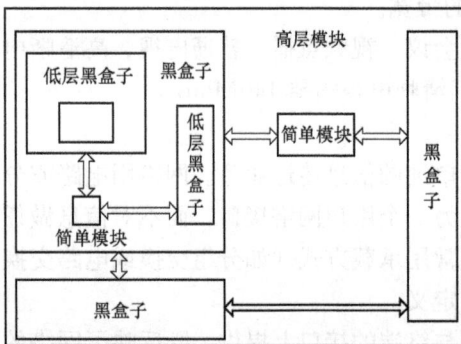

图 1-2　模块组成

对于模块设计人员，要关心该模块内部的细节和模块的操作。而对于模块使用人员，把模块当作一个黑盒子，只关心该模块的输入、输出以及输入输出的功能关系，而不关心模块内部的工作细节。简单模块可以嵌套组成更大的模块，如图 1-2 所示，其中高层模块由低层模块加上一些简单模块组成。

通信网络的分层可以看成由一套模块组成的体系结构，除了最底层由物理通信链路组成以外，每一个高层模块是由低层通信系统黑盒子加一组简单的模块组成，如图 1-3 所示。

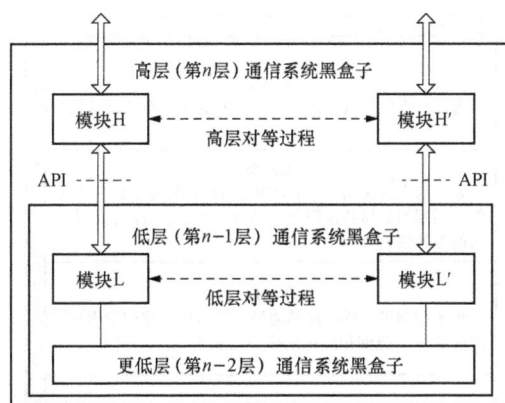

图 1-3　通信网络分层中的模块组成

　　由于信息的交换必须在双方进行，通信的双方必须有相同（或对应）的功能块才能完成给定的功能，因此在每一层双方两个功能相对应的模块就称为对等模块或对等过程。如图 1-3 中第 n 层的模块 H 和 H′，第 $n-1$ 层的模块 L 和 L′都是对等模块。在该图中，低层（第 $n-1$ 层）模块本身由低层（第 $n-1$ 层）的对等模块和更低层（第 $n-2$ 层）的通信系统黑盒子组成。

　　假设讨论的是第 n 层，那么一个节点中第 n 层对等模块与对方节点中第 n 层对等模块通过第 $n-1$ 层进行通信时，有两个非常重要的方面。第一个方面是：需要有一个分布式算法（或称为协议）来供两个对等层相互交换消息，以便为高层提供所需的功能和业务。第二方面是第 n 层和第 $n-1$ 层之间的接口（API），该接口对于实际系统的设计和标准化非常重要。

1.3.2　OSI 协议的体系结构

　　国际标准化组织（ISO）将通信网络协议体系结构模型分为七个层次：应用层、表示层、会话层、运输层、网络层、数据链路层和物理层，并将它作为开发协议标准的框架。该模型被称为开放系统互连（OSI）参考模型，如图 1-4 所示。

　　各层的主要功能如下：

　　（1）第一层：物理层（physical layer）。在由物理通信信道连接的任一对节点之间，提供一个传送比特流（比特序列）的虚拟比特管道。在发端它将从高层接收的比特流变成适合于物理信道传输的信号，在收端再将该信号恢复成所传输的比特流。物理信道包括：双绞线、同轴电缆、光缆、无线电信道等。

　　（2）第二层：数据链路层（data link layer）。物理层提供的仅仅是原始的数字比特流（非结构化的比特流）传送服务，它并不进行差错保护。而数据链路层负责数据块（帧）的传送，并进行必要的同步控制、差错控制和流量控制。由于有了第二层的服务，它的上层可以认为链路上的传输是无差错的。

　　（3）第三层：网络层（network layer）。网络层的基本功能是把网络中的节点和数据链路有效地组织起来，为高层（终端系统）提供透明的传输通路（路径），使高层的功能独立于用来连接网络节点的传输和交换技术。网络层通常分为两个子层：网内子层和网际子层。网内子层解决子网内分组的路由、寻址和传输问题；网际子层解决分组跨越不同子网的路由选择、寻址和传输问题。它还包括不同子网之间速率匹配、流量控制、不同长度分组的适

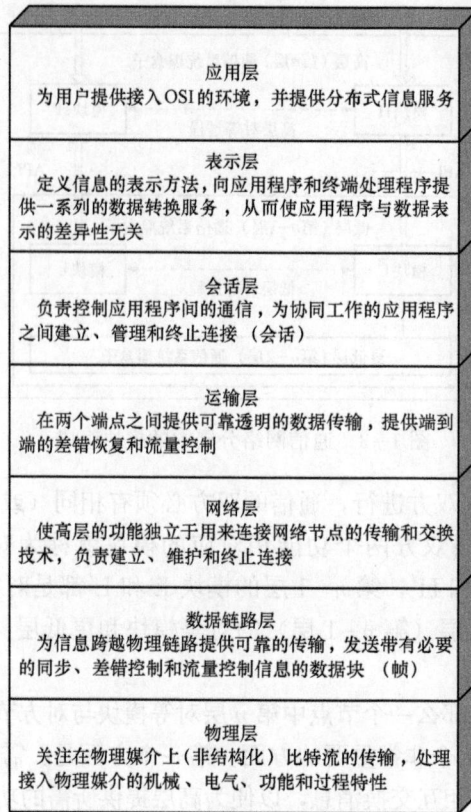

应用层
为用户提供接入OSI的环境，并提供分布式信息服务

表示层
定义信息的表示方法，向应用程序和终端处理程序提供一系列的数据转换服务，从而使应用程序与数据表示的差异性无关

会话层
负责控制应用程序间的通信，为协同工作的应用程序之间建立、管理和终止连接（会话）

运输层
在两个端点之间提供可靠透明的数据传输，提供端到端的差错恢复和流量控制

网络层
使高层的功能独立于用来连接网络节点的传输和交换技术，负责建立、维护和终止连接

数据链路层
为信息跨越物理链路提供可靠的传输，发送带有必要的同步、差错控制和流量控制信息的数据块（帧）

物理层
关注在物理媒介上（非结构化）比特流的传输，处理接入物理媒介的机械、电气、功能和过程特性

(a)

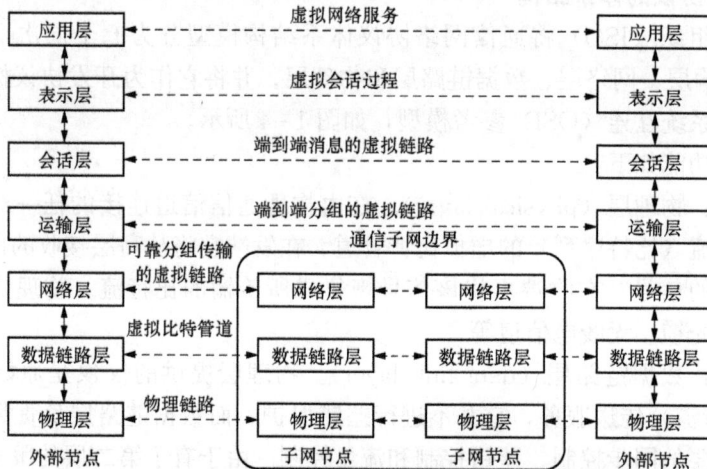

(b)

图 1-4　OSI 参考模型

（a）OSI 参考模型各层的功能；（b）OSI 参考模型对等层之间的相互关系

配、连接的建立、保持和终止等问题。

（4）第四层：运输层（transport layer）。运输层可以看成是用户和网络之间的"联络

员"。它利用低三层所提供的网络服务向高层提供可靠的端到端的透明数据传送。它根据发端和终端的地址定义一个跨过多个网络的逻辑连接（而不是第三层所处理的物理连接），并完成端到端（而不是第二层所处理的一段数据链路）的差错校正和流量控制功能。它使得两个终端系统之间传送的数据单元无差错，无丢失或重复，无次序颠倒。

当高层需要高的吞吐量时，运输层可以产生多个网络连接。当产生和维护一个网络连接代价较高时，运输层可以将多个运输层的连接复接到一个网络连接中。当用户终端系统运行多个 session 时，运输层需要建立多个连接，并正确区分不同连接中不同 session 的消息。

（5）第五层：会话层（session layer）。会话层负责控制两个系统的表示层（第六层）实体之间的对话。它的基本功能是向两个表示层实体提供建立和使用连接的方法，而这种表示层之间的连接就称为"会话"（session）。除此之外，会话层还可以提供一些其他服务，例如提供不同的通信类型（双工，全双工，单工等），以及遇到故障时通信的恢复（同步）。即会话层除向高层提供连接外，还考虑了通信的规则和连续性，例如，一个 session 可允许一个用户登录到一个远端的分时系统，或允许两个机器之间进行文件传输。

（6）第六层：表示层（presentation layer）。表示层负责定义信息的表示方法，并向应用程序和终端处理程序提供一系列的数据转换服务，以使两个系统用共同的语言来进行通信。表示层的典型服务有：数据翻译（信息编码、加密和字符集的翻译），格式化（数据格式的修改及文本压缩）和语法选择（语法的定义及不同语言之间的翻译）等。

（7）第七层：应用层（application layer）。应用层是最高的一层，直接向用户（即应用进程 AP）提供服务，它为用户进入 OSI 环境提供了一个窗口。应用层包含了管理功能，同时也提供一些公共的应用程序，如文件传送，作业传送和控制，事务处理，网络管理等。应用层仅完成自己的功能，即特定应用规定的特定任务，而其他各层完成的是满足不同应用要求的总任务中的一部分。

以上七层功能又可按其特点分为两类，即低层功能和高层功能。低层功能包括了第一层至第三层的全部功能，其目的是保证系统之间跨越网络的可靠信息传送；高层功能指第四层至第七层的功能，是一些面向应用的信息处理和通信功能。

在 OSI 七层模型中，许多层具有类似的功能，因此在实际系统中，并不一定需要所有七层的功能，可以根据需要仅有其中部分层次，以提高网络效率。

1.3.3　TCP/IP 协议的体系结构

TCP/IP（transmission control protocol / internet protocol，传输控制协议/网际协议）协议族是美国国防部高级研究规划局（DARPA）所资助的实验性分组交换网络 ARPARNET 上研究开发成功的。TCP/IP 协议在一定程度上参考了 OSI 的体系结构。但是 OSI 模型的七层协议显然是有些复杂的，所以 TCP/IP 协议族去除 OSI 七层模型中的表示层和会话层，将通信任务组织成五个相对独立的层次：应用层、运输层、互联网层、网络接入层、物理层。

TCP/IP 协议族重点强调应用层、运输层和互联网层，而对网络接入层只要求能够使用某种协议来传送互联网层的分组。

TCP/IP 协议族与 OSI 七层模型的对应关系如图 1-5 所示。

网络接入层的主要功能是解决与硬件相关的功能，向互联网层提供标准接口。从网络的角度来讲，它是解决在一个网络中两个端系统之间传送数据的问题，以及一个端系统（例如计算机）和它连接的网络之间的数据交换。发端计算机必须给网络提供目的计算机的地址，

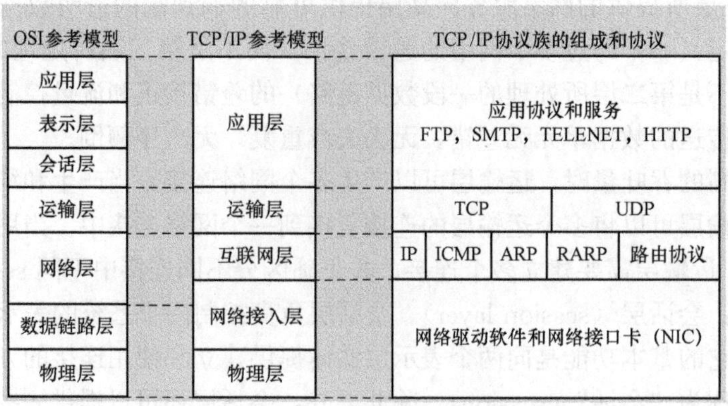

OSI参考模型	TCP/IP参考模型	TCP/IP协议族的组成和协议
应用层		

图中内容：

OSI参考模型	TCP/IP参考模型	TCP/IP协议族的组成和协议
应用层 表示层 会话层	应用层	应用协议和服务 FTP, SMTP, TELENET, HTTP
运输层	运输层	TCP / UDP
网络层	互联网层	IP　ICMP　ARP　RARP　路由协议
数据链路层 物理层	网络接入层 物理层	网络驱动软件和网络接口卡（NIC）

图 1-5　TCP/IP 协议族与 OSI 七层模型的对应关系

以便网络将数据传到相应的目的地。发端可以充分利用网络提供的服务。

如果两台设备连在两个不同的网络上，要使数据穿过多个互联的网络正确地传输，这是互联网层（网际层）要完成的功能。该层采用的协议称为互联网协议（IP），它提供跨越多个网络的选路功能和中继功能。IP 解决了网络互联问题，但它是一个不可靠的传输协议。在传输过程中可能会出现 IP 报文的错误、丢失和乱序等问题。与 IP 一起工作的还有（Internet Control Message Protocol，ICMP）、（Address Resolution Protocol，ARP）、（Reverse ARP，RARP）等协议，如图 1-5 所示。

TCP/IP 协议族中的运输层（也称为主机到主机层）采用两种不同的协议：TCP 和 UDP。TCP 为应用程序之间的数据传输提供可靠连接，它是面向连接的传输控制协议。UDP（User Datagram Protocol）为应用层提供无连接的服务，它并不保证一定传到，也不保证按顺序传输以及不重复传送。

TCP/IP 协议族中应用层的主要协议有：文件传送协议（File Transfer Protocol，FTP）、简单邮件传送协议（Simple Mail Transfer Protocol，SMTP）、远程登录协议（TELNET）、域名服务（Domain Name Service，DNS）、网络新闻传送协议（Network News Transfer Protocol，NNTP）、超文本传送协议（Hyper Text Transfer Protocol，HTTP）、简单网络管理协议（Simple Network Management Protocol，SNMP）等。

可见，TCP/IP 协议族对互联网中各部分通信的标准和方法进行了规定。TCP/IP 协议族不仅仅指的是 TCP 和 IP 两个协议，而是指一个由 FTP、SMTP、TCP、UDP、IP 等协议构成的协议簇，能够在多个不同网络间实现信息传输，只是因为在 TCP/IP 协议中 TCP 协议和 IP 协议最具代表性，所以被称为 TCP/IP 协议。

由于现代通信网络的低层基本都是参照 OSI 的模型设计的，而 TCP/IP 协议随着 Internet 的飞速发展而被广泛采用，因而通常采用混合的分层协议体系来描述一个信息网络，包括应用层（对应 OSI 模型的应用层、表示层和会话层）、运输层、网络层、数据链路层和物理层，这也是在计算机网络分析中常用的分层方法。

1.4　通信网的基本理论问题

区别于通信系统中两个用户间点对点的信息传输过程，通信网络需要实现任意两个用户之间的相互通信，这将面临用户之间相互影响、传输通道铺设成本等问题。因此，通信网络的基本问题就是如何以尽可能低的成本有效地解决处于任何地理位置的任意两个用户之间即时信息传递问题。

通常，从用户的观点来看待网络，所关心的问题主要是如何将用户消息快速而准确地传给对方，这就涉及网络传输路径中的链路传输可靠性和有效性，即端到端的传输问题。而从网络设计的观点来看待网络，将会考虑更多的基本问题。

所面临的第一个问题是在建立新网和网络扩展时，如何设置网络的接入点和网络节点，使得众多的用户能够方便地接入到网络之中，经济地共享高速大容量的骨干链路和网络。这是网络拓扑设计和网络覆盖问题，需要通过拓扑结构分析、网络优化进行合理的规划和设计，以便减少建网投资，提高网络的运行质量和资源利用率。

第二个问题是在有线或无线链路上传输业务，由于传输资源有限，诸多业务需要竞争使用相同的传输资源，而不同的业务到达过程具有随机性，对网络的需求也具有随机的特性，更加剧了这种竞争。上述竞争的根本原因是业务需求的随机性与服务设施的有限性之间的矛盾，这就需要对通信网业务的分布进行建模，对这种资源竞争进行建模，以便使通信网络达到更优的性能。

第三个问题是如何保证网络稳定运行，即如何避免网络中某条链路、某个子网或整个信息网络发生拥挤和阻塞，它包括用户接入网络的业务流量和网络内部的流量管理和控制。这是流量控制问题。

第四个问题是通信网络是由诸多网络设备、传输链路构成，任何设备或链路的故障都可能对部分或全部通信网业务的正常运行造成影响，如何保证通信网络能够稳定可靠地提供服务，即可靠性问题。需要基于可靠性理论，对通信网络专门进行分析，找到提升可靠性的有力措施。

第五个问题是众多的用户如何共享一个物理媒介，即多址问题。需要通过对时间、频率等资源进行合理分配，实现对同一物理媒介的高效利用。

第六个问题是如何为用户的消息或分组选择最佳的传输路径，从而使得用户的消息或分组在一个子网内或跨越多个网络时能快速、可靠地传送到对方。这是路由问题。

第七个问题是采用什么样的传输和交换机制，为用户提供最佳的服务（如具有最短的服务时延）。通常，基本传输的单元是分组、消息、信息流（线路），交换机制包括电路交换、分组交换等，在第几层使用交换技术。

除上述问题外，还有网络管理问题，它包括安全管理、计费管理、故障管理、配置管理和性能管理。

围绕上述通信网络中的基本理论问题，限于篇幅，本书将重点讨论通信网结构分析、时延分析和可靠性分析等，因此，本书章节从以下几个方面进行展开。

第 1 章为通信网络概论，简要介绍了通信网的基本概念、构成、分类，和通信网的协议体系以及通信网的基本理论问题等。

第 2 章为通信网的拓扑结构，详细阐述了图论中图的定义、树、割集、矩阵表示，并对最短路径问题和流量分配问题进行了分析，介绍了求最小主树的 Prim 算法、Kruskal 算法和破圈法，求端间最短径的 Dijkstra 算法和 Floyd 算法，以及最大流问题和最佳流问题，简要介绍了单中位点和多中位点的站址选择问题。

　　第3章为通信网业务的常用分布，详细介绍了通信网性能分析中常用的随机过程，包括马尔可夫过程、生灭过程、计数过程、泊松过程，讨论了通信网性能分析中常用的分布，包括指数分布、k阶爱尔兰分布、R阶指数分布，给出了概率生成函数的概念及其用途。

　　第4章为排队论及其在通信网中的应用，详细介绍了排队系统的模型、性能指标，讨论了排队系统的 Little 公式及其应用方法，进而讨论了 $M/M/1$ 型和 $M/G/1$ 型排队系统的稳态特性，给出了排队网络的概念及分析方法，详细说明了通信网业务分析的方法。

　　第5章为流量与拥塞控制，简要介绍了流量和拥塞控制的概念，阐述了窗口式流量和拥塞控制的原理及窗口式流控技术，漏斗算法及令牌漏斗算法的基本原理，给出了分组交换网络的拥塞控制机制及高级拥塞控制机制。

　　第6章通信网的可靠性通过引入系统的可靠度和寿命等参数指标，重点讨论简单不可修复系统和可修复系统以及复杂系统的可靠度计算方法，介绍了网络可靠性的定义、度量参数体系、建模、计算与评估以及设计原则等，重点阐述了通信网的可靠性，包括可靠性定义、联结性、端局和线路故障下的可靠度、局间通信可靠度和综合可靠度等。

　　第7章～第9章分别对多址技术、路由算法和交换技术进行了简要介绍。其中多址接入技术包括固定多址接入、随机多址接入技术和基于预约的多址接入，讨论了 FDMA 和 TDMA、纯 ALOHA 和时隙 ALOHA、CSMA 及 CSMA/CD 和 CSMA/CA 等。路由算法部分介绍了各种路由选择算法，包括广域网、互联网、Ad Hoc 网络中的路由算法。交换技术部分介绍了电路交换、分组交换、ATM 交换、多协议标签交换、软交换等的概念和原理。

1.5　小结与思考

　　本章从点对点通信系统开始引入通信网的基本概念与构成，然后根据所提供的信息类型、用户的业务量特征、所依赖的技术和对网络资源的需求特征等对通信网业务进行分类，进而对通信网进行分类，接着从分层概念引入通信网的协议体系，阐述了 OSI 协议的体系结构和 TCP/IP 协议的体系结构，最后讨论了通信网的基本理论问题，包括网络拓扑设计和网络覆盖、传输和交换机制、多址问题、路由问题和流量控制问题等。

　　通信网络系统可以实现信息社会中信息的传递，在信息传递的快速性、有效性、可靠性、多样性以及经济性方面，通信网一直经历不断的优化，通信网的高速发展也不断推动通信网络理论的发展，掌握通信网的理论知识对于网络的规划、设计、建设和维护等实践活动具有很大帮助。

习　题

1.1　通信网络是由哪些基本要素构成的？试以一种常用通信网络进行举例说明。

1.2　如何对通信网业务进行分类？

1.3　试述 OSI 七层模型和 TCP/IP 协议体系的区别和联系。

1.4　通信网络分层的基本概念是什么？什么是对等层？

1.5　通信网络要研究的基本理论问题包含哪些？

第 2 章　通信网的拓扑结构

拓扑结构是对通信网进行规划和设计过程中第一层次的问题，网络的多种性质都与其拓扑结构关系密切，包括网络的可靠性、流量分配、路由选择等，对网络拓扑结构进行分析是非常基本且关键的问题。

通信网的拓扑结构可以用图论模型来代表，本章将从图论的基本知识开始，包括图论的起源、图的相关定义、图的矩阵表示等，在此基础上对最短路径和流量分配等问题进行重点探讨，最后介绍通信网站址选择过程中的主要问题。

2.1　图论的基本知识

在自然界和人类社会的实际生活中，用图形来描述某些对象（或事物）之间具有某种特定关系常常会特别方便。例如，用工艺流程图来描述某项工程中各工序之间的先后关系，用竞赛图来描述某循环比赛中各选手之间的胜负关系，用网络图来描述某通信系统中各通信站之间的信息传递关系，用交通图来描述某地区内各城市之间的铁路连接关系，用原理电路图来描述某电器内各元件导线之间的连接关系，等等。图形中的点表示对象（如上面的工序、选手、通信站等），两点之间的有向或无向连线表示两对象之间具有某种特定的关系（如上面的先后关系、胜负关系、传递关系、连接关系等）。由于人们感兴趣的是两对象之间是否有某种特定关系，所以图形中两点间连接与否甚为重要，而连接线的曲直长短则不重要，由此数学抽象产生了图的概念，研究图的基本概念和结构性质、图的理论及其应用构成了图论的主要内容。

本节将从通信网的需要出发，介绍图论的基础知识，需要更全面更详细了解图论内容的读者，可参阅图论的相关专著。需要注意的是，不同的书在某些术语和定义上存在一些差异。

2.1.1　图论的起源

1736 年，年轻的数学家欧拉来到普鲁士的古城哥尼斯堡（今俄罗斯加里宁格勒）。普瑞格尔河正好从市中心流过，河中心有两座岛屿，岛和两岸之间建有七座桥。当地居民有一项消遣活动，就是试图从城的某一个部分出发，每座桥恰好走过一遍并回到原出发点，即遍历每一座桥，同时不重复经历任何一座桥，但从来没人成功过。

首先能想到的方法是把经过七座桥的走法都列出来，一个一个地试验，但七座桥的所有走法共有 7! ＝5040 种，逐一试验将是很大的工作量。欧拉作为数学家，当然没那样想。欧拉把两座岛和河两岸抽象成顶点，每一座桥抽象成连接顶点的一条边，那么哥尼斯堡的七座桥就抽象成如图 2-2 所示。假设每座桥都恰好走过一次，那么对于每个顶点，需要从某条边进入，同时从另一条边离开，进入和离开顶点的次数是相同的，即有多少条进入的边，就有多少条出去的边，也就是说，每个顶点相连的边是成对出现的，即每个顶点相连边的数量必须是偶数。而在如图 2-2 中 B、C、D 三个顶点的相连边都是 3 个，顶点 A 的相连边为 5

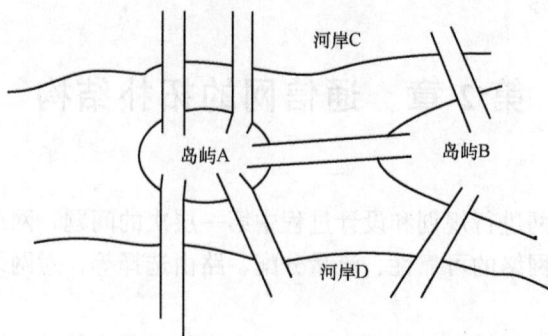

图 2-1　哥尼斯堡七座桥图

个，都为奇数。因此，这个图无法从一个顶点出发，遍历每条边各一次，回到原出发点。

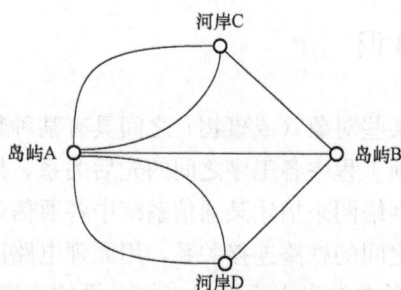

图 2-2　哥尼斯堡七座桥问题抽象成的图

现在看来，欧拉的证明过程非常简单，但他对七座桥问题的抽象和论证思想，开创了一个新的学科：图论。

2.1.2　基本定义

所谓一个图 G（n 个端，m 条边），是指给定一个端点集合 $V=\{v_1, v_2, \cdots, v_n\}$，以及边的集合或 V 中元素的序对集合 $E=\{e_1, e_2, \cdots, e_m\}$，图一般用 $G=(V, E)$ 来表示。

当集合 V 和 E 均为有限集时，所构成的图称为有限图，否则就称为无限图，一般讨论有限图。某边的端为 v_i 和 v_j，称这条边与 v_i 和 v_j 关联，这条边也可记为 (v_i, v_j) 或 $e_{i,j}$。

以图 2-3 为例，可以表示为 $G=(V, E)$，其中 $V=\{v_1, v_2, v_3, v_4\}$，$E=\{e_1, e_2, e_3, e_4\}$；或 $E=\{(v_1, v_2), (v_1, v_3), (v_2, v_3), (v_3, v_4)\}$，或 $E=\{e_{1,2}, e_{2,3}, e_{1,3}, e_{3,4}\}$。

根据端间关系，可以把图分为有向图和无向图。如果有边 (v_i, v_j) 就一定有边 (v_j, v_i)，则称该图为无向图；反之则称为有向图。如图 2-3 所示为无向图。

若端集 V 是空集，则不可能有边集 E，这样的图就称为空图。若边集 E 是空集，但端集 V 可以有元而不是空集，只是这些端间无关系，所以称为孤立点图。从图的基本定义可见，在一个图中，无端必定无边，无边却不一定无端。

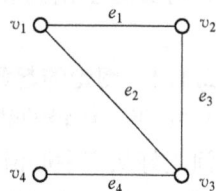

图 2-3　图的基本定义

以上抽象地定义了图的含义，可覆盖许多领域，它的理论也就可应用到许多实际问题中去。但是，最直观地表达图的含义的还是几何图形。因此有图、端、边等术语。此时，端集 V 中的 n 个元可用 n 个点来代表，而边集 E 中的 m 个元就是 m 条连线。在无向图中，边就是一般的连线，而在有向图中，由于端间关系的不可逆性，可用带箭头的连线。图 2-4 画出了一些图的例子。如图 2-4（a）中没有边，是孤立点图；如图 2-4（b）中的连线都没有带箭头，是无向图；如图 2-4（c）中的连线有些有箭头，就是有向图。

图 2-4（b）中的 e_1 边所关联的两个端是同一个端 v_1，这种边一般称为自环；而与 v_2 和

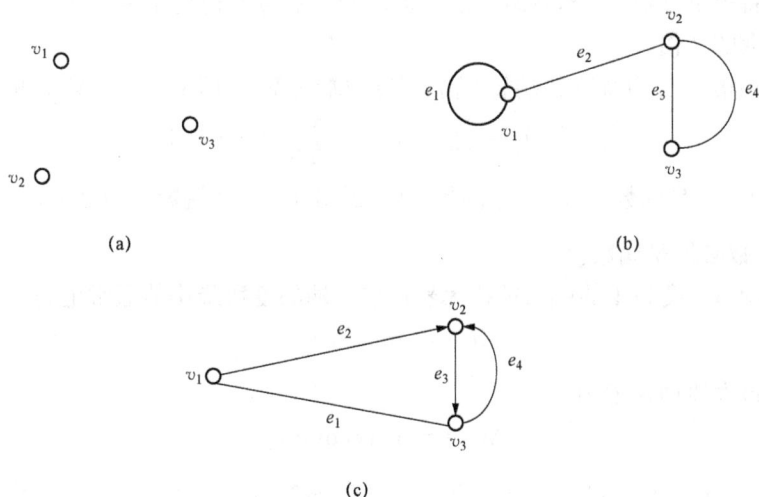

图 2-4 各种图的几何表示

(a) 孤立点图；(b) 无向图；(c) 有向图

v_3 相关联的边有 2 条，即 e_3 和 e_4，这种可称为重边，重边的重数也可为 3 或更多。图 2-4 (c) 中的 e_3 和 e_4，虽然也同样与 v_2 和 v_3 相关联，但箭头方向不同，不能称为重边，因为一条是从 v_2 射出，另一条是射入 v_2。在实际问题中，重边常可合并成一条边，但像图 2-4 (c) 中的 e_3 和 e_4，合并后将成为无向边；反之，像 e_1 那样的无向边，也可以画成两条不同方向的有向边，使有向图中没有无向边。

一个不含自环和重边的图称为简单图，本章如无特别声明，主要讨论简单图。

在通信网中，图的连通性起着非常重要的作用，为了确切说明连通的意义，先讨论端的度数。

与某端相关联的边数可定义为该端的度数，记为 $d(v_i)$。如图 [2-5 (a)]，$d(v_1) = d(v_3) = 3$，$d(v_2) = d(v_4) = 2$。若为有向图，则用 $d^+(v_i)$ 表示离开或从 v_i 射出的边数，用 $d^-(v_i)$ 表示进入或射入 v_i 的边数，以及用 $d(v_i) = d^+(v_i) + d^-(v_i)$ 表示 v_i 的度数。如图 2-5 (b) 中，$d^+(v_1) = 2$，$d^-(v_1) = 1$，$d(v_1) = d^+(v_1) + d^-(v_1) = 3$；$d^+(v_2) = d^-(v_2) = 1$，$d(v_2) = d^+(v_2) + d^-(v_2) = 2$ 等。

图 2-5 的度数有下列两个性质：

(1) 对于有 n 个端，m 条边的无向图 G，必有

$$\sum_{i=1}^{n} d(v_i) = 2m \qquad (2-1)$$

而若 G 是有向图，则有

$$\sum_{i=1}^{n} d^+(v_i) = \sum_{i=1}^{n} d^-(v_i) = m \quad (2-2)$$

(2) 任何图中，度数为奇数的端的数目必为偶数。

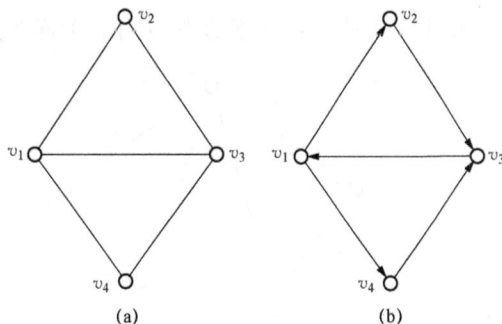

图 2-5 无向图和有向图的度数

这两个性质都是很容易证明的，由于任何边或与 2 个不同的端关联，或与一个端关联而

形成自环，都将提供度数 2，对各端点的度数求和，对每条边均重复一次，所以所有端的度数之和必为边数的 2 倍。

若将图的端集 V 分为奇度数端集 V_1 和偶度数端集 V_2，即 $V=V_1+V_2$，根据上述性质有

$$\sum_{v_i \in V} \mathrm{d}(v_i) = \sum_{v_j \in V_1} \mathrm{d}(v_j) + \sum_{v_k \in V_2} \mathrm{d}(v_k) = 2m \qquad (2\text{-}3)$$

由于各 $\mathrm{d}(v_k)$ 是偶数，$2m$ 也是偶数，则 $\sum_{v_j \in V_1} \mathrm{d}(v_j)$ 为偶数，但 $\mathrm{d}(v_j)$ 为奇数，所以在 V_1 中 v_j 的个数必须是偶数。

对于一个图 G，度为 1 的端点被称为悬挂点。端的度数最小值通常记为

$$\delta(G) = \min_{v_i \in V}[\mathrm{d}(v_i)] \qquad (2\text{-}4)$$

端的度数最大值通常记为

$$\Delta(G) = \max_{v_i \in V}[\mathrm{d}(v_i)] \qquad (2\text{-}5)$$

给定图 $G=(V, E)$，若 $V_1 \subseteq V$，$E_1 \subseteq E$，则称图 $G_1=(V_1, E_1)$ 是图 G 的子图，即 $G_1 \subseteq G$；若 $G_1 \subseteq G$ 且 $G_1 \neq G$，则称 G_1 是 G 的真子图；若 $V_1=V$ 且 $E_1 \subseteq E$，则称 G_1 是 G 的支撑子图。

下面考虑图的连通性，为此考虑图中不同类型的连续轨迹。

1）边序列：有限条边的一种串序排列称为边序列。边序列中各条边是首尾相连的，某条边可以在序列中重复出现，一个端也可以重复出现。

2）链：没有重复边的边序列称为链，也就是在链中每条边只能出现一次。通常链是指开链，即起点和终点不是同一个端。图 2-6 中，$(e_1, e_3, e_5, e_4, e_2, e_6)$ 是一条从 v_1 到 v_4 的链，端 v_2 在链中经过了两次。

3）径：既无重复边，又无重复端的边序列称为径，图 2-6 中 (e_1, e_3, e_5) 是 v_1 到 v_5 之间的一条径。

4）环：若链的起点与终点重合，即闭链，图 2-6 中 $(e_1, e_2, e_6, e_3, e_4, e_7)$ 是一个环。

5）圈：若径的起点与终点重合，即闭径，也是环，图 2-6 中 (e_5, e_4, e_2, e_6) 是一个圈。

现在来讨论连通图的一般定义和相关问题。图内任何两端之间至少有一条径，这图就称为连通图，否则就是非连通图。对于非连通图来说，它被分为几个连通分支或最大连通子图，如图 2-7 所示，非连通图 G 有 3 个连通分支。之后讨论的重点为简单连通图。

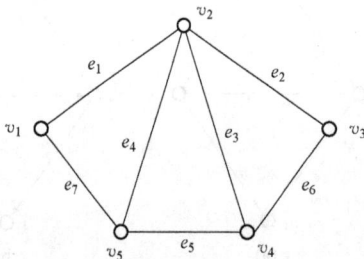

图 2-6　图的链、径、环、圈

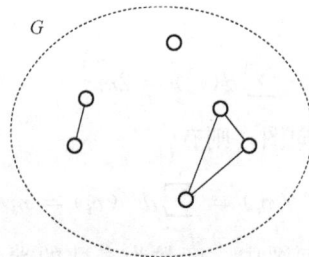

图 2-7　图的连通分支

下面介绍几种特殊的图。

（1）完全图 K_n：若图中有 n 个端点，且任何两端间均有一条边，这个图称为完全图或全连通图，完全图边和端之间关系为

$$m = \binom{n}{2} = \frac{n(n-1)}{2} \qquad (2-6)$$

此外，各端度数均为 $\mathrm{d}\,(v_i) = n-1$，完全图是连通性最好的图。$n=6$ 的完全图如图 2-8 所示，各端度数均为 5。

（2）两部图：两部图的端点集合可分为两个部分，所有边的两个邻端分别在这两个集合中。特别地，完全两部图 $K_{m,n}$ 的端点集合有两个部分，分别有 m 和 n 个端点，从两个端集合中各任取一个端，它们之间都有一条边，共有 mn 条边。类似地可以有多部图，如图 2-9 所示的端点集合有两部分，分别有 2 和 3 个端点，共有 6 条边。

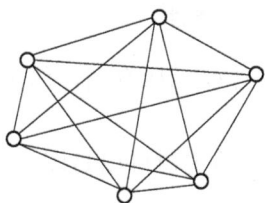 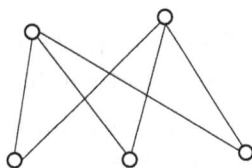

图 2-8　完全图 K_6　　　　图 2-9　完全两部图 $K_{2,3}$

（3）正则图：所有端的度数都相等的连通图称为正则图。正则图连通性最均匀，完全图是正则图，但正则图不一定是完全图。如图 2-10 (a) 和 (b) 所示分别为各端度数为 2 和 3 的正则图。

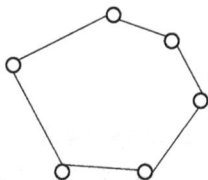 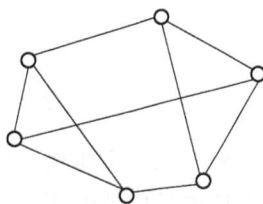

　　　　(a)　　　　　　　　　　　　(b)

图 2-10　正则图

（4）欧拉图：各端度数均为偶数的图称为欧拉图。欧拉图可以是连通图，也可以是非连通图，但后者的各连通分支必须均为连通的欧拉图。在连通的欧拉图中，必须可找到一个遍历所有边且回到起点的漫游，同时每条边仅经过一次。如图 2-10 (a) 为欧拉图。

2.1.3　树与主树

树是图论中一个非常简单却又十分重要的概念，许多理论结果都是从树出发的，树的定义有多种，但是都是等价的，所以可任取一种作为定义，其他的作为树的性质。

树的定义为任何二端间有径且只有一条径的图。由此可引出以下性质：

（1）树是无环的连通图。这是显而易见的，因为任何二端间有径的图为连通图，而只有一条径则不能有环。

（2）树是最小的连通图。也就是说，树中去掉任何一条边就变为非连通图，丧失了连通性，所以是最小的。

（3）任意树的边数 m 和端数 n 满足 $m=n-1$。

（4）除单点树外，树至少有两个端度数为1。如图 2-11 所示，画出了几种树的例子。

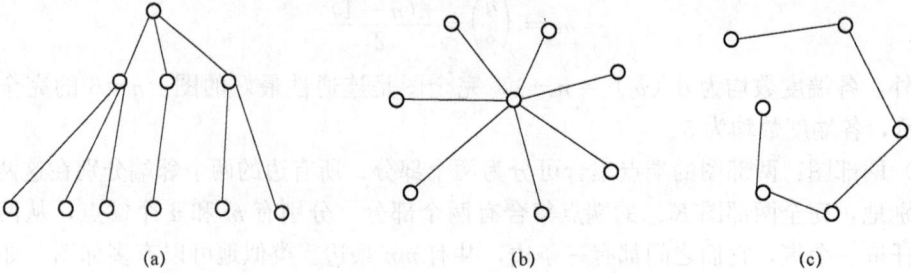

图 2-11　树
(a) 根树；(b) 星树；(c) 线树

如果树 T 是连通图 G 的子图，$T\subset G$，且 T 包含 G 的所有端，称 T 是 G 的支撑树或主树。也就是说，主树是覆盖连通图所有端的树。

通常连通图至少有一个主树，如图 2-12（a）的主树可以是图 2-12（b），也可以是图 2-12（c），除此之外还有其他主树。

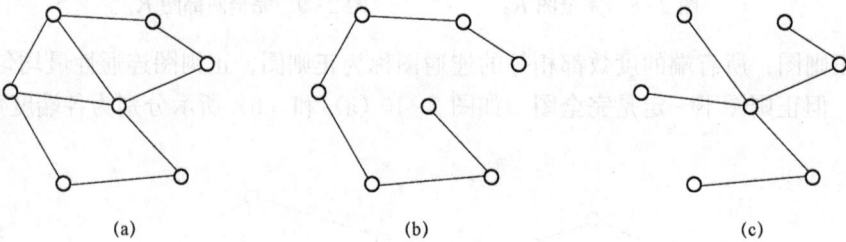

图 2-12　主树

如果在一个连通图中确定了一个主树，则图的边集可分为两类，主树上的边称为树枝，非树枝的边称为连枝。主树就是树枝的集合，连枝的集合称为连枝集或树补。不同的主树对应不同的连枝集。

连通图 G 的主树 T 的树枝数称为图 G 的阶。若 G 有 n 个端，则它的阶为

$$\rho(G) = n-1 \qquad (2-7)$$

连通图 G 的连枝集的连枝数称为图 G 的空度。若 G 有 m 条边，则它的空度为

$$\mu(G) = m-n+1 \qquad (2-8)$$

显然 $\rho+\mu=m$，图的阶 ρ 表示主树的大小，取决于图 G 中的端数。图的空度 μ 表示主树覆盖该图的程度，μ 越小，覆盖程度越高，$\mu=0$ 表示图 G 本身就是树，即主树覆盖整个图。另一方面，空度 μ 也反映图 G 的连通程度，μ 越大，连枝数越多，图的连通性越好。$\mu=0$ 表示最低的连通性，即 G 是最小连通图。

以上讨论的树都是从无向图出发的。对于有向图，习惯是去掉边上的方向得到无向图，仍然用上述定义的术语，此时连接两端的有向径不一定存在。下述割、环等定义也有类似情况。

2.1.4 割集

图的某些子集（端集或边集）具有"割"的性质，若图是连通图，去掉这种子集就成为非连通图；若图是非连通图，去掉这种子集，图的连通部分数增加。割集主要有割端集和割边集，下面将分别讨论这两种割。

1. 割端与割端集

若 v 是图 G 的一个端，去掉 v 和与之相连的边后，图 G 的部分数增加，则称 v 是图 G 的割端。割端对于图的连通性来说是一个非常重要的端。

某些图没有割端，也就是说去掉任何一个端，图的部分数还是不变，这种图称为不可分图。但是去掉几个端后，部分数增加，则这些端的集称为割端集。以图 2-13 为例，此图的割端集有 $\{v_4\}$，$\{v_2, v_3\}$，$\{v_2, v_4\}$，$\{v_3, v_4\}$，$\{v_1, v_4\}$ 等。其中 v_4 就是割端。

对于连通图，在众多的割端集中，至少存在一个端数最少的割端集，称为最小割端集。在图 2-13 中，$\{v_4\}$ 为最小割端集。最小割端集的端数目，称为图的点连通度或联结度，用 α 表示，图 2-13 的联结度 $\alpha=1$。联结度越大，网的连通程度越好，换句话说，联结度表示要破坏图的连通性的难度，联结度越大，连通性越不易被破坏，这与网的可靠性有关，会在之后内容进行讨论。

2. 割边与割边集

若 e 是图 G 的一条边，去掉 e 后，图 G 的部分数增加，则称 e 是图 G 的割边。去掉一个边集合后，图 G 的部分数增加，这些边的集合称为割边集。

在众多的割边集中，边数最少的割边集称为最小割边集。最小割边集的边数目，称为边连通度或结合度，用 β 表示，以图 2-13 为例，此图的割边集有 $\{e_5\}$，

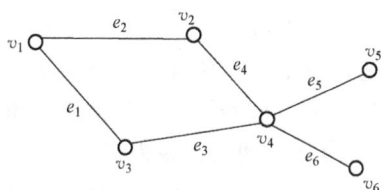

图 2-13 割集

$\{e_6\}$，$\{e_1, e_2\}$，$\{e_2, e_3\}$，$\{e_1, e_4\}$，$\{e_1, e_2, e_4\}$ 等。其中 $\{e_5\}$ 就是最小割边集之一，如图 2-13 所示的结合度 $\beta=1$。结合度 β 越大，网的连通程度越好。

对于任意一个连通图 $G=(V, E)$，其有 n 个端点，m 条边，最小度为 δ，则有以下关系

$$\alpha \leqslant \beta \leqslant \delta \leqslant \frac{2m}{n} \tag{2-9}$$

其含义可以理解为要破坏图 G 的连通性，至少应该破坏 α 个端点，或 β 条边，但需破坏的端数不会多于边数，而且需破坏的边数不会多于图中各端最小的度数 δ，图中各端最小的度数 δ 不会多于各端度数的平均值 $\frac{2m}{n}$。

对于任何一个连通图 G，设 T 为 G 的一个主树，每条树枝可以决定一个基本割集。基本割集是含主树 T 的一个树枝的割集。对于主树，去掉树上任何一条边，树被分为两个连通分支，从而将原图的端分为两个集合，这两个集合之间的所有边形成的割集称为基本割集。基本割集数等于树枝数，即 n 个端的连通图有 $n-1$ 个基本割集。每一条连枝决定的圈是基本圈。

以图 2-14 (a) 为例，取主树 $T=\{e_1, e_3, e_4, e_6\}$，则连枝集为 $\{e_2, e_5\}$，可得基本割集如图 2-14 (b) 所示，分别为

$$e_1 : S_1 = \{e_1, e_5\}$$

$$e_3 : S_2 = \{e_3, e_2\}$$
$$e_4 : S_3 = \{e_4, e_5\}$$
$$e_6 : S_4 = \{e_6, e_5, e_2\}$$

基本圈为$\{e_6, e_3, e_2\}$和$\{e_6, e_1, e_5, e_4\}$，如图 2-14（c）所示。

基本割集和基本圈有许多应用，例如对基本割集进行运算可求得所有割集，基本圈也有类似的性质。

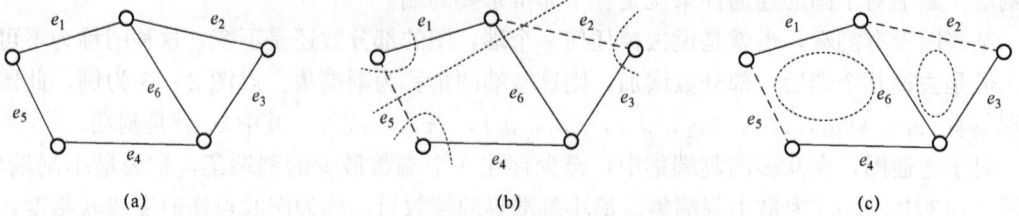

图 2-14 基本割集和基本圈

下面定义一个概念——反圈，这个概念有明确的几何意义，反圈其实是一种特殊的边割集，对于主树，每个基本割集就是一个反圈。

给定图 $G = (V, E)$，若 $S, T \subseteq V$，记为 $[S, T]_G = \{(u, v) \in E : u \in S, v \in T\}$。特别地，当 $T = V/S$ 时，将 $[S, T]_G$ 记为 $\Phi_G(s)$ 或 $\Phi(s)$。设 X 是 V 的非空真子集，若 $\Phi_G(S) \neq \varnothing$，称 $\Phi_G(S)$ 为由 X 确定的反圈。

2.1.5 图的矩阵表示

图的几何表示具有直观性，但在数值计算和分析时有其缺点，特别是不便于输入到计算机中进行计算，须借助于矩阵表示。这些矩阵与几何图形是一一对应的。这样画出的图形可以不一样，但在拓扑上是一致的，也就是满足图的抽象定义。下面介绍两种常用矩阵：关联阵和邻接阵。

1. 关联阵

关联阵是关于端点和边的关联关系的矩阵。一个具有 n 个端，m 条边的图的全关联阵 A_0 是以每端为一行，每边为一列的 $n \times m$ 阵，即

$$A_0 = [a_{ij}]_{n \times m} \tag{2-10}$$

其中

1）在无向图中 $a_{ij} = \begin{cases} 1 & 若 e_j 与 v_i 关联 \\ 0 & 若 e_j 与 v_i 不关联 \end{cases}$;

2）在有向图中 $a_{ij} = \begin{cases} +1 & 若 e_j 是 v_i 的射出边 \\ -1 & 若 e_j 与 v_i 的射入边 \\ 0 & 若 e_j 与 v_i 不关联 \end{cases}$

依照定义，图 2-15 的全关联阵为

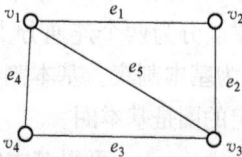

图 2-15 图的矩阵表示
（无向图）

$$A_0 = \begin{bmatrix} 1 & 0 & 0 & 1 & 1 \\ 1 & 1 & 0 & 0 & 0 \\ 0 & 1 & 1 & 0 & 1 \\ 0 & 0 & 1 & 1 & 0 \end{bmatrix} \tag{2-11}$$

由 A_0 可以看出：

（1）第 i 行非零元个数等于对应端度数；

（2）第 i 行均零元，则对应端为孤立端；

（3）第 i 行只有一个非零元，则对应端为悬挂端；

（4）每列非零元之和为零（有向图）或偶数（无向图）；

（5）A_0 中 n 个行向量不是线性无关的，至多只有 $n-1$ 个线性无关，去掉任一行，得到关联阵 A，这是个 $(n-1) \times m$ 矩阵。

由于关联阵一定保留了全关联阵中所有线性无关的行向量，已能充分代表一个图。在实际问题中，去掉的一行所对应的端可作为图的参考端，如电路中的接地点。在图 2-15 的例子中，从全关联阵 A_0 去掉最后一行，可得关联阵 A 为

$$A = \begin{bmatrix} 1 & 0 & 0 & 1 & 1 \\ 1 & 1 & 0 & 0 & 0 \\ 0 & 1 & 1 & 0 & 1 \end{bmatrix} \tag{2-12}$$

连通图的关联阵中，必存在至少一个 $(n-1) \times (n-1)$ 的方阵是非奇异阵，这个方阵所对应的边集就是一个主树。若关联阵中有一个 $(n-1) \times (n-1)$ 方阵是奇异的，即它的行列式值为零，则这方阵所对应的边集中必有环，因为形成环的边所对应的列向量必然线性相关，使行列式值为零，对应的边集就不是一个主树。这里要注意，对无向图而言部分计算需使用二进制代数运算，为了便于计算，在实际操作中可把无向图转换为有向图，就可以直接使用十进制代数运算。例如判断边集 $\{e_1, e_4, e_5\}$ 和 $\{e_1, e_2, e_5\}$ 是否为主树时，可以先把图 2-15 的无向图转为图 2-16 的有向图，可以得到边集 $\{e_1, e_4, e_5\}$ 和 $\{e_1, e_2, e_5\}$ 对应的 3×3 方阵行列式如下所示，通过直接使用十进制代数运算，得出边集 $\{e_1, e_4, e_5\}$ 对应的 3×3 方阵行列式值不为零，所以 $\{e_1, e_4, e_5\}$ 是一个主树；边集 $\{e_1, e_2, e_5\}$ 对应的 3×3 方阵行列式值为零，所以 $\{e_1, e_2, e_5\}$ 不是一个主树。

$$\text{边集} \{e_1, e_4, e_5\}: \begin{vmatrix} 1 & 1 & 1 \\ -1 & 0 & 0 \\ 0 & 0 & -1 \end{vmatrix} \neq 0 \tag{2-13}$$

$$\text{边集} \{e_1, e_2, e_5\}: \begin{vmatrix} 1 & 0 & 1 \\ -1 & -1 & 0 \\ 0 & 1 & -1 \end{vmatrix} = 0 \tag{2-14}$$

连通图的关联阵中必存在至少一个 $(n-1) \times (n-1)$ 的非奇异方阵代表主树，若没有则不存在主树，对应的图必为非连通图。

从关联阵的上述性质，还可以得到计算连通图的主树数目 S 的公式，即

$$S = |AA^{\mathrm{T}}| \tag{2-15}$$

式中 A^{T} 是关联阵 A 的转置，这里的计算同样适用于有向图，对于无向图，可以在图上任意加箭头，得到相应的有向图，求得有向图的关联阵 A，代入上式即可求出无向图的主树的数目。以图 2-15 为例，先在图上任意加箭头变为有向图，如图 2-16 所示。

关联矩阵为

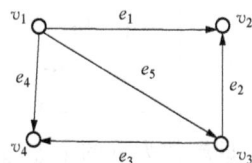

图 2-16　图的矩阵表示
（有向图）

$$A = \begin{bmatrix} 1 & 0 & 0 & 1 & 1 \\ -1 & -1 & 0 & 0 & 0 \\ 0 & 1 & 1 & 0 & -1 \end{bmatrix} \qquad (2-16)$$

主树数目为

$$S = |AA^{T}| = \left| \begin{bmatrix} 1 & 0 & 0 & 1 & 1 \\ -1 & -1 & 0 & 0 & 0 \\ 0 & 1 & 1 & 0 & -1 \end{bmatrix} \begin{bmatrix} 1 & -1 & 0 \\ 0 & -1 & 1 \\ 0 & 0 & 1 \\ 1 & 0 & 0 \\ 1 & 0 & -1 \end{bmatrix} \right| = \begin{vmatrix} 3 & -1 & -1 \\ -1 & 2 & -1 \\ -1 & -1 & 3 \end{vmatrix} = 8$$

$$(2-17)$$

即此图有 8 个主树。

下面再介绍一种跳过关联阵 A 直接求主树数目 S 的方法：

（1）直接根据图的拓扑写出一个特殊的端阵（$n \times n$），矩阵各元素取值为：

对角线元素＝端度数。

其他元素：两端有边＝-1；两端无边＝0。

（2）该阵任一对角线元素之余子式＝主树数目。同样以图 2-15 为例，可构造出 $n \times n$ 的端阵为

$$\begin{bmatrix} 3 & -1 & -1 & -1 \\ -1 & 2 & -1 & 0 \\ -1 & -1 & 3 & -1 \\ -1 & 0 & -1 & 2 \end{bmatrix} \qquad (2-18)$$

第一个对角线元素"3"的余子式为

$$\begin{vmatrix} 2 & -1 & 0 \\ -1 & 3 & -1 \\ 0 & -1 & 2 \end{vmatrix} = 12 - 2 - 2 = 8 \qquad (2-19)$$

端数为 n 的全连通图的主树数目 S 也可以用本方法求得。首先根据全连通图的性质构造出 $n \times n$ 的端阵

$$\begin{bmatrix} n-1 & -1 & \cdots & -1 \\ -1 & n-1 & \cdots & -1 \\ \cdots & \cdots & \cdots & \cdots \\ -1 & -1 & \cdots & n-1 \end{bmatrix}_{n \times n} \qquad (2-20)$$

其任意一个对角线元素的余子式为

$$\begin{vmatrix} n-1 & -1 & \cdots & -1 \\ -1 & n-1 & \cdots & -1 \\ \cdots & \cdots & \cdots & \cdots \\ -1 & -1 & \cdots & n-1 \end{vmatrix}_{(n-1) \times (n-1)} = \begin{vmatrix} 1 & 1 & \cdots & 1 \\ 0 & n & \cdots & 0 \\ \cdots & \cdots & \cdots & \cdots \\ 0 & 0 & \cdots & n \end{vmatrix}_{(n-1) \times (n-1)} = n^{n-2} \qquad (2-21)$$

即端数为 n 的全连通图的主树数目 $S = n^{n-2}$。端数为 5 的全连通图的主树数目则为 $n^{n-2} = 5^3 = 125$。端数为 n 的全连通图的边数为

$$\frac{n(n-1)}{2} \qquad (2-22)$$

所以端数为 5 的全连通图的边数为 10，主树边数为 $n-1=4$，10 条边中取 4 条具有 $\binom{10}{4} =$ 210 种，即此 210 种 4 边集合中有 125 种为主树。

2. 邻接阵

邻接阵是关于端点和端点的关联关系的矩阵。其行与列都与端相对应，因此对于一个有 n 个端的图，邻接阵是一个 $n \times n$ 的方阵，即

$$C = [c_{ij}]_{n \times n} \tag{2-23}$$

其中

$$c_{ij} = \begin{cases} 1 & \text{若从 } v_i \text{ 到 } v_j \text{ 有边} \\ 0 & \text{若从 } v_i \text{ 到 } v_j \text{ 无边} \end{cases}$$

图 2-15 的无向图和图 2-16 的有向图，邻接阵分别为

$$C_{无向} = \begin{bmatrix} 0 & 1 & 1 & 1 \\ 1 & 0 & 1 & 0 \\ 1 & 1 & 0 & 1 \\ 1 & 0 & 1 & 0 \end{bmatrix} \tag{2-24}$$

$$C_{有向} = \begin{bmatrix} 0 & 1 & 1 & 1 \\ 0 & 0 & 0 & 0 \\ 0 & 1 & 0 & 1 \\ 0 & 0 & 0 & 0 \end{bmatrix} \tag{2-25}$$

由于邻接阵包含了图的所有信息，和关联阵一样是图的等价表示，所以和关联阵一样，邻接阵也经常被用来表示图。由邻接阵可以看出：

(1) 对于无向图 $c_{ij} = c_{ji}$，因此无向图的邻接阵为对称阵；

(2) 当图中无自环时，邻接阵对角线上的元素都是零；

(3) 当 v_i 有自环，对应的对角线元素 $c_{ii} = 1$；

(4) 有向图的邻接阵中，每行上 1 的个数是该端的射出度数 $d^+ (v_i)$，每列上 1 的个数是该端的射入度数 $d^- (v_i)$；

(5) 无向图的邻接阵中，全零行或全零列说明该端为孤立端，在有向图中则不一定，除非该端对应的行和列都是全零；

(6) 邻接阵中行和列上的端要按相同顺序排列。邻接阵也有很多应用，例如可通过计算邻接阵 C 的 m 次幂来求得端间径长为 m（或转接次数为 $m-1$）的径的数目。令

$$C^{(2)} = [c_{ij}^{(2)}] \tag{2-26}$$

则 C 的 2 次幂的其中元素

$$c_{ij}^{(2)} = \sum_{k=1}^{n} c_{ik} c_{kj} \tag{2-27}$$

式中各项可以是 0 或 1。要使 $c_{ik} c_{kj} = 1$，必有 $c_{ik} = c_{kj} = 1$，也就是说 v_i 到 v_k 有边，v_k 到 v_j 也有边，则 v_i 到 v_j 有一条径长为 2 的径。这里的径长表示这条径中的边数。因此 $c_{ij}^{(2)}$ 就是 v_i 到 v_j 所有径长为 2 的径数。若 $c_{ij}^{(2)} = 0$，则 v_i 到 v_j 没有径长为 2 的径。

同理可知，若

$$C^{(m)} = [c_{ij}^{(m)}] \tag{2-28}$$

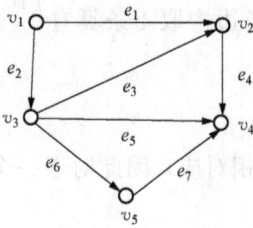

图 2-17　邻接阵的应用

$c_{ij}^{(m)}$ 就是 v_i 到 v_j 所有径长为 m 的径数。实际上，这些径严格地说只是边序列，因为有些是有重复边的。若两个端之间的 $c_{ij}^{(r)}$ 值在 $r \leqslant m$ 时都是零，那就说明 v_i 到 v_j 间没有径长小于等于 m 的径。若不论什么 m，$c_{ij}^{(r)}$ 值均为零，那就是不能从 v_i 接到 v_j。

以图 2-17 为例，其邻接阵 C、$C^{(2)}$、$C^{(3)}$ 分别为

$$C = \begin{bmatrix} 0 & 1 & 1 & 0 & 0 \\ 0 & 0 & 0 & 1 & 0 \\ 0 & 1 & 0 & 1 & 1 \\ 0 & 0 & 0 & 0 & 0 \\ 0 & 0 & 0 & 1 & 0 \end{bmatrix} \qquad (2-29)$$

$$C^{(2)} = \begin{bmatrix} 0 & 1 & 0 & 2 & 1 \\ 0 & 0 & 0 & 0 & 0 \\ 0 & 0 & 0 & 2 & 0 \\ 0 & 0 & 0 & 0 & 0 \\ 0 & 0 & 0 & 0 & 0 \end{bmatrix} \qquad (2-30)$$

$$C^{(3)} = \begin{bmatrix} 0 & 0 & 0 & 2 & 0 \\ 0 & 0 & 0 & 0 & 0 \\ 0 & 0 & 0 & 0 & 0 \\ 0 & 0 & 0 & 0 & 0 \\ 0 & 0 & 0 & 0 & 0 \end{bmatrix} \qquad (2-31)$$

由结果可以得到各端间径长为 2 和 3 的径数，例如 v_1 到 v_4 径长为 2 的径数是 2，分别为 $v_1 \rightarrow v_2 \rightarrow v_4$ 和 $v_1 \rightarrow v_3 \rightarrow v_4$；$v_1$ 到 v_4 径长为 3 的径数是 2，分别为 $v_1 \rightarrow v_3 \rightarrow v_2 \rightarrow v_4$ 和 $v_1 \rightarrow v_3 \rightarrow v_5 \rightarrow v_4$；$v_3$ 到 v_4 径长为 2 的径数是 2，分别为 $v_3 \rightarrow v_2 \rightarrow v_4$ 和 $v_3 \rightarrow v_5 \rightarrow v_4$；不存在从 v_3 到 v_4 径长为 3 的径。

在通信网中，上述径长也可认为是转接次数。存在径长为 r 的径意味着可转接 $r-1$ 次而后接通。通过计算邻接阵的各次幂可得到关于图是否连通的信息，但这个计算过程复杂度较高。下面的 Warshall 算法解决图是否为连通图的问题效率很高。在这个算法中，矩阵 P 是判断矩阵，$p_{ij}=1$ 表示从 v_i 到 v_j 连通，$p_{ij}=0$ 表示从 v_i 到 v_j 不连通。其步骤如下：

(1) 置新矩阵 $P=C$。

(2) 置 $i=1$。

(3) 对于所有的 j，如果 $p_{ji}=1$，则对 $k=1, 2, \cdots, n$，有 $p_{jk}=p_{jk} \vee p_{ik}$。

(4) $i=i+1$。

(5) 如果 $n \geqslant i$，转向步骤 (3)，否则停止。

2.2　最短路径问题

上一节介绍了图的基本知识，只考虑了图端点之间的关联性，本节将要讨论有权图，即对边与端赋予一定权值，表示某种性质，这是实际问题中常见的。权值在不同实际问题中表

示不同的物理意义，例如距离、代价、费用、流量、容量、转接容量、电流、电位等。最短路径问题就是以有权图为基础，求解最短路径来解决实际问题，例如：通信网拓扑结构优化、通信路由选择、交通规划等。

2.2.1 最小主树

寻找最小主树是一个常见的优化问题。给定连通图 G，有 n 个端，端间距离 d_{ij} $(i,j=1,2,\cdots,n)$，若 v_i 和 v_j 之间无边，可令 $d_{ij}=\infty$，求最小主树，即 $n-1$ 条边的权值的和最小的连通子图。许多实际问题需要利用求最小主树的方法进行解决，例如求连接 n 个城市之间通信线路最短或造价最低的 $n-1$ 条线路，求邮递员走遍 n 个单位，所走路线最短的 $n-1$ 条路径等。

在介绍求最小主树的方法前，首先不加证明地引用下述定理。

定理：设 $T*$ 是 G 的主树，则如下论断等价：

（1）$T*$ 是最小主树。

（2）对 $T*$ 的任一树边 e，e 是由 e 所决定的基本割集或反圈中的最小权边。

（3）对 $T*$ 的任一连枝 e，e 是由 e 所决定的基本圈中的最大权边。

这个定理描述了最小主树的特征。求最小主树依照不同的逻辑，可以有以下不同的具体求法，下面主要介绍 Prim 算法、Kruskal 算法和破圈法。

1. Prim 算法——反圈法

1957 年，由美国计算机科学家罗伯特·普里姆（Robert C. Prim）提出每次均在反圈中选一条权值最小的边，同时保持选出的边连通，就可以得到最小主树。Prim 算法（简称 P 算法）的基本过程如下：

（1）将图的端点集合 V 分成 U 和 $V-U$ 两部分，其中 U 为空集。

（2）从图中任选一个端点 v_i，令 $U=\{v_i\}$。

（3）从 U 和 $V-U$ 的连线中找出最短（权最小）边 $e_{ij}=(v_i, v_j)$（如果有多条权最小的边，则任选一条），令 $U=U\cup\{v_j\}$，并从 $V-U$ 中去掉 v_j。

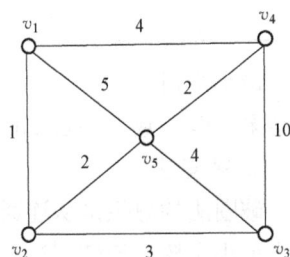

（4）重复上述过程，直至所有端点都在 U 中。

这个算法实际上将树生长出去，每次在反圈中选一个权最小的边前进。

依 Prim 算法求图 2-18 的最小主树，求解过程如表 2-1 所示。

图 2-18　最小主树的算法

表 2-1　　　　　　　　　　　　　Prim 算法过程

U	$V-U$	选边（权值）
$\varnothing$	v_1, v_2, v_3, v_4, v_5	
v_1	v_2, v_3, v_4, v_5	e_{12}（1）
v_1, v_2	v_3, v_4, v_5	e_{25}（2）
v_1, v_2, v_5	v_3, v_4	e_{54}（2）
v_1, v_2, v_5, v_4	v_3	e_{23}（3）
v_1, v_2, v_5, v_4, v_3	$\varnothing$	

最小主树 $T=\{e_{12}, e_{25}, e_{54}, e_{23}\}$，最小主树的权值为 $1+2+2+3=8$。

算法从开始至终止，共进行 $n-1$ 步，第 k 步需比较 U 中 k 个端与 $V-U$ 中 $n-k$ 个端之间的距离，求出最小者。由此可以得到 Prim 算法的计算量为

$$\sum_{k=1}^{n-1}[k(n-k-1)] = \frac{1}{6}(n-1)(n-2)(n-3) = O(n^3) \tag{2-32}$$

Prim 算法中的比较是有重复的，若每次比较结果都记下来，则比较次数可降低至 $O(n^2)$。当然算法会更复杂一些。当 n 很大时，一般借助计算机来实现。Prim 算法所得的树必为最小主树。

2. Kruskal 算法——避圈法

Prim 算法关注顶点，Kruskal 算法（简称 K 算法）更关心边。Kruskal 算法思想是将所有边排序，然后由小到大选边，只要保持所选边不成圈，选了 $n-1$ 条边后就形成一个最小主树。

依 Kruskal 算法求图 2-18 的最小主树，步骤如下：

（1）将所有边由小到大进行排序（权值相同的边顺序任意）：e_{12}，e_{25}，e_{54}，e_{23}，e_{35}，e_{14}，e_{15}，e_{34}。

（2）由小到大选边，保持所选边不成圈，选了 $n-1$ 条边后就形成一个最小主树。求解过程如表 2-2 所示。

表 2-2　　　　　　　　　　　　　Kruskal 算法过程

边排序结果	边是否可选	边排序结果	边是否可选
e_{12}	是（不成圈）	e_{35}	否（已选够 $n-1$ 条边）
e_{25}	是（不成圈）	e_{14}	否（已选够 $n-1$ 条边）
e_{54}	是（不成圈）	e_{15}	否（已选够 $n-1$ 条边）
e_{23}	是（不成圈）	e_{34}	否（已选够 $n-1$ 条边）

最小主树 $T=\{e_{12}, e_{25}, e_{54}, e_{23}\}$，最小主树的权值为 $1+2+2+3=8$。与 Prim 算法求解结果完全一致。Kruskal 算法的复杂度主要由对边的排序算法的复杂度决定。

3. 破圈法

破圈法的思想是从连通图中寻找圈，然后在圈中删去权最大的边，最后剩下的无圈连通图为最小主树。依破圈法求图 2-18 的最小主树，求解过程如图 2-19 所示。

破圈法的实现过程需要在一个图中寻找圈，以无向图为例，如何寻找其中的圈？

（1）度为 1 的顶点肯定不在任何圈上，将这类悬挂点删去不影响对圈的寻找，通过逐步删去图中度为 1 的顶点而使图简化。

（2）如果一个图不含度为 1 的端，可以从任意一个端出发漫游，由于有限性，端一定会重复，而这就找到了一个圈。

上述算法的实施过程，都是一种贪心法原理的应用。从局部最优的结果中逐步寻找全局最优的结果。可以证明前面三个求最小主树的算法可以在全局上找到最优解。问题如果复杂，这种方法一般只能找到准最优解。

寻找最小主树的问题可以分为两种情况：一种是无限制条件的情况，另一种是有限制条件的情况。

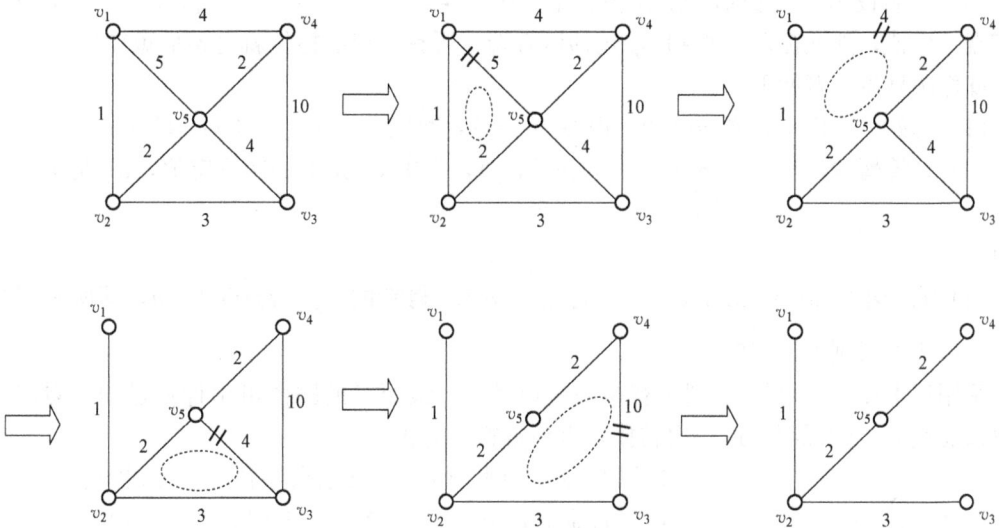

图 2-19　破圈法过程

在许多情况下，网内 n 个站除了连通的要求外，还会提出一些其他要求，例如站间通信时转接次数不宜太多，某一条线路上的业务量不能太大等。这类问题可归纳为在有限制条件下求最小主树。对于不同的限制条件，算法也有所区别，目前还没有一般的有效算法。有两种解决这类问题的方法，分别是穷举法和调整法，各有优缺点。

穷举法就是先把图中的所有主树穷举出来，再按条件筛选，最后选出最小的主树。显然这是一种最直观也是最烦琐的方法，虽然可以得到最优解，但计算量往往很大，适用于端和边均不大的情况。

调整法需先选定适当的求最小主树的准则，例如 P 算法或 K 算法中那样，但在每一步中要根据限制条件进行调整，直至最后得到主树。这种算法不能保证取得最优解而只能得到准最优解。

2.2.2　端间最短径

端间最短径的问题一般有两种情况：①求指定端至其他端的最短径，这个问题可以采用 Dijkstra 算法解决；②求所有端间的最短径，这个问题可以采用 Floyd 算法解决。

1. 指定端至其他端的最短径——Dijkstra 算法

Dijkstra 算法（简称 D 算法）是求解指定端至其他端最短径的有效算法，这类问题可以描述为：给定图 G，已知所有边的权 d_{ij}，求指定端 v_s 至其他端的最短径。

D 算法把端集分为两组，一组称为置定端集 G_p，另一组称为未置定端集 $G-G_p$。每端都逐步给予一个标值。对于置定端，这标值就是 v_s 到该端的最短径的长度；对于未置定端，所标的值是暂时的，随着算法的进展而调整。

开始时，令指定端 v_s 被置定，标值为零，置定端集 $G_p=\{v_s\}$，其他端都未置定，暂时标值 $w_j=d_{sj}(v_j\in G-G_p)$。若 $d_{s1}=\min\limits_{v_j\in G-G_p}d_{sj}$，则将 v_1 置定，$G_p=\{v_s,v_1\}$，其标值为 $w_1=d_{s1}$，这就是 v_s 与 v_1 之间最短的径，因为若经其他端转接，径长必大于 w_1。其他端的最短径可能经 v_1 转接，可重新计算未置定端的标值为 $w_j^*=\min\limits_{v_j\in G-G_p}(w_j,w_1+d_{1j})$。取所有 w_j

中最小的，假设为 w_2 的话，则 v_2 被置定，得置定端集为 $G_p=\{v_s,\ v_1,\ v_2\}$，再更新各未置定端的标值，如此循环，直到 G_p 包括所有端，所有置定的标值就是各最短径长。

D算法具体步骤如下：

（1）起始，置定 v_s，置 $w_s=0$，得 $G_p=\{v_s\}$，暂置 $w_j=\infty$（$v_j\in G-G_p$）。

（2）计算暂置值 $w_j^*=\min\limits_{\substack{v_j\in G-G_p \\ v_i\in G_p}}(w_j,\ w_i+d_{ij})$，其中 w_i 是上一次置定值，w_j 是上一次暂置值。

（3）取最小值 $w_i=\min\limits_{v_j\in G-G_p}w_j^*$，并将 v_i 并入 G_p 得新的 G_p。若 $|G_p|=n$，即所有端都被置定，终止，否则返回（2）。

采用以上步骤，可得 v_s 到所有端的最短径长。最短径的路由可由计算过程中看出，当暂置值变更时，就说明经过一次转接，直到被置定为止。

以图 2-20 为例，用D算法求最短径计算过程如下：

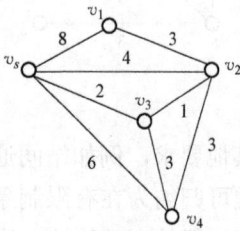

图 2-20　D算法计算最短径长

（1）置定 v_s，$w_s=0$，$w_j=\infty$（$j=1,2,3,4$）。

（2）算 v_s 置定后的标值，如下所示，根据结果最小值为 w_3^*：

$$w_1^*=\min(w_1,w_s+d_{s1})=\min(\infty,0+8)=8$$
$$w_2^*=\min(w_2,w_s+d_{s2})=\min(\infty,0+4)=4$$
$$w_3^*=\min(w_3,w_s+d_{s3})=\min(\infty,0+2)=2$$
$$w_4^*=\min(w_4,w_s+d_{s4})=\min(\infty,0+6)=6$$

（3）置定 v_3，得 $v_s\to v_3$ 的最短径 $w_3=2$，暂置 $w_1=8$，$w_2=4$，$w_4=6$。

（4）算 v_3 置定后的标值（只计未置定端），如下所示，根据结果最小值为 w_2^*：

$$w_1^*=\min(w_1,w_3+d_{31})=\min(8,2+\infty)=8$$
$$w_2^*=\min(w_2,w_3+d_{32})=\min(4,2+1)=3$$
$$w_4^*=\min(w_4,w_3+d_{34})=\min(6,2+3)=5$$

（5）置定 v_2，得 $v_s\to v_2$ 的最短径 $w_3=3$，暂置 $w_1=8$，$w_4=5$。

（6）算 v_2 置定后的标值（只计未置定端），如下所示，根据结果最小值为 w_4^*：

$$w_1^*=\min(w_1,w_2+d_{21})=\min(8,3+3)=6$$
$$w_4^*=\min(w_4,w_2+d_{24})=\min(5,3+3)=5$$

（7）置定 v_4，得 $v_s\to v_4$ 的最短径 $w_4=5$，暂置 $w_1=6$。

（8）算 v_4 置定后的标值（只计未置定端）：

$$w_1^*=\min(w_1,w_4+d_{41})=\min(6,5+\infty)=6$$

（9）置定 v_1，得 $v_s\to v_1$ 的最短径 $w_1=6$。

D算法计算结果可列表 2-3。

表 2-3　　　　　　　　　　　　　　　　D算法计算结果

v_s	v_1	v_2	v_3	v_4	置定	最短径长
$\underline{0}$	∞	∞	∞	∞	v_s	$w_s=0$
	8	4	$\underline{2}$	6	v_3	$w_3=2$
	8	$\underline{3}$		5	v_2	$w_2=3$

续表

v_s	v_1	v_2	v_3	v_4	置定	最短径长
	6			5	v_4	$w_4=5$
	<u>6</u>				v_1	$w_1=6$

可通过从上表中查暂置值的变更情况，找出各最短径的路由。当某个端点的标值在其他端点被置定后发生更改，且之后再无变化，则该端点的路由的次最后一级肯定是该被置定的端点。v_3 自从第二行起再也没有发生变化，因此是从 v_s 直接来的边，即 $v_s \rightarrow v_3$。v_2 和 v_4 在 v_3 置定后变更，且之后再无变化，因此路由是 $v_s \rightarrow v_3 \rightarrow v_2$ 和 $v_s \rightarrow v_3 \rightarrow v_4$。$v_1$ 在 v_2 置定后有变更，之后没有发生变化，所以 v_s 到 v_1 的最短径中的次最后一级是 v_2，所以路由是 $v_s \rightarrow v_3 \rightarrow v_2 \rightarrow v_1$。

若置定次序依次为：v_s，v_i，v_j，$\cdots$，v_k，则有 $w_s \leqslant w_i \leqslant w_j \leqslant \cdots \leqslant w_k$，因为 D 算法每步都是选距 v_s 最小径长对应的端点用于置定。

D 算法的计算量可估计如下：当有 k 个端已置定，需做（$n-k$）次加法，再做（$n-k$）次比较可更新各端的暂置值，再做（$n-k-1$）次比较求最小值，共有 $3(n-k)-1$ 次运算。则总的计算量约为

$$\sum_{k=1}^{n} 3(n-k) = \frac{3n(n-1)}{2} \rightarrow O(n^2) \qquad (2-33)$$

对于 D 算法，需要注意其适用情形，主要存在以下问题：

（1）算法是否对有向图也适用？仔细思考 D 算法过程，没有要求网络为无向图，所以 D 算法对有向图也适用。

（2）如果端点有权如何处理？如果端点 v_i 的权为 w_i，将 w_i 的一半加到 v_i 的所有邻边上，就把端点的权转移到了边上，可以应用 D 算法求解。最后再将终点的权从相应的总距离中去掉，对距离做出相应修正即可。在这种修正中，新图中计算的距离即考虑了端的权。

（3）如果边的权可正可负，算法是否仍然有效？如果边的权可正可负，无法保证算法第 3 步中选出的边使 v_s 到 v_i 的距离最小，所以 D 算法不能适用于这种情形。

（4）如果两个点之间有多条边？如果两个点之间有多条边，即可选两点间权值最小的那条边利用 D 算法进行求解。

2. 所有端间的最短径——Floyd 算法

找出图中所有端间的最短径可以用 D 算法作 n 次运算，每次取一个不同的端作为指定端。但有些算法可能效率更高一些，例如 Floyd 算法（后面简写为 F 算法），一般认为比较适合的。

F 算法使用两个矩阵表示：一个为距离矩阵；另一个为路由矩阵。在迭代过程中，路由矩阵依照距离矩阵变化。下面的算法中路由为前向或正向路由，前向路由记录了最短路由的下一个端点，而回溯路由记录终点的前一个端点。

具有 n 个端的图 G，各边权值为 d_{ij}，顺序计算各个 $n \times n$ 的距离矩阵 W 阵和路由矩阵 R 阵，前者代表径长，后者代表转接路由。步骤如下：

（1）置 $W^{(0)} = [w_{ij}^{(0)}]$，其中 $w_{ij}^{(0)} = \begin{cases} d_{ij} & \text{若 } v_i \text{ 和 } v_j \text{ 间有边} \\ \infty & \text{若 } v_i \text{ 和 } v_j \text{ 间有边} \\ 0 & \text{若 } i=j \end{cases}$

$R^{(0)} = [r_{ij}^{(0)}]$，其中

$$r_{ij}^{(0)} = \begin{cases} j & \text{若 } w_{ij}^{(0)} < 0 \\ 0 & \text{若 } w_{ij}^{(0)} = \infty \text{ 或 } i = j \end{cases}$$

（2）已得 $W^{(k-1)}$ 和 $R^{(k-1)}$ 阵，依据下面的迭代求出 $W^{(k)}$ 和 $R^{(k)}$ 阵

$$w_{ij}^{(k)} = \min[w_{ij}^{(k-1)}, w_{ik}^{(k-1)} + w_{kj}^{(k-1)}]$$

$$r_{ij}^{(k)} = \begin{cases} r_{ij}^{(k-1)} & \text{若 } w_{ij}^{(k)} = w_{ij}^{(k-1)} \\ r_{ik}^{(k-1)} & \text{若 } w_{ij}^{(k)} < w_{ij}^{(k-1)} \end{cases}$$

（3）若 $k < n$，重复上一步；若 $k = n$，终止。

由上述步骤可见，$W^{(k-1)} \rightarrow W^{(k)}$ 是计算经过 v_k 转接时是否能缩短径长，如有缩减，更改 w_{ij} 和 r_{ij}，最后算得 $W^{(n)}$ 和 $R^{(n)}$ 中，就可以得到最短径长和转接路由。

以图 2-21 为例求所有两端间的最短径。

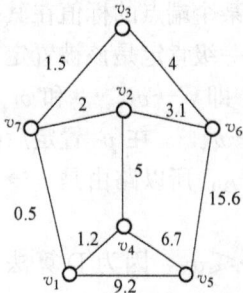

图2-21　F算法计算最短径

$$W^{(0)} = \begin{bmatrix} 0 & \infty & \infty & 1.2 & 9.2 & \infty & 0.5 \\ \infty & 0 & \infty & 5 & \infty & 3.1 & 2 \\ \infty & \infty & 0 & \infty & \infty & 4 & 1.5 \\ 1.2 & 5 & \infty & 0 & 6.7 & \infty & \infty \\ 9.2 & \infty & \infty & 6.7 & 0 & 15.6 & \infty \\ \infty & 3.1 & 4 & \infty & 15.6 & 0 & \infty \\ 0.5 & 2 & 1.5 & \infty & \infty & \infty & 0 \end{bmatrix} \quad R^{(0)} = \begin{bmatrix} 0 & 0 & 0 & 4 & 5 & 0 & 7 \\ 0 & 0 & 0 & 4 & 0 & 6 & 7 \\ 0 & 0 & 0 & 0 & 0 & 6 & 7 \\ 1 & 2 & 0 & 0 & 5 & 0 & 0 \\ 1 & 0 & 0 & 4 & 0 & 6 & 0 \\ 0 & 2 & 3 & 0 & 5 & 0 & 0 \\ 1 & 2 & 3 & 0 & 0 & 0 & 0 \end{bmatrix}$$

通过 $w_{ij}^{(1)} = \min[w_{ij}^{(0)}, w_{i1}^{(0)} + w_{1j}^{(0)}]$，可得到 $W^{(1)}$

$$W^{(1)} = \begin{bmatrix} 0 & \infty & \infty & 1.2 & 9.2 & \infty & 0.5 \\ \infty & 0 & \infty & 5 & \infty & 3.1 & 2 \\ \infty & \infty & 0 & \infty & \infty & 4 & 1.5 \\ 1.2 & 5 & \infty & 0 & 6.7 & \infty & \underline{1.7} \\ 9.2 & \infty & \infty & 6.7 & 0 & 15.6 & \underline{9.7} \\ \infty & 3.1 & 4 & \infty & 15.6 & 0 & \infty \\ 0.5 & 2 & 1.5 & \underline{1.7} & \underline{9.7} & \infty & 0 \end{bmatrix} \quad R^{(1)} = \begin{bmatrix} 0 & 0 & 0 & 4 & 5 & 0 & 7 \\ 0 & 0 & 0 & 4 & 0 & 6 & 7 \\ 0 & 0 & 0 & 0 & 0 & 6 & 7 \\ 1 & 2 & 0 & 0 & 5 & 0 & \underline{1} \\ 1 & 0 & 0 & 4 & 0 & 6 & \underline{1} \\ 0 & 2 & 3 & 0 & 5 & 0 & 0 \\ 1 & 2 & 3 & \underline{1} & \underline{1} & 0 & 0 \end{bmatrix}$$

通过 $w_{ij}^{(2)} = \min[w_{ij}^{(1)}, w_{i2}^{(1)} + w_{2j}^{(1)}]$，可得到 $W^{(2)}$

$$W^{(2)} = \begin{bmatrix} 0 & \infty & \infty & 1.2 & 9.2 & \infty & 0.5 \\ \infty & 0 & \infty & 5 & \infty & 3.1 & 2 \\ \infty & \infty & 0 & \infty & \infty & 4 & 1.5 \\ 1.2 & 5 & \infty & 0 & 6.7 & \underline{8.1} & 1.7 \\ 9.2 & \infty & \infty & 6.7 & 0 & 15.6 & 9.7 \\ \infty & 3.1 & 4 & \underline{8.1} & 15.6 & 0 & \underline{5.1} \\ 0.5 & 2 & 1.5 & 1.7 & 9.7 & \underline{5.1} & 0 \end{bmatrix} \quad R^{(2)} = \begin{bmatrix} 0 & 0 & 0 & 4 & 5 & 0 & 7 \\ 0 & 0 & 0 & 4 & 0 & 6 & 7 \\ 0 & 0 & 0 & 0 & 0 & 6 & 7 \\ 1 & 2 & 0 & 0 & 5 & \underline{2} & 1 \\ 1 & 0 & 0 & 4 & 0 & 6 & 1 \\ 0 & 2 & 3 & \underline{2} & 5 & 0 & \underline{2} \\ 1 & 2 & 3 & 1 & 1 & \underline{2} & 0 \end{bmatrix}$$

$$W^{(3)} = W^{(2)}, \quad R^{(3)} = R^{(2)}$$

通过 $w_{ij}^{(4)} = \min[w_{ij}^{(3)}, w_{i4}^{(3)} + w_{4j}^{(3)}]$，可得到 $W^{(4)}$

$$W^{(4)} = \begin{bmatrix} 0 & 6.2 & \infty & 1.2 & 7.9 & 9.3 & 0.5 \\ 6.2 & 0 & \infty & 5 & 11.7 & 3.1 & 2 \\ \infty & \infty & 0 & \infty & \infty & 4 & 1.5 \\ 1.2 & 5 & \infty & 0 & 6.7 & 8.1 & 1.7 \\ 7.9 & 11.7 & \infty & 6.7 & 0 & 14.8 & 8.4 \\ 9.3 & 3.1 & 4 & 8.1 & 14.8 & 0 & 5.1 \\ 0.5 & 2 & 1.5 & 1.7 & 8.4 & 5.1 & 0 \end{bmatrix} \quad R^{(4)} = \begin{bmatrix} 0 & 4 & 0 & 4 & 4 & 4 & 7 \\ 4 & 0 & 0 & 4 & 4 & 6 & 7 \\ 0 & 0 & 0 & 0 & 0 & 6 & 7 \\ 1 & 2 & 0 & 0 & 5 & 2 & 1 \\ 4 & 4 & 0 & 4 & 0 & 4 & 4 \\ 2 & 2 & 3 & 2 & 2 & 0 & 2 \\ 1 & 2 & 3 & 1 & 1 & 2 & 0 \end{bmatrix}$$

$$W^{(5)} = W^{(4)}, R^{(5)} = R^{(4)}$$

通过 $w_{ij}^{(6)} = \min[w_{ij}^{(5)}, w_{i6}^{(5)} + w_{6j}^{(5)}]$，可得到 $W^{(6)}$

$$W^{(6)} = \begin{bmatrix} 0 & 6.2 & 13.3 & 1.2 & 7.9 & 9.3 & 0.5 \\ 6.2 & 0 & 7.1 & 5 & 11.7 & 3.1 & 2 \\ 13.3 & 7.1 & 0 & 12.1 & 18.8 & 4 & 1.5 \\ 1.2 & 5 & 12.1 & 0 & 6.7 & 8.1 & 1.7 \\ 7.9 & 11.7 & 18.8 & 6.7 & 0 & 14.8 & 8.4 \\ 9.3 & 3.1 & 4 & 8.1 & 14.8 & 0 & 5.1 \\ 0.5 & 2 & 1.5 & 1.7 & 8.4 & 5.1 & 0 \end{bmatrix} \quad R^{(6)} = \begin{bmatrix} 0 & 4 & 4 & 4 & 4 & 4 & 7 \\ 4 & 0 & 6 & 4 & 4 & 6 & 7 \\ 6 & 6 & 0 & 6 & 6 & 6 & 7 \\ 1 & 2 & 2 & 0 & 5 & 2 & 1 \\ 4 & 4 & 4 & 4 & 0 & 4 & 4 \\ 2 & 2 & 3 & 2 & 2 & 0 & 2 \\ 1 & 2 & 3 & 1 & 1 & 2 & 0 \end{bmatrix}$$

通过 $w_{ij}^{(7)} = \min[w_{ij}^{(6)}, w_{i7}^{(6)} + w_{7j}^{(6)}]$，可得到 $W^{(7)}$

$$W^{(7)} = \begin{bmatrix} 0 & 2.5 & 2 & 1.2 & 7.9 & 5.6 & 0.5 \\ 2.5 & 0 & 3.5 & 3.7 & 10.4 & 3.1 & 2 \\ 2 & 3.5 & 0 & 3.2 & 9.9 & 4 & 1.5 \\ 1.2 & 3.7 & 3.2 & 0 & 6.7 & 6.8 & 1.7 \\ 7.9 & 10.4 & 9.9 & 6.7 & 0 & 13.5 & 8.4 \\ 5.6 & 3.1 & 4 & 6.8 & 13.5 & 0 & 5.1 \\ 0.5 & 2 & 1.5 & 1.7 & 8.4 & 5.1 & 0 \end{bmatrix} \quad R^{(7)} = \begin{bmatrix} 0 & 7 & 7 & 4 & 4 & 7 & 7 \\ 7 & 0 & 7 & 7 & 7 & 6 & 7 \\ 7 & 7 & 0 & 7 & 7 & 6 & 7 \\ 1 & 1 & 1 & 0 & 5 & 1 & 1 \\ 4 & 4 & 4 & 4 & 0 & 4 & 4 \\ 2 & 2 & 3 & 2 & 2 & 0 & 2 \\ 1 & 2 & 3 & 1 & 1 & 2 & 0 \end{bmatrix}$$

从 $W^{(7)}$ 和 $R^{(7)}$ 中可找到任意两端间的最短径的径长和路由。例如从 v_1 到 v_4，最短径长为 1.2，这可从 $W^{(7)}$ 中看出，从 $R^{(7)}$ 中可找到 $r_{14} = 4$，不需要转接，$v_1 \rightarrow v_4$；又如从 v_1 到 v_7，最短径长为 0.5，$r_{17} = 7$，不需要转接，$v_1 \rightarrow v_7$。

再如 v_3 到 v_5，最短径长为 9.9，$r_{35} = 7$，就是要经过 v_7 转接，$r_{37} = 7$，不需要转接，$v_3 \rightarrow v_7$，$r_{75} = 1$，需要经过 v_1 转接，$r_{71} = 1$，不需要转接，$v_3 \rightarrow v_7 \rightarrow v_1$，$r_{15} = 4$，需要经过 v_4 转接，$r_{14} = 4$，不需要转接，$v_3 \rightarrow v_7 \rightarrow v_1 \rightarrow v_4$，$r_{45} = 5$，不需要转接，$v_3 \rightarrow v_7 \rightarrow v_1 \rightarrow v_4 \rightarrow v_5$，如图 2-22 所示。读者可根据这个方法试着自己找出从 v_1 到 v_6 的最短径的径长和路由。

F 算法的运算量主要决定于 $w_{ij}^{(k)} = \min[w_{ij}^{(k-1)}, w_{ik}^{(k-1)} + w_{kj}^{(k-1)}]$，为 n^3 量级。

对于 F 算法，同样需要注意其适用情形，主要存在以下问题：

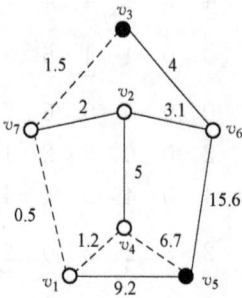

图 2-22　v_3 到 v_5 的最短路径

（1）算法是否对有向图也适用？F 算法同样对有向图也适用。

（2）如果端点有权如何处理？如果端点有权，可以采用与 D 算法相同的处理方式。

（3）如果边的权可正可负，算法是否仍然有效？F 算法并不需要边的权为非负这样一个条件，适用范围比 D 算法广。

（4）如果两个点之间有多条边？如果两个点之间有多条边，可以采用与 D 算法相同的处理方式。

有一些特殊情况，例如限定不能经过某些端点转接，那应该如何求呢？依然采用 F 算法，初始化的值也是一样的，既然说不能经过某些端点转接，那就不用计算这些端点转接的情况，总的迭代次数减少，别的不变，即可实现限定转接节点的情况。又如给定一个图或者网络，要求任意端间转接次数最少的路由和转接次数，如何用 F 算法呢？这时只需要计算端点之间的边的个数，各边的权赋值为 1，得到的最短距离为转接次数加 1 即可。这两个特例也说明了 F 算法能应用在多种情况下。

在实际问题中，除了求最短径外，往往需要求次短或其他可用径。例如当网内端间的主路由业务量溢出或发生故障时，就需寻求次短径或其他可用径作为迂回路由。求源端 v_s 到宿端 v_t 的次短径有两类情况：

（1）找与最短径边分离的次短径。当用 F 或 D 算法得到最短径后，去掉这径的所有边，然后在剩下的图中用 D 算法求 v_s 到 v_t 间的最短径，这就是所要求的次短径。这方法还可计算下去，可把次短径的所有边再去掉，在剩下的图中求最短径，就得到次短径的边分离次短径，直到剩下的图在 v_s 到 v_t 已无径。

（2）找与最短径端分离的次短径。在这种情况下，求得最短径后，应把这径中的所有中间端去掉，在余下的图求 v_s 到 v_t 间的最短径，就得到与最短径端分离的次短径。这方法也可继续下去，直到不存在径，从而得到一系列端分离的次短径。

需要注意的是，去掉一个端，同时也去掉与之关联的边；去掉边则保留这边的两个端。

在某些应用中，要求找一批满足某种限制条件的径而并不要求它们端分离或径分离，这批径称为该限制条件下的可用径。限制条件可以各式各样，解法也就不同。也可能要同时满足几种限制条件，这时可先用一个条件求可用径，再从这些径中筛选出满足其他条件的径就是所需的可用径。

在通过 F 算法得到任意两端之间的最短距离和路由后，可以求得网的中心、中点和直径，分别定义如下：

中心：n 端网中，每端至其他 $n-1$ 端均有一条最短径，此 $n-1$ 径中取最大值，即 $\max_j(w_{ij})$，此值最小的端称为网的中心，即 $\min_i\left[\max_j(w_{ij})\right]$。在距离的意义上来说，若按最短径行走，从网中心到最远端去所走的路程比其他端为短，所以网中心适宜作为维修中心和服务中心。这个结论不但对通信网有用，对其他网也是如此。

中点：定义为"平均最短径长"最小的端，即满足 $\min_i\left[\sum_j w_{ij}\right]$。若边的权均取 1，网的中点就是平均转接次数最少的端，所以网的中点可用作全网的交换中心，因为各端到该端的平均距离为最小。

直径：网的直径 D 为网内两端间最短径长的最大值，即 $D = \max\limits_{i,j} w_{ij}$。

以图 2-21 为例，利用前面求出的 W 阵，可得每个端的 $\max\limits_{j}(w_{ij})$ 分别为 7.9、10.4、9.9、6.8、13.5、13.5 和 8.4，此值最小即 $\min\limits_{i}[\max\limits_{j}(w_{ij})] = 6.8$，对应 v_4，所以网的中心为 v_4。同样利用前面求出的 W 阵，可得每个端的 $\sum\limits_{j} w_{ij}$ 分别为 19.7、25.2、24.1、23.2、56.8、38.1 和 19.2，所以 $\min\limits_{i}[\sum\limits_{j} w_{ij}] = 19.2$，对应 v_7，所以网的中点为 v_7。网的直径 $D = \max\limits_{i,j} w_{ij} = 13.5$。

$$W^{(7)} = \begin{bmatrix} 0 & 2.5 & 2 & 1.2 & \underline{7.9} & 5.6 & 0.5 \\ 2.5 & 0 & 3.5 & 3.7 & \underline{10.4} & 3.1 & 2 \\ 2 & 3.5 & 0 & 3.2 & \underline{9.9} & 4 & 1.5 \\ 1.2 & 3.7 & 3.2 & 0 & 6.7 & \underline{6.8} & 1.7 \\ 7.9 & 10.4 & 9.9 & 6.7 & 0 & \underline{13.5} & 8.4 \\ 5.6 & 3.1 & 4 & 6.8 & \underline{13.5} & 0 & 5.1 \\ 0.5 & 2 & 1.5 & 1.7 & \underline{8.4} & 5.1 & 0 \end{bmatrix} \begin{array}{l} 19.7 \\ 25.2 \\ 24.1 \\ 23.2 \\ 56.8 \\ 38.1 \\ \underline{19.2} \end{array}$$

2.3　流 量 分 配 问 题

通信网络的主要作用就是把一定的通信业务流从源端送到宿端，为了充分利用网络资源，希望能够合理分配流量，例如从源端到宿端的流量尽可能大，传输代价尽可能小等。流量控制是网的控制的重要问题之一。网络的流量分配具有不任意性的特点，即受限于网络的拓扑结构、边和端的容量等，而且流量分配与路由规划密切相关，所以流量分配实际上是在某些限制条件下的优化问题。本节基于有向图分析流量分配问题，均考虑单商品流问题，即网络中只有一种商品或业务。

2.3.1　基本概念

用有向图 $G = \{V, E\}$ 表示一个通信网，端集 $V = \{v_1, v_2, \cdots, v_n\}$，边为有向边，用 e_{ij} 表示从 v_i 到 v_j 的边。每条边能通过的最大流量称为边的容量，用 c_{ij} 表示，而这条边上的实际流量用 f_{ij} 表示。设 $\{f_{ij}\}$ 是网络的一个流，该流有一个源端 v_s 和一个宿端 v_t，这个流从源端到宿端有总流量 F，这些 f_{ij} 必须满足下述两个限制条件：

（1）非负有界性（对于任意边）：$0 \leqslant f_{ij} \leqslant c_{ij}$。

（2）连续性（对于任意端）：$\sum\limits_{e_{ij} \in E} f_{ij} - \sum\limits_{e_{ji} \in E} f_{ji} = \begin{cases} F & v_i \text{ 为源端} \\ -F & v_i \text{ 为宿端} \\ 0 & \text{其他} \end{cases}$

具有 m 条边，n 个端的图共有 $2m+n-1$ 个限制条件，其中包括 m 个非负性条件，m 个有界性条件，$n-1$ 个连续性条件（连续性条件式中有一个不是独立的）。满足上述两个限制条件的流称为可行流，可行流一般不止一个，全零流也满足上述条件，是可行流。

流量分配需要解决的基本问题分为两类：

（1）最大流问题。在确定流的源和宿的情况下，变更可行流中各 f_{ij} 的值，使总流量 F 最大。即网络拓扑已定，各边容量 c_{ij} 已知，给定源端 v_s 和宿端 v_t，求 $v_s \rightarrow v_t$ 的最大流

量 F_{max}。

(2) 最佳流和最小费用流问题。每条边除了有容量 c_{ij} 的条件外，还有费用 a_{ij}，表示单位流量所需的费用。给定 F，选择合适的路由进行分配，即调整 f_{ij}，使总费用 $\sum\limits_{e_{ij}\in E} a_{ij} f_{ij}$ 最小。为了解决这些问题，先介绍割量和可增流路的概念。

设 X 是 V 的真子集，且 $v_s \in X$，$v_T \in \overline{X}$。$(X, \overline{X})$ 表示两者界上的边，显然也是使源端 v_s 和宿端 v_t 分离的割集，割集的方向取 $v_s \to v_t$ 的方向，其边分为两类：一类与割集方向一致，称为前向边；另一类是与割集方向相反，称为反向边。$(X, \overline{X})$ 中的前向边的集合就能割断 $v_s \to v_t$ 的通路。定义割集 $(X, \overline{X})$ 中前向边的容量之和为它的割容量，简称割量 $c(X, \overline{X})$，即 $c(X, \overline{X}) = \sum\limits_{\substack{v_i \in X \\ v_j \in \overline{X}}} c_{ij}$，直观上可以想到，任意从 v_s 到 v_t 的流的流量应该不大于割量 $c(X, \overline{X})$。

当给定任一可行流 $\{f_{ij}\}$ 时，割集中的前向边的流量和用 $f(X, \overline{X})$ 表示，反向边上的流量和用 $f(\overline{X}, X)$ 表示。则源宿端的总流量 F 必有：

(1) $F = f(X, \overline{X}) - f(\overline{X}, X)$。

证明：对于任意的 $v_i \in X$，都有 $\sum\limits_{v_j \in V} f_{ij} - \sum\limits_{v_j \in V} f_{ji} = \begin{cases} F & v_i = v_s \\ 0 & v_i \neq v_s \end{cases}$。

对所有的 $v_i \in X$，将上式求和，得

$$\sum_{v_i \in X}\sum_{v_j \in V} f_{ij} - \sum_{v_i \in X}\sum_{v_j \in V} f_{ji} = \sum_{v_i \in X}\sum_{v_j \in \overline{X}} f_{ij} - \sum_{v_i \in X}\sum_{v_j \in \overline{X}} f_{ji}$$
$$= f(X, \overline{X}) - f(\overline{X}, X)$$
$$= F$$

(2) $F \leqslant c(X, \overline{X})$。

证明：由上面结论和 $f(X, \overline{X})$ 非负可得

$$F = f(X, \overline{X}) - f(\overline{X}, X) \leqslant f(X, \overline{X}) \leqslant c(X, \overline{X})$$

说明如果一个流的流量和某一个割的割量一样，则这个割集有最小割量，这个流有最大流量。

下面讨论可增流路的概念，沿着这个路可以自然将流量增加。

图 2-23 画出了两种边序列，都是从 v_s 到 v_t 的路，路的方向取 $v_s \to v_t$ 的方向。边上的数字前一个是容量 c_{ij}，后一个是流量 f_{ij}。路中的边可以是前向的，也可以是反向的。前向边可以分为饱和边（$f_{ij} = c_{ij}$）和非饱和边（$f_{ij} < c_{ij}$）。反向边则有零流量（$f_{ij} = 0$）和非零流量（$f_{ij} \neq 0$）之分。图 2-23（b）中 $v_2 \to v_3$ 的边是饱和的前向边；$v_4 \to v_t$ 则为非饱和的前向边；$v_3 \to v_4$ 为非零流量的反向边等。

若某条路 P，前向边均不饱和（$f_{ij} < c_{ij}$），反向边均有非 0 流量（$f_{ij} \neq 0$），称这条路为可增流路。在可增流路上，所有前向边上的流量均可增加而不破坏流量的有界性，所有反向边上均可减流（相当于正向增流）而不破坏流量的非负性。整条路的增流量应为这些前向边上能增流（反向边上能减流）的最小值，即可增量为：

$$\delta = \min[\min_{e_{ij}\in P}(c_{ij} - f_{ij}), \min_{e_{ji}\in P}(f_{ji})] \tag{2-34}$$

在可增流路上各边均增加 δ（对于反向边即为减流 δ），不会破坏流量的非负性，有界性，并不影响连续性条件，从而得到一个新的可行流，并使源宿端间的流量增加。如图 2-

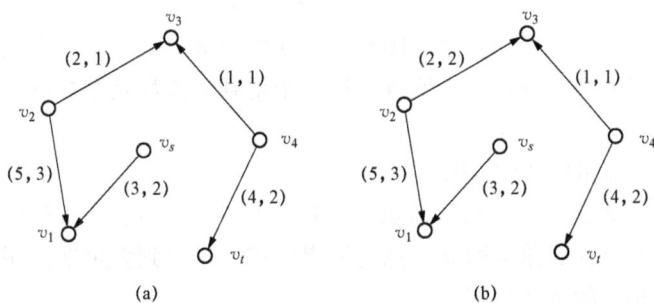

图 2 - 23　可增流路和不可增流路

23（a）为可增流路，因为前向边均不饱和，反向边均非零流量。图 2 - 23（b）为不可增流
路，因为 $v_2 \rightarrow v_3$ 的边是饱和的前向边。

若流 $\{f_{ij}\}$ 已达最大流，则从源端到宿端的每条路都不能是可增流路，即每条路至少含
有一个饱和的前向边或流量为零的反向边。

2.3.2　最大流问题

最大流问题就是在确定流的源端和宿端的情况下，找到一个可行流，使源宿端总流量
最大，可以采用可增流路的方法进行求解。"最大流－最小割定理"为这种方法提供了
保证。

当网处于最大流的情况下，每个割集的前向流量均等于最大流量且总存在一个割集
$(X_0, \overline{X_0})$，其每条正向边都是饱和的，即其割量在诸割中为最小值，并等于最大流量，此
结论称之为"最大流－最小割定理"。该割集可称为网络中的"瓶颈"，决定着最大容量。同
时，有如下结论：

【定理】源宿端间的最大流量等于使源端与宿端分离的割量最小值，设 $(X_0, \overline{X_0})$ 表示 v_s
到 v_t 间具有最小割量的割集，则 $F_{\max} = c(X_0, \overline{X_0})$。

证明：$\because F \leqslant c(X, \overline{X})$　　　　$\therefore F_{\max} \leqslant c(X_0, \overline{X_0})$　　　　　　　　　①

设已达最大流 $F_{\max}$，先令 $X = \{v_s\}$，逐步扩大 X。

扩大条件：设 $v_a \in X$，$v_b \in \overline{X}$。

当 $\begin{cases} c_{ab} > f_{ab}\text{（前向边未饱和）} \\ \text{或 } f_{ba} > 0\text{（反向边非零流）} \end{cases}$　　　则 v_b 并入 X。

假设扩至 X' 时已不能再扩大，则必有：

1）$v_t \in \overline{X'}$，否则为可增流，与最大流假设矛盾。

2）割 $(X', \overline{X'})$ 中，$f_{ij} = c_{ij}$ 或 $f_{ji} = 0$，否则还可以扩大，于是必有

$$
\begin{aligned}
F_{\max} &= f(X', \overline{X'}) - f(\overline{X'}, X') \\
&= \sum_{\substack{v_i \in X' \\ v_j \in \overline{X'}}} f_{ij} - \sum_{\substack{v_i \in X' \\ v_j \in \overline{X'}}} f_{ji} \\
&= \sum_{\substack{v_i \in X' \\ v_j \in \overline{X'}}} c_{ji} \\
&= c(X', \overline{X'}) \geqslant c(X_0, \overline{X_0})
\end{aligned}
$$
　　　　②

对比①和②，得：$F_{\max}=c(X_0,\overline{X_0})$　　　　证毕。

此外，如果所有边的容量为整数，则必定存在整数最大流，这可以从一个全零流开始考虑，由于每条边的容量为整数，逐步增流，每一步得到的流都是整数流，最后得到一个整数最大流。

下面介绍求最大流量的 M 算法。

M 算法的基本思想是从一个可行流出发，搜索每一条 v_s 到 v_t 的路是否为可增流路，每找到一条可增流路，就在此路上增流，总流量得以扩大，直到无可增流路，即可得到源宿端间的最大流量值和相应的流量分配。

通常以 $\{f_{ij}=0\}$ 开始，反复进行下面三步操作：

（1）标志过程：从 v_s 开始给邻端加标志符，加上标志符的端称为已标端（已查或未查）；一个端有标号的意思就是从 v_s 到这个端有可增流路，标号给出了可增流路的路由和可增加的流量值。

（2）选查过程：从 v_s 开始选查已标未查端，查某端，即标其可能增流的邻端，所有邻端已标，则该端已查。若此时能标志宿端，则已找出一条可增流路，进入增流过程。

（3）增流过程：在已找到的可增流路上增流。

M 算法的具体步骤如下：

M_0：初始令 $f_{ij}=0$，对所有 i,j。

M_1：标源端 v_s 为 $(+,s,\infty)$，并作为已标未查端。

M_2：查已标未查端 v_i，即标 v_i 的满足下列条件的邻端 v_j，标法如下：

若 $e_{ij}\in E$，且 $c_{ij}>f_{ij}$，则 v_j 标 $(+,i,\varepsilon_j)$，其中 $\varepsilon_j=\min(c_{ij}-f_{ij},\varepsilon_i)$ 表示可增加的流量，ε_i 为 v_i 已标值。

若 $e_{ji}\in E$，且 $f_{ji}>0$，则 v_j 标 $(-,i,\varepsilon_j)$，其中 $\varepsilon_j=\min(f_{ji},\varepsilon_i)$ 表示可减小的流量，ε_i 为 v_i 已标值。

其他 v_j 则不标。

若所有能加标的邻端 v_j 已标，则称 v_i 已查。

M_3：若宿端 v_t 已标，则沿该路增流 ε_t，返回 M_1 开始寻找新可增流路。若所有端已查且宿端未标，则算法终止。

下面举例来说明上述算法。图 2-24（a）为给定的有向图，边上的数字是该边的容量 c_{ij}，计算过程如下：

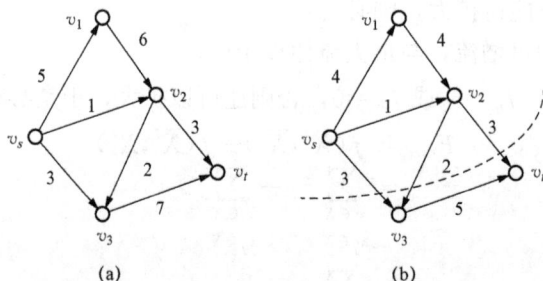

图 2-24　M 算法举例

（1）初始令 $f_{ij}=0$，标 $v_s(+,s,\infty)$。

查 v_s：标 $v_1(+, s, 5)$；标 $v_2(+, s, 1)$；标 $v_3(+, s, 3)$。

查 v_2：标 $v_3(+, 2, 1)$；标 $v_t(+, 2, 1)$。

得 $v_s \to v_2 \to v_t$ 的可增流路。

增流 1：$f_{s2}=1$，$f_{2t}=1$。

（2）标 $v_s(+, s, \infty)$。

查 v_s：标 $v_1(+, s, 5)$；标 $v_3(+, s, 3)$。

查 v_3：标 $v_t(+, 3, 3)$。

得 $v_s \to v_3 \to v_t$ 的可增流路。

增流 3：$f_{s3}=3$，$f_{3t}=3$。

（3）标 $v_s(+, s, \infty)$。

查 v_s：标 $v_1(+, s, 5)$。

查 v_1：标 $v_2(+, 1, 5)$。

查 v_2：标 $v_3(+, 2, 2)$；标 $v_t(+, 2, 2)$。

得 $v_s \to v_1 \to v_2 \to v_t$ 的可增流路。

增流 2：$f_{s1}=2$，$f_{12}=2$，$f_{2t}=3$。

（4）标 $v_s(+, s, \infty)$。

查 v_s：标 $v_1(+, s, 3)$。

查 v_1：标 $v_2(+, 1, 3)$。

查 v_2：标 $v_3(+, 2, 2)$。

查 v_3：标 $v_t(+, 2, 2)$。

得 $v_s \to v_1 \to v_2 \to v_3 \to v_t$ 的可增流路。

增流 2：$f_{s1}=4$，$f_{12}=4$，$f_{23}=2$，$f_{3t}=5$。

可继续，但已无可增流路，停止。

∴ $F_{\max}=8$，各边流量如图 2-24（b）所示，最大流为 $f_{s1}=4$，$f_{s2}=1$，$f_{s3}=3$，$f_{12}=4$，$f_{23}=2$，$f_{2t}=3$，$f_{3t}=5$。

M 算法所得结果必为最佳解。但由于算法过程可知，选择已标未查端的次序是任意的，各种次序可能得不同的可行流，因此分配结果不是唯一的，但最大流量的值一定是一样的。

下面对 M 算法做几点推广：

（1）求结合度。在 M 算法中，若令所有边容量 $c_{ij}=1$，求出的最大流量为源宿间不共边的有向径的数目，也是使源宿分离而应去除的最少边数，即结合度。

（2）无向图情况。一般无向图是指双工通路，所以边容量实际上既是正向容量，也是反向容量，可把一条无向边换成正向和反向两条有向边，如图 2-25 所示，然后再按有向图计算。

图 2-25　无向边换成有向边

（3）端容量（转接能力受限）问题。当端有容量，即端的转接能力有限制时，可将端分成只与射入边相连的端点和只与射出边相连的端点，然后在两端间加一条有向边，其边容量标为端的容量，即可显示出该端"容量受限"的特征。

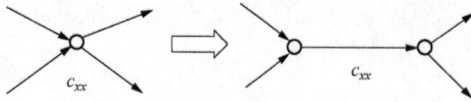

图 2-26　端容量有限制时的转换

（4）多源多宿问题。如果求多源到多宿的总流量，而不计较各源宿间流量的性质差异，则可虚设总源端和总宿端，然后和原始的各源端和宿端用容量为∞的有向边相连，就可转化为单源单宿的问题，利用 M 算法可得总流量最大的可行流。需要注意的是，这仍是单商品问题，对多商品问题，目前还是一个无严格解法的困难问题。

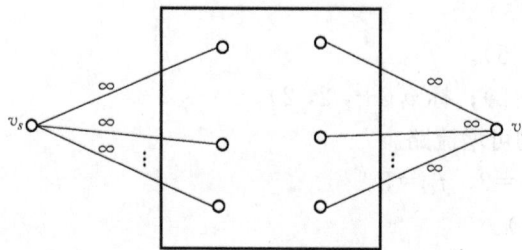

图 2-27　多源多宿的转换

2.3.3　最佳流问题

最大流是要求在满足限制条件下控制流量达到最大，但不一定是费用最省的流。最佳流量分配是满足传输要求的最小费用流——流量控制的优化问题。

这类问题可以描述为：给定网结构 $G=(V, E)$，边容量 c_{ij}，边费用 a_{ij}，以及总流量要求 F_{st}，求解一组可行流 $\{f_{ij}\}$，要求总费用 $\sum a_{ij} f_{ij}$ 最小。

下面介绍求解最佳流的负价环法，简称 N 算法，步骤如下：

N_0：在图上找任一流量为 F_{st} 的可行流。

N_1：做流量补图，对 e_{ij}，若 $c_{ij} > f_{ij}$，可作边并有 $(c_{ij} - f_{ij}, a_{ij})$，方向不变；若 $f_{ij} > 0$，可作边并有 $(f_{ij}, -a_{ij})$，方向为反向。

N_2：在补图上找负价环。若无负价环，算法终止（在一个边的权值可正可负的网络中，负价环为有向环，同时环上各边单位流费用的和为负）。

N_3：在负价环上沿环方向使各边增流，增流值为环中各边流量的最小值。

N_4：修改原图的每边的流量，得新可行流。

N_5：返回 N_1（直到在 N_2 中无负价环而终止）。

下面以图 2-28 为例来说明上述步骤，已知每边容量和单位流费用 c_{ij}，a_{ij}，要求 $F_{st} = 6$，求最佳流。

先任找一个可行流使 $F_{st} = 6$，如图 2-28（b）所示，总费用是 69。画补图如图 2-28（c）所示。找负价环，得 (v_1, v_2, v_3)，可增流值为 2，费用为 -3。增流后的新可行流如图 2-28（d）所示，总费用为 63。再对其画补图如图 2-28（e）所示，发现已无负价环。因此，最小费用为 63，流量分配如图 2-28（d）所示。

负价环法也可推广到无向图和端有容量的情况，其方法与前面讨论的相同，这里不再

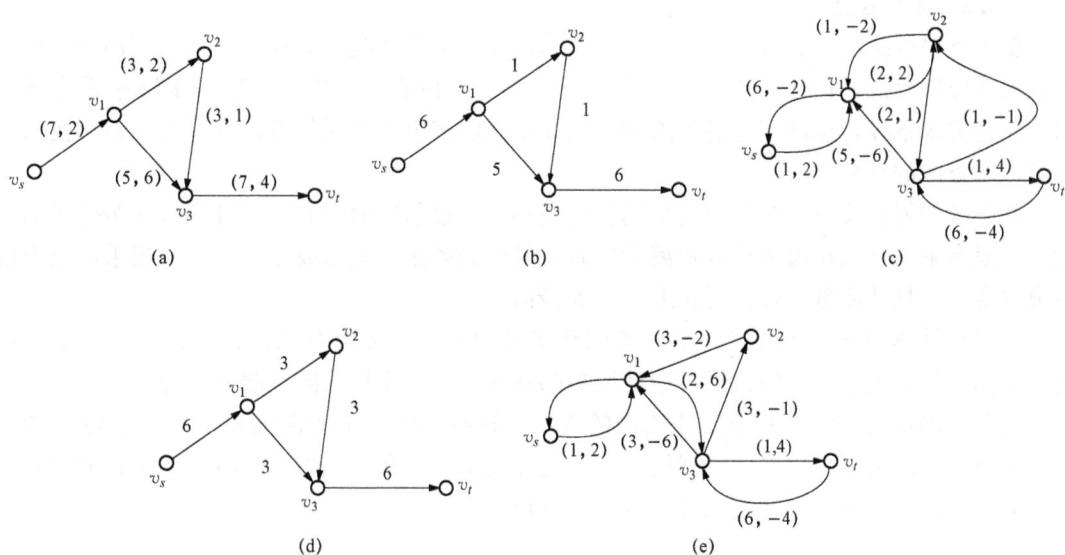

图 2-28 N算法举例

重复。

2.4 站 址 选 择

前面章节求最小主树、最短路径、最大流和最佳流的前提是网络中所有的站点都已确定。而在实际通信网中，有可能设立新的电话交换局，或者在某些交换局之间设立汇接局或高等级的交换局，或者要在某地区开通移动电话，确定基站的站址。站点位置的选择应能使得通信网业务路径最短或网络的总费用最小。设立站点可能会有一个或多个，倘若选择一个站点的位置，可称为单中位点问题；若选择多个站点的位置，就是多中位点的问题。以下将对单中位点和多中位点的站址选择问题进行讨论。

2.4.1 单中位点

设有几个用户点，它们在平面的坐标为 (x_i, y_i)，$i=1, 2, \cdots, n$。d_{qi} 是各点与中位点之间的距离测度，w_i 是加权系数，可以由用户点的用户数或线路费用以及其他因素综合而成。单中位点就是找到点 (x_q, y_q)，使得总费用 $L=\sum_i w_i d_{qi}$ 最小。

根据不同的具体情况，距离测度可采用不同计算方式。如确定广播系统的发射点和移动通信中蜂窝小区基站的设置，可采用欧氏距离测度

$$d_{qi} = \sqrt{(x_i-x_q)^2+(y_i-y_q)^2} \qquad (2-35)$$

或平方距离测度

$$d_{qi} = (x_i-x_q)^2+(y_i-y_q)^2 \qquad (2-36)$$

如果是在城市中选择交换局，由于用户线路一般都是沿街道铺设，假如街道比较规整，近似于方格形的，可采用矩形线距离计算

$$d_{qi} = |x_q-x_i|+|y_q-y_i| \qquad (2-37)$$

2.4.2 多中位点

单中点只解决用户点数目不十分大而分布范围不太广情况下的选址问题。当用户点数增多或地理位置分散，往往要求分成几个群体，每个群体有一个中点。这是实际中常常遇到的，而且情况各异，也可能有各种限制。例如要确定多个交换局位置，首先要确定交换局的容量，服务区的划分。

服务区的划分要使每个用户的平均费用最小。通过求极值的方法，可得最佳服务区的形状。一般当采用欧氏距离来计算距离测度时，最佳服务区为圆形或正六角形，当采用矩形线距离测度时，最佳服务区以接近正方形最为经济。

当然在具体划分服务区时，还要考虑到多种因素。例如可利用河流、山丘、铁路、道路、绿化带等作为服务区的边界。通话密集的地区，尽可能划入同一服务区等。

服务区确定后，就可参照单址选择的方法，选择站址。由于网的总费用和中继线的费用、交换设备的费用、用户线的费用以及场地和建筑物的费用相关，有时还要考虑如何避让区内的障碍物，因此，选址可能要反复多次进行。

2.5 小 结 与 思 考

本章讨论的是通信网结构，从哥尼斯堡七桥问题谈起，使读者获得对图论的直观认识，接着给出图的多个基本定义和概念，在此基础上对树、主树、割集等进行详细讨论。由于图不便于直接输入到计算机中进行计算，重点介绍了图的两种矩阵表示，并着重分析两种矩阵的具体应用。最短路径问题是对有权图进行分析和计算，主要介绍了求最小主树的 Prim 算法、Kruskal 算法和破圈法，以及求端间最短径的 Dijkstra 算法和 Floyd 算法。流量分配问题着眼于合理分配流量，例如从源端到宿端流量最大的最大流问题，从源端到宿端流量确定情况下传输代价最小的最佳流问题。最后讨论了单中位点和多中位点的站址选择问题。

虽然各种通信网络在不断发展、更新、迭代，网络结构也更加复杂多变，但万丈高楼平地起，可以通过本章各种基本算法的学习，逐步培养利用图论的思想去思考问题和解决问题的能力，结合具体网络结构，得到性能更优的算法。

习 题

2.1　写出图 2-29 的关联阵和邻接阵，并求出图的主树数目。

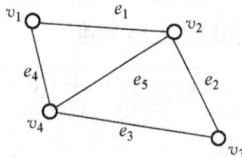

图 2-29　习题 2.1 图

2.2　已知一个图的邻接阵如式（2-38）所示，画出此图，并写出其关联阵。

$$C = \begin{bmatrix} 0 & 1 & 0 & 1 \\ 0 & 0 & 1 & 0 \\ 0 & 0 & 0 & 1 \\ 0 & 0 & 0 & 0 \end{bmatrix} \qquad (2-38)$$

2.3　已知图有 6 个端，无向距离矩阵如式（2-39）所示，画出此图，并分别用 P 算法和 K 算法求其最短树。

$$\begin{bmatrix} 0 & 1 & 2 & 3 & 2 & 1 \\ 1 & 0 & 1 & 2 & 3 & 2 \\ 2 & 1 & 0 & 1 & 2 & 3 \\ 3 & 2 & 1 & 0 & 1 & 2 \\ 2 & 3 & 2 & 1 & 0 & 1 \\ 1 & 2 & 3 & 2 & 1 & 0 \end{bmatrix} \qquad (2-39)$$

2.4　给定图 2-30。

（1）用 P 算法和 K 算法求其最短树。

（2）用 D 算法求 v_1 到所有其他端的最短径长及其路径。

（3）用 F 算法求最短径矩阵和路由矩阵，并找到 v_2 至 v_5 的最短径长及路由。

（4）求图的中心和中点。

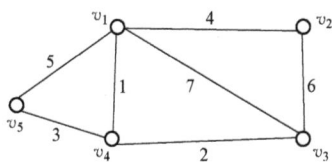

图 2-30　习题 2.4 图

2.5　求图 2-31 中 v_1 至 v_9 的最短径长及路由。

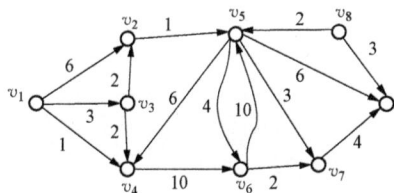

图 2-31　习题 2.5 图

2.6　如图 2-32 所示，已知一个网络每边的容量，求 v_s 至 v_t 的最大流。

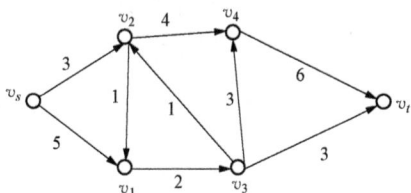

图 2-32　习题 2.6 图

2.7　如图 2-33 所示，已知一个网络每边的容量和单位流费用，要求 v_s 至 v_t 流量为 9，求最佳流。

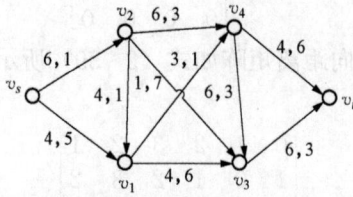

图 2-33　习题 2.7 图

第 3 章 通信网业务的常用分布

电信系统的基本任务是在有线或无线链路上传输业务，而不同的业务竞争使用相同的传输资源。现代通信网的业务类型具有多样性，业务可以是电话交换系统中的呼叫，也可以是数据交换网络中的分组，还可以是互联网中的浏览请求等。各种业务的到达过程具有随机性，对网络的需求也具有随机的特性，不同业务有不同的带宽、时延和误码要求，例如语音业务的带宽和误码要求低、时延要求高；而数据业务的时延要求低、带宽和误码要求高。因此要对通信网络进行性能分析，首先要对信源建模，用尽可能简单的模型来对不同的业务进行近似，然后才能进行分析。本章将介绍一些常用的随机过程及信源常用的分布，为后面的时延性能分析做好铺垫。

3.1 随 机 过 程 概 述

3.1.1 随机过程的概念

在通信技术中，经常会遇到试验过程中随着时间 t 而改变的随机变量。例如接收机的噪声电压就是随时间 t 而变化的。把这种随着时间 t 而变化的随机变量，称为随机过程，记作 $X(t, \xi)$。一般情况下，在试验过程中，随机变量有可能随某个参量（不一定是时间 t）而变化。例如，研究大气层中空气温度时，可以把气温视作随高度而变化的随机变量，这时的参变量就是高度。常常把这种随着某个参量而变化的随机变量称为随机函数，而把以时间 t 作为参变量的随机函数称为随机过程。在研究随机过程时，其中的随机变量可以是一维的，也可以是多维的。本章主要讨论一维随机变量随时间 t 变化所构成的随机过程。

随机过程的概念还可以从另一个角度进一步阐述。例如：当对接收机的噪声电压作"单次"观察时，可能得到某个起伏的波形。每次观察得到波形的形状，虽然事先不能确定，但是必为所有可能波形中的某一个。而所有这些可能的波形 $x_1(t)$，$x_2(t)$，$\cdots$，$x_n(t)$，$\cdots$ 的集合（或总体）构成了随机过程 $X(t)$，而 $x_1(t)$，$x_2(t)$，$\cdots$，$x_n(t)$，$\cdots$ 都是确知的时间函数，把它们称作随机过程的样本函数（简称样本）或实现。在一次试验结果中，随机过程必取一个样本，但究竟取哪一个样本，则带有随机性。因此，随机过程既是时间 t 的函数，也是随机试验可能结果 ξ 的函数。

定义 3.1 设随机试验 E 的样本空间是 $S=\{\zeta\}$，若对每一个元素 $\zeta \in S$，总有一个确知的时间函数 $X(t, \xi)$，$t \in T$ 与它相对应，这样，对于所有的 $\zeta \in S$，就可得到一簇时间 t 的函数，将其称为随机过程。簇中的每一个函数称为该过程的样本函数。

对于一个特定的试验结果 ζ_i，$X(t, \zeta_i)$ 就是一个确知的时间函数。对于一个特定的时间 t，$X(t_i, \zeta)$ 是一个取决于 ζ 的随机变量，根据这一点，我们也可将随机过程定义如下。

定义 3.2 若对于每个特定的时间 t_i（$i=1, 2, \cdots$），$X(t_i, \zeta)$ 是随机试验，则称 $X(t, \zeta)$ 为随机过程。

定义 3.2 把随机过程看作依赖于时间 t 的一簇随机变量。

上述两种定义是从不同角度来描述随机过程，故它们本质上是一致的，互为补充的，更利于全面地理解随机过程的意义。

根据以上讨论，可列出随机过程 $X(t)$ 在四种不同情况下的含义：

(1) 一个时间函数簇（t 和 ζ 都是变量）；

(2) 一个确知的时间函数（t 是变量，而 ζ 固定）；

(3) 一个随机变量（t 固定，而 ζ 是变量）；

(4) 一个确定值（t 和 ζ 都固定）。

3.1.2 随机过程的分类

随机过程的种类很多，按照不同的标准，可得到不同的分类方法，下面我们列出几种分类方法。

(1) 按照随机过程 $X(t)$ 的时间和状态是连续还是离散，可分成四类：

1) 连续型随机过程：$X(t)$ 对于任意的 $t_1 \in T$，$X(t_1)$ 都是连续型随机变量，也就是时间和状态都是连续的情况。例如，前面曾提到过的接收机输出噪声就属于连续型随机过程。

2) 离散型随机过程：$X(t)$ 对于任意的 $t_1 \in T$，$X(t_1)$，$X(t_1)$ 都是离散型随机变量。例如，由强限幅器输出的随机过程，无论何时，它只能取正或负两个固定的离散值，所以它是一个离散型随机过程。

3) 连续随机序列：$X(t)$ 在任一离散时刻的状态是连续型随机变量。它对应于时间离散、状态连续的情况。实际上，它可通过对连续型随机过程进行顺序等时间间隔采样得到。

4) 离散随机序列—随机数字序列（数字信号）：随机过程的时间和状态都离散。为了适应数字化的需要，对连续型随机过程进行等间隔采样，并将采样值量化、分层，即得到此种离散随机序列。

由上可知，最基本的是连续型随机过程，其他三类都可以通过对其作离散化处理得到。故本书主要介绍连续型随机过程。

(2) 按照随机过程的样本函数的形式的不同，可分成两类：

1) 不确定的随机过程：如果随机过程的任意样本函数的未来值，不能由过去的观测值准确地预测，则此过程称为不确定的随机过程。

2) 确定的随机过程：如果随机过程 $X(t)$ 的任意样本函数的未来值，能由过去的观测值预测，则此过程称作确定的随机过程。例如，常见的正弦型随机信号（正弦随机过程）为

$$X(t) = A\cos(\omega t + \varphi) \tag{3-1}$$

式中的振幅 A、相位 φ 或角频率 ω 是（或全部是）随机变量。对于此过程的任意一个样本函数，这些随机变量都取某个具体的值。若过去任一时刻的样本函数值已知，则可根据正弦规律预测样本函数的未来值。

(3) 按照随机过程的分布函数或概率密度的不同特性来分类。这是一种更为本质的分类方法，比较重要的有平稳随机过程、正态随机过程、马尔可夫过程、独立增量过程、生灭过程、独立随机过程和瑞利随机过程等。

在工程技术中，可按照随机过程有无平稳性、遍历性，分成平稳的和非平稳的、遍历的和非遍历的。此外，还可按照随机过程的功率谱特性，分成宽带的或窄带的，白色的或非白色（有色）的。

在本章，将介绍马尔可夫过程、生灭过程、泊松过程等。

3.2　通信网性能分析中常用的随机过程

3.2.1　马尔可夫过程

马尔可夫过程是近来发展很快、应用广泛的一种重要随机过程，它在信息处理、自动控制、数字计算方法等领域都有重要的应用。它具有如下的特性：当随机过程在时刻 t_i 所处的状态为已知的条件下，过程在时刻 t（$>t_i$）所处的状态，与过程在 t_i 时刻以前所处的状态无关，而仅与过程在 t_i 时刻的状态有关。此特性称为随机过程的无后效性或马尔可夫性。

马尔可夫过程按其状态空间 S 和时间参数集 T 是连续还是离散，可以分为四类过程：马尔可夫序列是指时间离散、状态连续的马尔可夫过程；马尔可夫链是指时间、状态皆离散的马尔可夫过程；可列马尔可夫过程是指时间连续、状态离散的马尔可夫过程；至于马尔可夫过程，有时指时间、状态皆连续的马尔可夫过程，有时指这四类过程的总称。

实际上，我们所观察到的物理过程并不一定是精确的马尔可夫过程。然而，在很多具体问题中，有时却能近似地将其看作马尔可夫过程。这正是主要讨论马尔可夫过程的原因。

1. 马尔可夫过程的定义

马尔可夫过程是一类很重要的随机过程，这一过程的特点是：当过程在时刻 t_0 所处状态已知时，t_0 以后过程所处的状态与 t_0 以前过程所处的状态无关。这一特性称为无后效应性，也叫马尔可夫性，通俗地说，就是"已知现在，将来与过去无关"。

定义 3.3　设 $\{X(t), t \in T\}$ 为一洛随机过程，$t_i \in T$，$i = 1, 2, \cdots, n$，且 $\{t_1 < t_2 < \cdots < t_n\}$，若在 $t_1, t_2, \cdots, t_{n-1}, t_n$ 对 $X(t)$ 观测得到相应的观测值 $x_1, x_2, \cdots, x_{n-1}, x_n$ 满足条件

$$P\{X(t_n) \leqslant x_n \mid X(t_{n-1}) = x_{n-1}, X(t_{n-2}) = x_{n-2}, \cdots, X(t_1) = x_1\}$$
$$= P\{X(t_n) \leqslant x_n \mid X(t_{n-1}) = x_{n-1}\}, n \geqslant 3 \text{ 的整数}$$

或 $F_x\{x_n, t_n \mid x_{n-1}, x_{n-2}, \cdots, x_1; t_{n-1}, t_{n-2}, \cdots, t_1\} = F_x\{x_n, t_n \mid x_{n-1}, t_{n-1}\}$，$n \geqslant 3$ 的整数。则称此类过程 $\{X(t), t \in T\}$ 为具有马尔可夫性质（无后效应性）的过程或马尔可夫过程，简称马氏过程。

其中 $F_X\{x_n, t_n \mid x_{n-1}, x_{n-2}, \cdots, x_1; t_{n-1}, l_{n-2}, \cdots, t_1\} = F_X\{x_n, t_n \mid x_{n-1}, t_{n-1}\}$ 代表在 $X(t_{n-1}) = x_{n-1}$，$X(t_{n-2}) = x_{n-2}$，$\cdots X(t_1) = x_1$ 的条件下，在 t_n 时 $X(t_n)$ 取 x_n 的条件分布函数。若把 t_{n-1} 看作"现在"，则因 $t_n > t_{n-1}$，t_n 就可看作"将来"；而因 $t_1 < t_2 < \cdots < t_{n-2} < t_{n-1} < t_n$，故 $t_1, t_2, \cdots, t_{n-2}$ 就当作"过去"。因此，上述定义中的条件可表述为：在 t_{n-1} 时 $X(t_{n-1})$ 取值为 x_{n-1} 的条件下，$X(t)$ 的"将来"状态与"过去"状态是无关的。即：$X(t)$ 的"将来"只是通过"现在"与"过去"发生联系。一旦"现在"已经确定，"将来"与"过去"无关。这个条件称为过程的无后效性（或马尔可夫性）。

转移概率分布：上式右端的条件分布函数

$$F_x\{x_n, t_n \mid x_{n-1}, t_{n-1}\} = P\{X(t_n) \leqslant x_n \mid X(t_{n-1}) = x_{n-1}\}$$

或

$$F_x\{x, t \mid x_0, t_0\} = P\{X(t) \leqslant x \mid X(t_0) = x_0\}, t > t_0$$

称为马氏过程的转移概率分布。

转移概率分布是条件概率分布，对 x 而言，它是一个分布函数，因而有

1) $F_x(x,\ t\mid x_0,\ t_0)\geqslant 0$。

2) $F_x(\infty,\ t\mid x_0,\ t_0)=1$。

3) $F_x(-\infty,\ t\mid x_0,\ t_0)=0$。

4) $F_x(x,\ t\mid x_0,\ t_0)$ 是关于 x 的单调非降、右连续的函数。

5) 满足切普曼－柯尔莫哥洛夫（Chapman‐Kolmogorov）方程

$$F_X(x,t\mid x_0,t_0)=\int_{-\infty}^{\infty}F_X(x,t\mid x_1,t_1)\mathrm{d}_{x1}F_X(x_1,t_1\mid x_0,t_0)$$

式中，$t_0<t_1<t$，应用全概率公式可以证明该式。

转移概率密度：如果 $F_X(x,\ t\mid x_0,\ t_0)$ 关于 x 的导数存在，则

$$f_X(x,t\mid x_0,t_0)=\frac{\partial}{\partial x}F_X(x,t\mid x_0,t_0)$$

称为马尔可夫过程的转移概率密度。

反之，可得

$$\int_{-\infty}^{x}f_X(u,t\mid x_0,t_0)\mathrm{d}u=\int_{-\infty}^{x}\mathrm{d}_uf_X(u,t\mid x_0,t_0)=F_X(x,t\mid x_0,t_0)$$

并且还有

$$\int_{-\infty}^{+\infty}f_X(x,t\mid x_0,t_0)\mathrm{d}x=1$$

当 $t\to t_0$ 时

$$f_X(x,\ t\mid x_0,\ t_0)\to\delta\ (x-x_0)$$

此时，无后效性可表示为

$$f_X\{x_n,t_n\mid x_{n-1},x_{n-2},\cdots,x_1;t_{n-1},t_{n-2},\cdots,t_1\}=f_X\{x_n,t_n\mid x_{n-1},t_{n-1}\},n\geqslant 3$$

对于马氏过程的转移概率密度也满足切普曼－柯尔莫哥洛夫方程，其形式为

$$f_X(x_n,t_n\mid x_k,t_k)=\int_{-\infty}^{\infty}f_X(x_n,t_n\mid x_r,t_r)f_X(x_r,t_r\mid x_k,t_k)\mathrm{d}x_r$$

$$t_k<t_r<t_n$$

证明：由联合概率密度求边缘概率密度公式，可得

$$f_X(x_n,t_n\mid x_k,t_k)=\int_{-\infty}^{\infty}f_X(x_n,x_r;t_n,t_r\mid x_k,t_k)\mathrm{d}x_r$$

再利用概率的乘法定理及马氏过程的无后效性，可知

$$f_X(x_n,x_r;t_n,t_r\mid x_k,t_k)=\frac{f_X(x_n,x_r,x_k;t_n,t_r,t_k)}{f_X(x_k,t_k)}$$

$$=\frac{f_X(x_n,t_n\mid x_r,x_k;t_r,t_k)f_X(x_r,x_k;t_r,t_k)}{f_X(x_k,t_k)}$$

$$=f_X(x_n;t_n\mid x_r,t_r)f_X(x_r,t_r\mid x_k,t_k)$$

所以

$$f_X(x_n,t_n\mid x_k,t_k)=\int_{-\infty}^{\infty}f_X(x_n,t_n\mid x_r,t_r)f_X(x_r,t_r\mid x_k,t_k)\mathrm{d}x_r\ 得证。$$

如果马氏过程的转移概率分布 $F_X(x,\ t\mid x_0,\ t_0)$ 或转移密度 $f_X(x,\ t\mid x_0,\ t_0)$，只与转移前后的状态 x_0、x 及相应的时间差 $t-t_0=\tau$ 有关，而与 t_0、t 无关，即

$$F_X(x,t \mid x_0,t_0) = F_X(x \mid x_0;\tau) \text{ 或 } f_X(x,t \mid x_0;t_0) = f_X(x \mid x_0;\tau)$$

则称具有这种特性的马氏过程为齐次马尔可夫过程。

2. 马尔可夫链

定义 3.4　设随机过程 $\{X(t), t \in T\}$ 的状态空间 S 为 R 中的可列集，如果对 T 中任意 n 个 $t_1 < t_2 < \cdots < t_n$ 以及使 $P\{X(t_1) = i_1, X(t_2) = i_2, \cdots X(t_{n-1}) = i_{n-1}\} > 0$ 的状态 $i_k \in S$, $k=1, 2, \cdots n-1$, 有

$$P\{X(t_n) = i_n \mid X(t_{n-1}) = i_{n-1}, X(t_{n-2}) = i_{n-2}, \cdots X(t_1) = i_1\}$$
$$= P\{X(t_n) = i_n \mid X(t_{n-1}) = i_{n-1}\} \tag{3-2}$$

则称 $\{X(t), t \in T\}$ 为马尔可夫链，简称为马氏链。如果 T 还是可列离散集，则称 $\{X(t), t \in T\}$ 为离散参数马氏链。如果 T 是连续参数集，则称 $\{X(t), t \in T\}$ 为连续参数马氏链。

对连续参数马氏链，一般设其状态空间为 $I = \{0, 1, 2, \cdots\}$ 或 $I_N = \{0, 1, 2, \cdots, N\}$，设参数集 $T \in [0, \infty)$，因此 $\{X(t), t \in T\}$ 可以写成 $\{X(t), t \geqslant 0\}$，并记 $P\{X(s+t) = j \mid X(s) = i\}$ 为 $p_{ij}(s, t)$，即

$$p_{ij}(s,t) = P\{X(s+t) = j \mid X(s) = i\}, \quad i,j \in I, s,t \geqslant 0 \tag{3-3}$$

如果转移概率 $p_{ij}(s, t)$ 只与 t 有关，而与 s 无关，则称 $\{X(t), t \geqslant 0\}$ 为连续参数齐次马尔可夫链，并记 $p_{ij}(s, t)$ 为 $p_{ij}(t)$，即

$$p_{ij}(t) = P\{X(s+t) = j \mid X(s) = i\} = P\{X(t) = j \mid X(0) = i\}, i,j \in I, t \geqslant 0$$

显然，有

$$p_{ij}(t) \geqslant 0, i,j \in I, t \geqslant 0,$$
$$\sum_{j \in I} p_{ij}(t) = 1$$

规定

$$p_{ij}(0) = \delta_{ij} = \begin{cases} 1, j = i \\ 0, j \neq i \end{cases}$$

该式可写成矩阵形式

$$P(t) = [p_{ij}(t)]_{i,j \in I}, t \geqslant 0$$

设 $i, j \in I$, $s, t \geqslant 0$，由全概率公式可得

$$p_{ij}(s+t) = P\{X(s+t) = j \mid X(0) = i\}$$
$$= \sum_{k \in I} P\{X(s+t) = j \mid X(s) = k\} P\{X(s) = k \mid X(0) - i\}$$
$$= \sum_{k \in I} p_{ik}(s) p_{kj}(t)$$

即

$$p_{ij}(s+t) = \sum_{k \in I} p_{ik}(s) p_{kj}(t), i,j \in I, s,t \geqslant 0 \tag{3-4}$$

上式称为连续参数齐次马氏链的切普曼 - 柯尔莫哥洛夫（Chapman - Kolmogorov）方程。写成矩阵形式，如下

$$P(s+t) = P(s)P(t), s,t \geqslant 0 \tag{3-5}$$

马尔可夫链的演化并不依赖该链在当前状态停留多长时间，这种无记忆的特征意味着状

态逗留时间是连续时间链的指数分布或离散时间链的几何分布。在下面的内容中，主要研究连续时间的马尔可夫链，它以平均速率为特征，对应于从一种状态到另一种状态的不同转换。

马尔可夫链的几个重要的子类如下：

更新过程：这些都是"点"过程（即到达过程或纯生过程），比如时间轴上的点的到达。间隔相邻到达（点）之间根据一般分布是独立同分布的。一般的到达过程可以用过程 $N(t)$ 等价地表征在区间 t 内到达的数量或到达时间间隔的分布。更新过程的一个特殊情况是泊松到达过程，其中到达时间以一个常数呈指数分布率。

生—灭马尔可夫链：从一般状态 $X=i$ 只有向状态 $X=i-1$ 或向状态 $X=i+1$ 转移。这些链由一个合适的状态概率分布来表示。这些链将被用来建模为马尔可夫队列 $(M/M/\cdots)$，如本章后面所述。

半马尔可夫链：这些链具有一般分布的状态逗留时间。可以在状态转移时间研究该类型链，得到了一个嵌入的马尔可夫链，它可以被当作（和求解）一个离散时间的马尔可夫链。在这种情况下，也有一个状态概率分布。半马尔可夫链将用于建模 $M/G/1$ 队列。

马尔可夫链的特征是具有状态的图（用圆表示）以及其中的转移（用有向弧表示）。在连续时间链中，转移可能发生在任何时间，其特征是指数分布的间隔，平均速率显示在转移弧线的上方（参见图 3-1 中的例子）。相反，对于离散时间链，转换可以在给定时刻发生；概率用于表征几何分布间隔的转移。在离散时间情况下，状态可能会过渡到它们自身（见图3-2中的示例），离开一个状态的所有转移概率之和必须等于1。

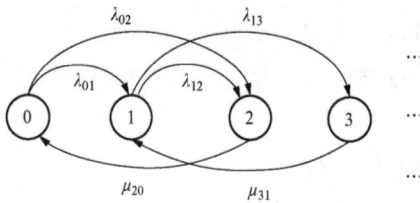

图 3-1　具有平均转移速度连续
时间的马尔可夫链示例

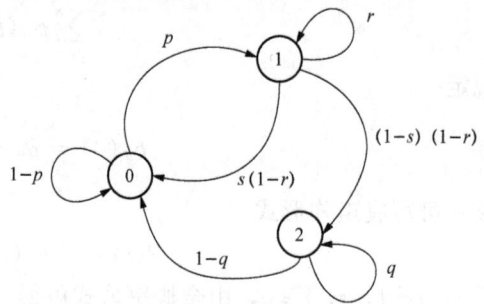

图 3-2　具有转移概率的离散时间
马尔可夫链示例

3.2.2　生灭马尔可夫链（生灭过程）

现考虑到达一台电话机的呼叫数，既可以增加也可以减少，所以需要更加复杂的随机过程来描述电话交换机中呼叫数的变化。下面引入生灭过程可描述电话交换机中呼叫数的变化。

我们在这里研究一个状态为自然数 $\{0，1，2，\cdots\}$ 的连续时间马尔可夫链。对于一般状态 k，只允许转换到状态 $k-1$ 和 $k+1$。以 λ_i 表示从状态 i 到状态 $i+1$ 的平均出生率；μ_j 表示从状态 j 到状态 $j-1$ 的平均死亡率（或完成率）；p_n 为系统处于状态 n 的概率。

一个呼叫流如果服从参数为 λ 的泊松过程，那么任取一个时刻 t，在 $(t，t+\Delta t]$ 内有一个呼叫到达的概率为：$p_1(\Delta t)=\lambda \cdot \Delta t \cdot e^{-\lambda \cdot \Delta t}=\lambda \cdot \Delta t+o(\Delta t)$，其中 $o(\Delta t)$ 是关于 Δt 的高阶无穷小。而 λ 是任意区间内又是任意时刻的呼叫到达率。如果对泊松过程进行推广，则到达率可以随着时间的变化而变化。

定义 3.5　（生灭过程）设 $\{X(t)，t\geqslant 0\}$ 为具有状态空间 I（或 I_n）的连续参数齐次马氏链，如果其转移概率 $p_{ij}(\Delta t)$ 满足：对任意 $i，j\in I$，有

$$\begin{cases} p_{i,i+1}(\Delta t)=\lambda_i\Delta t+o(\Delta t)，\lambda_i>0 \\ p_{i,i-1}(\Delta t)=\mu_i\Delta t+o(\Delta t)，\mu_0=0，\mu_i>0(i\geqslant 1) \\ p_{i,i}(\Delta t)=1-(\lambda_i+\mu_i)\Delta t+o(t) \\ p_{i,j}(\Delta t)=o(\Delta t)，|j-i|\geqslant 2 \end{cases} \quad (3-6)$$

则称 $\{X(t)，t\geqslant 0\}$ 为生灭过程。生灭过程的状态是相通的。

生灭过程是一种特殊的离散状态连续时间马尔可夫过程，或称为连续时间马尔可夫链。生灭过程的状态为有限个或可数个，状态变化一定是在相邻状态之间进行的。生灭过程的极限解或稳态解有很简单的形式。

假定考察的时间区间为 $I_k=(k\Delta，(k+1)\Delta]$，系统的状态转移概率表示为 $p_{i,j}(\Delta)=p\{N[(k+1)\Delta]=j\mid N(k\Delta)=i\}$，即系统经时间 Δ 从状态 i 转移到状态 j 的条件概率。

由生灭过程的定义知：

(1) 在时间 Δt 内系统从状态 i（$i\geqslant 0$）转移到状态 $i+1$ 的概率为 $\lambda_i\Delta t+o(\Delta t)$，这里 λ_i 为在状态 i 的出生率；

(2) 在时间 Δt 内系统从状态 i（$i\geqslant 1$）转移到状态 $i-1$ 的概率为 $\mu_i\Delta t+o(\Delta t)$，这里 μ_i 为在状态 i 的死亡率；

(3) 在时间 Δt 内系统发生跳转的概率为 $o(\Delta t)$；

(4) 在时间 Δt 内系统停留在状态 i 的概率为 $1-(\lambda_i+\mu_i)\Delta t+o(\Delta t)$。

如图 3-3 所示是一个马尔可夫链的一般例子，其中假设有无限数量的状态。状态转移图包含了系统的所有可能状态及所有可能状态变化，可以直观地表示系统的特征。

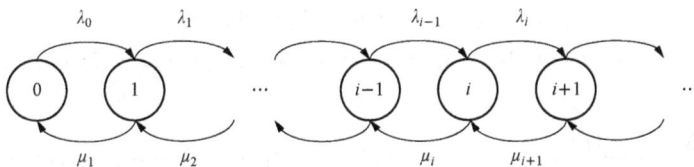

图 3-3　生灭过程的状态转移图

如果生灭过程满足条件 $\mu_i\equiv 0$，则称它为纯生过程。如果生灭过程满足条件 $\lambda_i\equiv 0$，则称它为纯灭过程。泊松过程是一种特殊的纯生过程。

对于生灭过程，大多数情况下关注系统在较长时间之后的稳态分布，在此研究平衡时的链（假设存在一个平衡）。具有稳态行为的一个充分条件是以下遍历性条件：

$$\exists k_0，\lambda_k/\mu_k<1，\forall k\geqslant k_0 \quad (3-7)$$

这表明，每一种状态的出生率会低于死亡率，即如果满足条件（3-6），则存在不依赖于时间的状态概率 p_n，该队列是稳定的。

稳态时，图 3-3 中任何状态周围的"流量"是平衡的。简单的方法是在如图 3-4 所示

的任意一对状态之间进行切割，并按照下面描述的顺序写出相应的平衡方程。

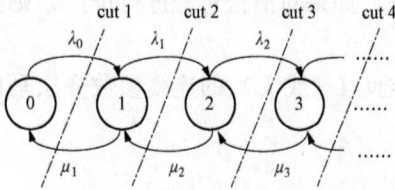

割 1 平衡　$\lambda_0 p_0 = \mu_1 p_1 \Rightarrow p_1 = \dfrac{\lambda_0}{\mu_1} p_0$

割 2 平衡　$\lambda_1 p_1 = \mu_2 p_2 \Rightarrow p_2 = \dfrac{\lambda_1}{\mu_2} p_1 = \dfrac{\lambda_1}{\mu_2} \dfrac{\lambda_0}{\mu_1} p_0$

割 i 平衡　$\lambda_{i-1} p_{i-1} = \mu_i p_i \Rightarrow p_i = \dfrac{\lambda_{i-1}}{\mu_i} p_{i-1} = p_0 \prod_{n=1}^{i}$

图 3-4　马尔可夫链状态之间切割

$$\frac{\lambda_{n-1}}{\mu_n}, \quad \forall i \geqslant 1 \tag{3-8}$$

所有的状态概率都表示为转移率和状态"0"的概率的函数。因此，施加以下归一化条件来确定 p_0

$$\sum_{i=0}^{\infty} p_i = 1 \Rightarrow p_0 \sum_{i=0}^{\infty} \frac{p_i}{p_0} = 1 \Rightarrow p_0 \left(1 + \sum_{i=1}^{\infty} \prod_{n=1}^{i} \frac{\lambda_{n-1}}{\mu_n} \right) = 1 \Rightarrow p_0 = \frac{1}{1 + \sum\limits_{i=1}^{\infty} \prod\limits_{n=1}^{i} \frac{\lambda_{n-1}}{\mu_n}} \tag{3-9}$$

生灭过程与马尔可夫链可用来建模一些排队系统。

*切普曼 - 柯尔莫哥洛夫（Chapman - Kolmogorov）方程。

这条链的时间行为用 C - K 方程来描述。

令 $p_j(t) = p\{X(t) = j\}$，$p_{jk}(\Delta t)$ 表示系统从状态 j 开始，经过时间 Δt 之后转移到状态 k 的条件概率，该概率 $p_{jk}(\Delta t)$ 满足条件

$$p_{jk}(\Delta t) \geqslant 0, \quad \sum_{k=0}^{\infty} p_{jk}(\Delta t) = 1$$

根据生灭过程的性质，有

$$
\begin{aligned}
p_j(t + \Delta t) &= \sum_{i=0}^{\infty} p_i(t) p_{ij}(\Delta t) \\
&= p_j(t) p_{jj}(\Delta t) + p_{j-1}(t) p_{j-1,j}(\Delta t) + p_{j+1}(t) p_{j+1,j}(\Delta t) + o(\Delta t) \\
&= p_j(t) [1 - (\lambda_j + \mu_j) \Delta t + o(\Delta t)] + p_{j-1}(t) [\lambda_{j-1} \Delta t + o(\Delta t)] \\
&\quad + p_{j+1}(t) [\mu_{j+1} \Delta t + o(\Delta t)] + o(\Delta t) \\
&= p_j(t) [1 - (\lambda_j + \mu_j) \Delta t] + \lambda_{j-1} p_{j-1}(t) \Delta t + \mu_{j+1} p_{j+1}(t) \Delta t + o(\Delta t)
\end{aligned}
$$

进而有

$$\frac{p_j(t + \Delta t) - p_j(t)}{\Delta t} = -(\lambda_j + \mu_j) p_j(t) + \lambda_{j-1} p_{j-1}(t) + \mu_{j+1} p_{j+1}(t) + \frac{o(\Delta t)}{\Delta t}$$

$$
\begin{aligned}
p_j{}'(t) &= \lim_{\Delta t \to 0} \frac{p_j(t + \Delta t) - p_j(t)}{\Delta t} \\
&= -(\lambda_i + \mu_i) p_j(t) + \lambda_{j-1} p_{j-1}(t) + \mu_{j+1} p_{j+1}(t)
\end{aligned}
$$

因此得生灭过程的前进柯氏方程为

$$
\begin{cases}
p_j{}'(t) = -(\lambda_i + \mu_i) p_j(t) + \lambda_{j-1} p_{j-1}(t) + \mu_{j+1} p_{j+1}(t), & j \geqslant 1 \\
p_0{}'(t) = -\lambda_0 p_0(t) + \mu_1 p_1(t)
\end{cases}
$$

如果在时刻 0 过程处于状态 $i \in I$，则上述方程的初始条件为 $p_i(0) = 1$，$p_k(0) = 0$，$k \neq i$，如果生灭过程的平稳分布 $\{\pi_k, k \geqslant 0\}$ 存在，它应满足方程组

$$\begin{cases} -(\lambda_j + \mu_j)\pi_j + \lambda_{j-1}\pi_{j-1} + \mu_{j+1}\pi_{j+1} = 0, j = 0,1,2,\cdots, \\ -\lambda_0\pi_0 + \mu_1\pi_1 = 0 \\ \sum_{k \in I} \pi_k = 1 \end{cases}$$

由第一式得

$$\mu_{j+1}\pi_{j+1} - \lambda_j\pi_j = \mu_j\pi_j - \lambda_{j-1}\pi_{j-1} = \cdots = \mu_1\pi_1 - \lambda_0\pi_0$$

由第二式得

$$\pi_1 = \frac{\lambda_0}{\mu_1}\pi_0$$

递推，得

$$\pi_j = \frac{\lambda_0\lambda_1\cdots\lambda_{j-1}}{\mu_1\mu_2\cdots\mu_j}\pi_0 \tag{3-10}$$

其中

$$\pi_0 = \left(1 + \sum_{j=1}^{\infty} \frac{\lambda_0\lambda_1\cdots\lambda_{j-1}}{\mu_1\mu_2\cdots\mu_j}\right)^{-1} \tag{3-11}$$

因此，如果级数 $\sum_{j=1}^{\infty} \frac{\lambda_0\lambda_1\cdots\lambda_{j-1}}{\mu_1\mu_2\cdots\mu_j}$ 收敛，则生灭过程的平稳分布存在，且由上式确定。

3.2.3 计数过程

随机过程 $\{N(t), t \geq 0\}$ 满足以下 4 个条件时，$N(t)$ 称为一个计数过程。

(1) $N(t) \geq 0$。

(2) $N(t)$ 是整数。

(3) $N(t) \geq N(s)$，$t \geq s$。

(4) $N(t) - N(s)$ 代表在时间区间 $[s, t)$ 中发生的"事件"数。

$N(t)$ 表示到时刻 t 为止已发生的"事件"的总数。

3.2.4 泊松过程

1. 泊松过程概述

下面通过描述到达电话交换机的呼叫流来引入泊松过程（Poisson Process）。在一定的条件下，到达交换机的电话呼叫流满足下面几个条件：

(1) 平稳性。在区间 $(a, a+t]$ 内有 k 个事件发生的概率与起点 a 无关，只与时间区间的长度 t 有关，这个概率记为 $p_k(a, a+t) = p_k(t)$。

(2) 无后效应性。不相交区间内到达的事件数的概率分布是相互独立的。

(3) 稀疏性。又称普通性，令 $\varphi(t)$ 表示长度为 t 的区间内至少到达两个事件的概率，则 $\varphi(t) = o(t)$，$t \rightarrow 0$。

(4) 有限性：在任意有限区间内到达有限个事件的概率为 1，即 $\sum_{k=0}^{\infty} p_k(t) = 1$。

这种输入过程在实际系统中有着广泛的应用，被称为泊松过程或泊松流。

定理 3.1 计数过程 $\{N(t), t \geq 0\}$ 是服从泊松分布的随机过程，即长度为 t 的时间内到达 k 个事件的概率为

$$p_k(t) = \frac{(\lambda t)^k}{k!}e^{-\lambda t} \quad k = 0,1,2,\cdots \tag{3-12}$$

其中，$\lambda > 0$，是常数，λ 表示平均到达率或业务到达的强度。

证明：将$(0,t]$分为n等份，令$\Delta=t/n$，Δ表示每一等份的长度，如果n足够大，那么Δ将足够小。设相邻两个事件到达时间间隔为t，依据平稳性，可得t与时刻起点无关，令t的概率密度函数为$f(t)$，则$f(t)\Delta$近似表示Δ内有事件到达的概率，而按照相邻两个事件到达间隔的含义，由稀疏性及无后效性可得

$$f(t)\Delta=(1-\lambda\Delta)^n\cdot\lambda\Delta$$

该式表明：$n-1$个间隔内没有事件到达，并且在t时刻有一个事件到达同时成立的概率。

$$f(t)=\lim_{n\to\infty}(1-\lambda\Delta)^{n-1}\cdot\lambda=\lambda\cdot\lim_{n\to\infty}\left(1-\lambda\frac{t}{n}\right)^{n-1}=\lambda\cdot e^{-\lambda t} \qquad (3-13)$$

t内有k个事件到达，这k个事件可分布在n中任意的k个Δ中。因此$p_k(t)=\binom{n}{k}[\lambda\Delta]^k\cdot[1-\lambda\Delta]^{n-k}$，令$n\to\infty$取极限，可得

$$p_k(t)=\lim_{n\to\infty}\frac{n(n-1)\cdots(n-k+1)}{1\cdot2\cdots\cdot k}\left(\lambda\frac{t}{n}\right)^k\left(1-\lambda\frac{t}{n}\right)^{n-k}$$

$$=\lim_{n\to\infty}\frac{n}{n}\cdot\frac{n-1}{n}\cdot\cdots\cdot\frac{n-k+1}{n}\cdot\frac{(\lambda t)^k}{k!}\left(1-\lambda\frac{t}{n}\right)^{n-k} \qquad (3-14)$$

$$=\frac{(\lambda t)^k}{k!}e^{-\lambda t}$$

证毕。

在时间t内到达数目的概率生成函数（PGF）可以表示为

$$N_t(z)=\sum_{k=0}^{\infty}z^k\frac{(\lambda t)^k}{k!}e^{-\lambda t}=e^{-\lambda t}\sum_{k=0}^{\infty}\frac{(z\lambda t)^k}{k!}=e^{-\lambda t}e^{z\lambda t}=e^{\lambda t(z-1)} \qquad (3-15)$$

2. 泊松过程的期望与方差

下面直接通过两个例子来计算泊松过程的期望与方差。

【例3.1】　设某一交换机在某一段时间内到达的呼叫服从参数为λ的泊松分布，用$N(t)$表示$(0,t]$内到达的呼叫数，那么该时间内到达的平均呼叫数是多少？

解：

$$\because p_k(t)=e^{-\lambda t}\frac{(\lambda t)^k}{k!},k=0,1,2,\cdots$$

$$\therefore E[N(t)]=\sum_{k=0}^{\infty}k\cdot p_k=\sum_{k=1}^{\infty}e^{-\lambda t}\frac{(\lambda t)^k}{(k-1)!}$$

$$=\lambda t e^{-\lambda t}\sum_{k=1}^{\infty}\frac{(\lambda t)^{k-1}}{(k-1)!}$$

$$=\lambda t \qquad (3-16)$$

该式表明，长度为t的时间内到达的呼叫数的期望值是λt，因此λ的物理意义是呼叫的到达率。

【例3.2】　$N(t)$的意义同上一题，计算$N(t)$的方差。

解：

$$E[N^2(t)]=\sum_{k=0}^{\infty}k^2\cdot p_k$$

$$= \sum_{k=1}^{\infty} (k-1+1) e^{-\lambda t} \frac{(\lambda t)^k}{(k-1)!}$$

$$= \sum_{k=1}^{\infty} (k-1) e^{-\lambda t} \frac{(\lambda t)^k}{(k-1)!} + \sum_{k=1}^{\infty} k e^{-\lambda t} \frac{(\lambda t)^k}{k \cdot (k-1)!}$$

$$= (\lambda t)^2 + \lambda t$$

$$D[N(t)] = E[N^2(t)] - \{E[N(t)]\}^2 = \lambda t \qquad (3-17)$$

定义一般到达过程（或点过程）的计数分散指数（IDC）为到达次数的方差与在给定的区间 t 内的平均到达次数之间的比率。

$$IDC_t = \frac{Var(N_t)}{E(N_t)} \qquad (3-18)$$

对于泊松过程，$IDC_t \equiv 1$，$\forall t$；一般来说，对于一个更新过程，$IDC_t \neq 1$；如果 $IDC_t > 1$，到达过程达到峰值；如果 $IDC_t < 1$，则到达过程平滑；如果 IDC 减少，到达时间将更有规律的间隔；当 $IDC_t = 0$ 时，到达过程是确定性的：到达发生在固定的、定期的间隔；相反，当 $IDC_t > 1$ 时，到达往往会突发发生（即突发到达过程）。突发的到达过程会导致突然的排队在排队系统中的请求，从而导致高延迟。对于给定的资源和平均到达率、平均排队延迟随 IDC_t 的增加而增加。

请注意，泊松到达过程只有一个参数，即平均速率 λ。从对业务轨迹的测量来看，我们可以考虑间隔长度 t 内，一个泊松过程的均值和方差的相等；相应地，我们推导出 λ 作为长度为 t 内的平均到达数和时间 t 的比值。

3. 泊松过程的性质

性质 3.1　m 个泊松流相互独立。

其参数分别为 λ_1，λ_2，$\cdots$，λ_m，合成的流仍然为泊松流，且参数为 $\lambda = \lambda_1 + \lambda_2 + \cdots + \lambda_m$。

证明：下面仅考虑 $m=2$ 时的情况，其他 m 值可类推。

令 $N_1(t)$ 和 $N_2(t)$ 分别表示 $(0, t]$ 内第一个和第二个流到达的呼叫数，$N(t) = N_1(t) + N_2(t)$ 表示 $(0, t]$ 内两个流合并后呼叫的数目，则

$$p\{N(t) = k\} = \sum_{j=0}^{k} p\{N_1(t) = j, N_2(t) = k-j\}$$

$$= \sum_{j=0}^{k} p\{N_1(t) = j\} p\{N_2(t) = k-j\}$$

$$= \sum_{j=0}^{k} \frac{(\lambda_1 t)^j}{j!} e^{-\lambda_1 t} \cdot \frac{(\lambda_2 t)^{k-j}}{(k-j)!} e^{-\lambda_2 t}$$

$$= e^{-(\lambda_1+\lambda_2)t} \sum_{j=0}^{k} \frac{(\lambda_1 t)^j}{j!} \cdot \frac{(\lambda_2 t)^{k-j}}{(k-j)!}$$

$$= \frac{e^{-(\lambda_1+\lambda_2)t}}{k!} \sum_{j=0}^{k} \frac{k!}{j!(k-j)!} \cdot (\lambda_1 t)^j (\lambda_2 t)^{k-j}$$

$$= \frac{[(\lambda_1+\lambda_2)t]^k}{k!} e^{-(\lambda_1+\lambda_2)t}$$

所以，$N(t)$ 是参数为 $\lambda = \lambda_1 + \lambda_2$ 的泊松流。

这一性质说明独立的泊松过程具有可加性。

性质 3.2 参数为 $\lambda = \lambda_1 + \lambda_2$ 的泊松流到达交换局 A 后，每个呼叫将独立去两个不同方向，且去两个方向的概率分别为 $P_i = \dfrac{\lambda_i}{\lambda}$，$i = 1, 2$，则分解后的两个流仍然是泊松流，参数分别为 λ_1，λ_2。

证明：

令 $N(t)$ 表示 $(0, t]$ 内到达的总呼叫数，$N_i(t)$，$i = 1, 2$ 表示 $(0, t]$ 内送往第 i 个流的呼叫数，则 $N(t) = N_1(t) + N_2(t)$

计算概率：

$$p\{N_1(t) = n_1, N_2(t) = n_2\}$$
$$= p\{N_1(t) = n_1, N_2(t) = n_2 \mid N(t) = n\} \cdot p\{N(t) = n\}$$

注意到

$$p\{N_1(t) = n_1, N_2(t) = n_2 \mid N(t) = n\} = \binom{n}{n_1} \cdot \left(\frac{\lambda_1}{\lambda}\right)^{n_1} \cdot \left(\frac{\lambda_2}{\lambda}\right)^{n-n_1}$$

其中，$n = n_1 + n_2$，$\lambda = \lambda_1 + \lambda_2$。

并且 $p\{N(t) = n\} = \dfrac{(\lambda t)^n}{n!} e^{-\lambda t}$，$n = 0, 1, 2, \cdots$

因此

$$p\{N_1(t) = n_1, N_2(t) = n_2\}$$
$$= \frac{n!}{n_1!(n - n_1)!} \cdot \left(\frac{\lambda_1}{\lambda}\right)^{n_1} \cdot \left(\frac{\lambda_2}{\lambda}\right)^{n-n_1} \cdot \frac{(\lambda t)^n}{n!} e^{-\lambda t}$$
$$= \frac{(\lambda_1 t)^{n_1}}{n_1!} e^{-\lambda_1 t} \cdot \frac{(\lambda_2 t)^{n_2}}{n_2!} e^{-\lambda_2 t}$$
$$= p\{N_1(t) = n_1\} p\{N_1(t) = n_1\}$$

这个结果说明原来的泊松流按照概率分别为 $P_i = \dfrac{\lambda_i}{\lambda}$，$i = 1, 2$，则分解后的两个流仍然是独立的、参数分别是 λ_i，$i = 1, 2$ 泊松流。这一结论可以推广到多个泊松流分解的情形。

泊松过程在电信领域非常重要，因为它们可以模拟几种类型的事件的到来，例如：电路交换电话的交换节点的新呼叫网络；为一个给定的用户开始网页浏览会话；电子邮件消息在分组数据网络中的到达等。

最后，必须指出，普遍采用的指数分布和泊松到达过程并不完全与经验证据（测量）关联，而是以无记忆特性为条件，这样易于处理。

4. 复合泊松过程

考虑一个平均速率为 λ 的泊松到达过程，其中每个到达并不传递单一的"对象"（或"服务请求"），而是一组"对象"。"对象"中到达的长度为独立同分布的一般分布和相应的概率生成函数（PGF）用 $M(z)$ 表示。在持续时间 t 的间隔内的到达次数是根据式（3-11）中的分布，其 PGF 是根据式（3-14）中的分布。因此，在区间 t 中到达的"对象"数的 PGF，即 $N_{tc}(z)$，可以以 t 内到达的分组数 k 为条件而得到：$N_{tc/k}(z) = M^k(z)$。通过 k 的泊松分布推导出 $N_{tc}(z)$

$$N_{tc}(z) = \sum_{k=0}^{\infty} M^k(z) \frac{(\lambda t)^k}{k!} e^{-\lambda k} = N_t[M(z)] = e^{\lambda k[M(z)-1]} \qquad (3-19)$$

综上所述，在持续时间 t 内到达的"对象"数量的分布由 t 内到达的可变分组数和每次到达的可变"对象"数决定。该复合到达过程尤其适用于模拟在第 3 层到达的分组，在第 2 层传输缓冲区处分割成层 2 帧的情形。

3.2.5 复合到达过程和影响

考虑每个到达都携带多个"服务请求"或者"对象"：例如，一个同时携带多个数据包的消息到达（这可能是一个 IP 数据包被分割成多个层 2 数据包到达一个 MAC 层队列）。这种组到达的情况在文献中可能有不同的名称，如：批到达过程，批量到达过程，和复合到达过程。然而，在连续时间情况和离散时间情况下，复合到达过程是不同的。在连续时间情况下，我们认为一个组的所有"对象"都同时到达排队系统。这是可能的，因为所有这些"对象"由操作系统以一种比队列的服务速率快得多的速率生成。这个到达过程的一个例子是复合泊松过程。然而，也可能会有一些问题特殊的复合过程，不同的"对象"对应于以恒定的速率生成给定到达。

在离散时间情况下，（复合）到达与时隙同步：消息到达需要一个队列中可用的时隙。在存储转发中，消息沿着通信链路传播到达一个网元后，必须首先存储在该节点的队列中，然后准备好进行传输了。还需注意，当为很多"对象"同时服务时，该服务可以分批（分组）完成。

3.3 通信网性能分析中常用的分布

3.3.1 指数分布

如果随机变量 ξ 具有概率密度函数

$$f(x) = \begin{cases} \alpha e^{-\alpha x}, & x > 0 \\ 0, & x \leqslant 0 \end{cases} \tag{3-20}$$

则称 ξ 服从参数为 α 的指数分布（$\alpha > 0$）。记为 $\xi \sim M(\alpha)$。

【例 3.3】 计算参数为 λ 的指数分布的均值和方差。

解：

$$E[x] = \int_0^\infty t f(t) \mathrm{d}t = \int_0^\infty t\lambda e^{-\lambda x} \mathrm{d}t = \frac{1}{\lambda} \tag{3-21}$$

$$Var[x] = E[x^2] - \{E[x]\}^2 = \int_0^\infty t^2 \lambda e^{-\lambda t} \mathrm{d}t - \frac{1}{\lambda^2} = \frac{1}{\lambda^2} \tag{3-22}$$

定理 3.2 设 ξ 是非负连续型随机变量，则下面两个命题等价：

(1) ξ 服从指数分布。

(2) 对任意实数 $x, y \geqslant 0$，有

$$P\{\xi > x+y \mid \xi > x\} = P\{\xi > y\} \tag{3-23}$$

命题（2）称为指数分布随机变量的无记忆性。

证明：(1) $\Rightarrow$ (2)，设 ξ 服从参数为 α 的指数分布，则 $\forall x, y \geqslant 0$

$$P\{\xi > x\} = \int_x^\infty f(x)\mathrm{d}x = \begin{cases} e^{-\alpha x}, & x > 0 \\ 1, & x \leqslant 0 \end{cases}$$

$$P\{\xi > x+y \mid \xi > x\} = P\{\xi > x+y, \xi > x\}/P\{\xi > x\}$$

$$= P\{\xi > x+y\}/P\{\xi > x\}$$
$$= e^{-\alpha(x+y)}/e^{-\alpha x} = e^{-\alpha y} = P\{\xi > y\}$$

证明：(2) $\Rightarrow$ (1)，由 (2) 成立，即

$$P\{\xi > x+y \mid \xi > x\} = P\{\xi > x+y, \xi > x\}/P\{\xi > x\}$$
$$= P\{\xi > x+y\}/P\{\xi > x\} = P\{\xi > y\}$$

得 $P\{\xi > x+y\} = P\{\xi > x\}P\{\xi > y\}$，$\forall x, y \geqslant 0$。

令 $G(x) = P\{\xi > x\}$，则 $0 \leqslant G(x) \leqslant 1$，并且有 $G(x+y) = G(x)G(y)$，$\forall x, y \geqslant 0$。

设 $0 \leqslant x < y$，则 $G(y) = G(y-x+x) = G(y-x)G(x)$。因此，

$$G(y) - G(x) = [G(y-x) - 1]G(x) \leqslant 0$$

故 $G(x)$ 在区间 $[0, \infty)$ 内单调不增。

$\forall$ 正整数 m, n，易得 $G(mt) = [G(t)]^m$，$G(nt) = [G(t)]^n$，$t \geqslant 0$。

令 $t = \dfrac{1}{n}$ 得，$G(1) = \left[G\left(\dfrac{1}{n}\right)\right]^n$。记 $s = G(1)$，得 $G\left(\dfrac{1}{n}\right) = s^{\frac{1}{n}}$。

得 $G\left(\dfrac{m}{n}\right) = \left[G\left(\dfrac{1}{n}\right)\right]^m = s^{\frac{m}{n}}$。

即 $\forall$ 有理数 $r > 0$，有 $G(r) = s^r$。

$\because G(x)$ 单调非增，$\therefore \forall x > 0$，取正有理数列 u_n 与 v_n，使得 u_n 递增地逼近 x，v_n 递减地逼近 x，则有 $G(u_n) \leqslant G(x) \leqslant G(v_n)$。

即 $s^{u_n} \leqslant G(x) \leqslant s^{v_n}$。

令 $n \to \infty$，取极限后，由夹逼定理可得 $G(x) = s^x$。

$\because 0 \leqslant s = G(1) = P\{\xi > 1\} \leqslant 1$，由 $G(x) = s^x$，$x \geqslant 0$，且 ξ 为非负连续型随机变量知 $0 < s < 1$。

令 $\alpha = -\ln s$，则有 $s = e^{-\alpha}$，$G(x) = P\{\xi > x\} = s^x = e^{-\alpha x}$，$x > 0$。

又 $\because x \leqslant 0$ 时，$P\{\xi < x\} = 0$，从而得 $\xi \sim M(\alpha)$ 证毕。

这个性质实际上表明指数分布的残余分布与原始分布服从一致的分布，这一性质也被称为无记忆性。

性质 3.3 假设 T_1，T_2 为相互独立的两个负指数分布、参数分别为 λ_1 和 λ_2，令 $T = \min(T_1, T_2)$，则

(1) T 是一个以 $\lambda_1 + \lambda_2$ 为参数的负指数分布；

(2) T 的分布与 T_i 谁是较小者无关；

(3) $P(T_1 < T_2 \mid T = t) = \dfrac{\lambda_1}{\lambda_1 + \lambda_2}$。

证明：

1) $F_{T_i}(t) = \begin{cases} 1 - e^{-\lambda_i t}, & t \geqslant 0 \\ 0, & t \leqslant 0 \end{cases}$ $(i = 1,2)$。

设 $F_T(t)$ 为 T 的分布，则：$t \leqslant 0$ 时，$F_T(t) = 0$；$t > 0$ 时，有

$$F_{T_i}(t) = P(T \leqslant t) = 1 - P(T > t)$$
$$= 1 - P(T_1 > t, T_2 > t)$$
$$= 1 - P(T_1 > t)P(T_2 > t)$$
$$= 1 - [1 - P(T_1 \leqslant t)][1 - P(T_2 \leqslant t)]$$

$$= 1 - \left[1 - F_{T_1}(t)\right]\left[1 - F_{T_2}(t)\right]$$
$$= 1 - e^{-(\lambda_1 + \lambda_2)t}$$

2）先证明

$$P\{T_1 < T_2\} = \frac{\lambda_1}{\lambda_1 + \lambda_2}$$

横轴用 x，纵轴用 y 表示，积分区域如图中阴影部分，则

$$\begin{aligned}
P\{T_1 < T_2\} &= \iint_{x<y} \lambda_1 \lambda_2 e^{-\lambda_1 x - \lambda_2 y} \mathrm{d}x \mathrm{d}y \\
&= \int_0^\infty \lambda_1 e^{-\lambda_1 x} \left(\int_x^\infty \lambda_2 e^{-\lambda_2 y} \mathrm{d}y\right) \mathrm{d}x \\
&= \int_0^\infty \lambda_1 e^{-\lambda_1 x} e^{-\lambda_2 x} \mathrm{d}x \\
&= \frac{\lambda_1}{\lambda_1 + \lambda_2}
\end{aligned}$$

3）需要证明的就是随机变量 T 与事件 $T_1 < T_2$ 互相独立，所以只要证明

$$P\{T > t, T_1 < T_2\} = P\{T > t\}P\{T_1 < T_2\}$$
$$\begin{aligned}
P\{T > t, T_1 < T_2\} &= P\{t < T_1 < T_2\} \\
&= \int_t^\infty \left(\int_{T_1}^\infty \lambda_2 e^{-\lambda_2 y} \mathrm{d}y\right) \lambda_1 e^{-\lambda_1 x} \mathrm{d}x \\
&= \int_t^\infty \lambda_1 e^{-(\lambda_1 + \lambda_2)x} \mathrm{d}x \\
&= \frac{\lambda_1}{\lambda_1 + \lambda_2} e^{-(\lambda_1 + \lambda_2)x} \\
&= P\{T > t\}P\{T_1 < T_2\}
\end{aligned}$$

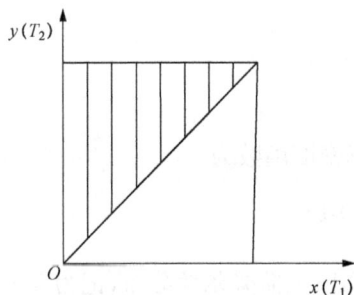

图 3-5　$T_1 < T_2$ 的积分区域　　　　图 3-6　$T > t$ 且 $T_1 < T_2$ 的积分区域

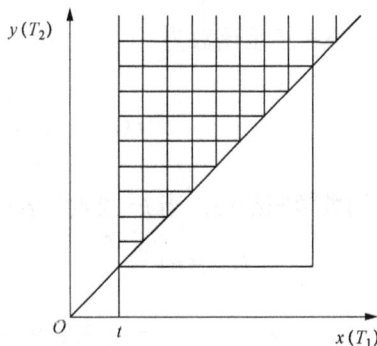

3.3.2　Poisson 过程和指数分布的关系

定理 3.3　一个随机过程是参数为 λ 的泊松过程的充分必要条件是到达间隔 X_i，$i = 1$，2，$\cdots$，相互独立，且服从相同参数 λ 的指数分布。

证明：

必要性：假定一个泊松过程事件发生的时刻为 t_i，$i = 0$，1，2，$\cdots$，则

$$X_t = t_i - t_{i-1}, \quad i = 1, 2, \cdots$$

是第 i 次事件发生时，相对于第 $i-1$ 次的时间间隔。

$$P\{X_1 > t\} = P\{N(t) = 0\} = e^{-\lambda t}, t \geqslant 0$$

然后考虑 X_2 的条件分布，有

$$
\begin{aligned}
P\{X_2 > t \mid X_1 = s\} &= P\{N(t+s) - N(s) = 0 \mid X_1 = s\} \\
&= P\{N(t+s) - N(s) = 0\} \\
&= P\{N(t) = 0\} \\
&= e^{-\lambda t}
\end{aligned}
$$

可见，X_2 与 X_1 相互独立。如此类推，可说明泊松过程的到达间隔 X_i 独立且服从指数分布。

充分性：假定 X_i，$i = 1, 2, \cdots$ 为独立，且服从相同的指数分布，而 $t_n = \sum_{i=1}^{n} X_i$ 是一个 n 阶爱尔兰分布。

$$P\{t_n < t\} = \int_0^t \lambda e^{-\lambda x} \frac{(\lambda x)^{n-1}}{(n-1)!} dx = e^{-\lambda x} \frac{(\lambda x)^n}{n!} \Big|_0^t + \int_0^t \lambda e^{-\lambda x} \frac{(\lambda x)^n}{n!} dx$$

反复利用，可得 $P\{t_n < t\} = \int_0^t \lambda e^{-\lambda t} \frac{(\lambda x)^{n-1}}{(n-1)!} dx = \sum_{k=n}^{\infty} e^{-\lambda t} \frac{(\lambda t)^k}{k!}$。

注意到 $\{t_n < t\}$ 与 $\{N(t) \geqslant n\}$ 本质相同。

$$P\{N(t) \geqslant n\} = \sum_{k=n}^{\infty} e^{-\lambda t} \frac{(\lambda t)^k}{k!}$$

$$\therefore P\{N(t) = n\} = P\{N(t) \geqslant n\} - P\{N(t) \geqslant n+1\} = e^{-\lambda t} \frac{(\lambda t)^n}{n!}$$

所以 $N_i(t)$，$t \geqslant 0$ 是参数 λ 的泊松过程。证毕。

3.3.3 k 阶爱尔兰分布 E_k

定理 3.4 设 t_1，t_2，$\cdots$，t_k 为相互独立的随机变量，且都服从参数为 λ_0 的指数分布，则 $T = \sum_{i=1}^{k} t_i$ 的概率密度函数为

$$f(t) = \begin{cases} \dfrac{\lambda_0{}^k t^{k-1}}{(k-1)!} e^{-\lambda_0 t}, & t > 0 \\ 0, & t \leqslant 0 \end{cases} \tag{3-24}$$

证明：用数学归纳法。当 $k = 2$ 时，$t_1 + t_2$ 的概率密度函数为

$$
\begin{aligned}
f_{t_1+t_2}(z) &= \int_{-\infty}^{+\infty} f_{t_1}(x) f_{t_2}(z-x) dx \\
&= \int_0^z \lambda_0 e^{-\lambda_0 x} \cdot \lambda_0 e^{-\lambda_0(z-x)} dx \quad \text{阶爱尔兰分布，记为 } T \sim E_k。 \\
&= \begin{cases} \lambda_0^2 z e^{-\lambda_0 z}, & z > 0 \\ 0, & z \leqslant 0 \end{cases}
\end{aligned}
$$

可见，当 $k = 2$ 时，命题成立。设 $k = n$ 时，命题成立，设 $\theta = \sum_{i=1}^{n} t_i$，即

$$f_\theta(z) = \begin{cases} \dfrac{\lambda_0{}^n z^{n-1}}{(n-1)!} e^{-\lambda_0 z}, & z > 0 \\ 0, & z \leqslant 0 \end{cases}$$

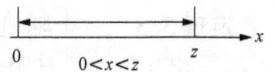

图 3-7 积分区间

则 $k = n+1$ 时

$$f_{\theta+t_{n+1}}(z) = \int_{-\infty}^{+\infty} f_{\theta}(x) f_{t_{n+1}}(z-x)\mathrm{d}x$$

$$= \begin{cases} \int_0^z \dfrac{\lambda_0{}^n x^{n-1}}{(n-1)!}\mathrm{e}^{-\lambda_0 x} \cdot \lambda_0 \mathrm{e}^{-\lambda_0(z-x)}\mathrm{d}x, & z>0 \\ 0, & z\leqslant 0 \end{cases}$$

$$= \begin{cases} \dfrac{\lambda_0{}^{n+1} z^n}{n!}\mathrm{e}^{-\lambda_0 z}, & z>0 \\ 0, & z\leqslant 0 \end{cases}$$

可见，当 $k=n+1$ 时，命题成立，得证。

$T=\sum\limits_{i=1}^{k}t_i$，$T$ 的分布称为 k 阶爱尔兰分布，记为 $T\sim E_k$。

k 阶爱尔兰分布适用于成批处理的排队问题。例如顾客到达积累成 k 个时作为一批，再进入排队系统，或处理 k 个业务后作为一批送出，设批的到达率为 λ，则 $\lambda=\lambda_0/k$，即 $\lambda_0=k\lambda$。代入定理表达式，得批之间时间间隔的概率密度函数为

$$f_k(t) = \begin{cases} \dfrac{k\lambda\,(k\lambda t)^{k-1}}{(k-1)!}\mathrm{e}^{-k\lambda t}, & t>0 \\ 0, & t\leqslant 0 \end{cases} \tag{3-25}$$

其均值为：$E(T)=\sum\limits_{i=1}^{k}E(t_i)=k\cdot\dfrac{1}{\lambda_0}=\dfrac{1}{\lambda}$。

其方差为：$D(T)=D[\sum\limits_{i=1}^{k}E(t_i)]=kD(t_i)=k\dfrac{1}{\lambda_0^2}=\dfrac{1}{k\lambda^2}$。

当 $k=1$ 时，即指数分布。

若顾客到达时间间隔服从指数分布，且相互独立，则到达 k 个顾客的时间间隔的分布服从 k 阶爱尔兰分布。若顾客服务时间服从指数分布，则连续服务 k 个顾客的时间间隔同样服从 k 阶爱尔兰分布。

当 $k\to\infty$ 时，可证明上述 $f_k(t)$ 成为单位冲激函数，即 $f_k(t)=\delta\left(t-\dfrac{1}{\lambda}\right)$。

事实上，k 很大时，k 的阶乘可用斯特林（Stirling）公式近似，即

$$k! \approx \left(\dfrac{k}{\mathrm{e}}\right)^k \sqrt{2\pi k}$$

代入上述 $f_k(t)$ 表达式得

$$f_k(t) \approx \dfrac{k}{t} \cdot \dfrac{(k\lambda t)^k}{(k/\mathrm{e})^k \sqrt{2\pi k}}\mathrm{e}^{-k\lambda t} = \dfrac{1}{t} \cdot \sqrt{\dfrac{k}{2\pi}}\,(\lambda t\mathrm{e}^{1-\lambda t})^k$$

当 $\lambda t=1$ 时，$\lambda t\mathrm{e}^{1-\lambda t}$ 取最大值 1，$f_k(t)\to\infty$；当 $\lambda t\neq 1$ 时，$\lambda t\mathrm{e}^{1-\lambda t}<1$，$f_k(t)=0$；此外 $f_k(t)$ 的归一性是必然的。

这表明，当 $k\to\infty$ 时，批间时间间隔 T 是固定值 $\dfrac{1}{\lambda}$，这种分布称为 D 分布或确定性分布。在分组交换系统中，如果分组长度是常量，服务时间将为固定值，对于这类问题，用 D 分布是合理的。

可见，指数分布 M 和确定分布 D 都是爱尔兰分布 E_k 的特例。若能解决 E_k 分布的排队问题，则 M 分布和 D 分布问题也就解决了。

3.3.4　R 阶指数分布 H_R

另一种在实际中常碰到的是 H_R 分布，或称为 R 阶指数分布 H_R。这时到达的顾客共有 R 类，各类的平均到达率分别为 λ_1，λ_2，$\cdots$，λ_R，而各类顾客数占总顾客数的比例分别为 α_1，α_2，$\cdots$，α_R。当这些到达的顾客混合排队时，到达时间间隔的概率密度函数分布为

$$f_R(t) = \sum_{i=1}^{R} \alpha_i \lambda_i e^{-\lambda_i t} \tag{3-26}$$

这类问题在混合排队时常会遇到。

3.4　概 率 生 成 函 数

概率生成函数（PGF）是对非负整数离散随机变量（概率质量函数）采用的变换。它可用于求随机变量的各阶矩，在进行通信网业务时延分析时可以使用，在此进行说明。

对于具有分布 $P\{X=k\}$ 的一般变量 X，它的 PGF $X(z)$ 是复变量 z 的函数，定义如下

$$X(z) = E(z^X) = \sum_k z^k P(X=k), \forall\, |z| < 1 \tag{3-27}$$

注意，$X(z)$ 是一个具有非负系数的幂级数。上式中的和是随机变量 X 的所有可能值 k 的总和。定义的 PGF 是一个 z 变换，不同之处是 z 指数中符号的变化。下面是 PGF 的基本性质

$$X(z=1) = \sum_k P(X=k) = 1（归一化）$$

$$X(z=0) = P(X=0) < 1$$

$$|X(z)| = \left| \sum_k z^k P(X=k) \right| \leqslant \sum_k |z^k| P(X=k) \leqslant \sum_k P(X=k) = 1$$

式中，第一个不等式是三角不等式，第二个不等式是因为 $|z| < 1$。

$$X'(z) = \frac{\mathrm{d}}{\mathrm{d}z} \sum_k z^k P(X=k) = \sum_k \frac{\mathrm{d}}{\mathrm{d}z} z^k P(X=k) = \sum_k k z^{k-1} P(X=k)$$

$$\Rightarrow X'(z=1) = \sum_k k P(X=k) = E(X)$$

式中，第二个等号成立是因为级数一致收敛。

3.5　小 结 与 思 考

本章主要讨论了通信业务常用的分布，这些分布常用于对通信网业务的建模和分析。首先讨论了随机过程的概念及分类。接着讨论了通信网性能分析中常用的随机过程，包括马尔可夫过程、生灭过程、计数过程、泊松过程，说明了复合到达过程的影响。然后讨论了通信网性能分析中常用的分布，包括指数分布、k 阶爱尔兰分布、R 阶指数分布，最后给出了概率生成函数的概念及其用途。

习　题

3.1　如果一个连续分布满足无记忆特性，证明它就是负指数分布。

3.2 考虑一个生灭过程，其各个状态的出生率和死亡率分别为：

$\lambda_k = \lambda$，$\mu_k = 0$，$k = 1$，2，…，这个生灭过程叫作纯生过程。如果初始状态值 p_0（0）= 1，p_k（0）=0，$k = 1$，2，…，根据柯尔莫哥洛夫方程组求各个时刻的状态概率 $p_k(t)$。

3.3 已知某电话总机的输入过程服从泊松分布。已知该总机平均呼叫次数为 20 次/h，试计算话务员离开 2min 内，一次呼叫也没发生的概率及发生 3 次以上呼叫的概率。

3.4 一个由 n 台机器组成的系统中，安排 2 名维修工修理出故障的机器，机器正常运行的平均时间和维修时间分别服从均值为 $1/\lambda$ 和 $1/\mu$ 的指数分布。如果有 i（$i = 0$，1，…，n）台机器发生故障，则称系统处于状态 i。

（1）写出此系统的马尔可夫链的一步转移矩阵。

（2）求出系统中有 i 台机器故障的稳态概率。

（3）求稳态时有一名维修工空闲的概率。

3.5 我们有以下一个离散随机变量 X 的 PGF X（z）。

$$X(z) = z^2(1 - p + zp)^N$$

试确定以下数量：

（1）X 的平均值；

（2）X 的均方值；

（3）X 的分布；

（4）X 的最小值。

第 4 章　排队论及其在通信网中的应用

排队现象在日常生活中广泛存在，在排队系统中，有"顾客"和"服务员"，比如机场的飞机与跑道、在银行等待服务的顾客与服务窗口、等待进港的船只与码头等。如果把"顾客"和"服务员"的含义推广，不难发现排队现象在科学研究领域也广泛存在。例如 PSTN 系统中到达交换机的呼叫、分组交换系统中到达分组交换机的分组、计算机系统中到达 CPU 的计算请求、软交换系统中到达软交换机的分组、蜂窝移动通信系统中到达基站的呼叫、云存储系统中到达云服务器的数据存储请求、云计算系统中到达云服务器的计算请求等。造成排队现象的根本原因是业务需求的随机性与服务设施的有限性之间的矛盾。

排队系统具有复杂性，其原因在于排队过程的随机性。因为顾客到达时刻与服务完成的时刻都具有不确定性，处于随机状态。如果对排队系统的设计不合理，那么可能造成两种极端情形：一种是服务员忙，顾客排队时间过长；另一种是顾客很快得到服务，但服务员空闲概率较大。前者造成服务质量的下降，后者造成利用率的下降及资源的浪费。一个高效的排队系统应能为顾客提供满意服务的同时，尽量提高资源的利用率。所以，应根据业务大小、服务质量、成本全面综合考虑，设计对应的系统。

排队论就是研究服务系统中排队现象随机规律的一个运筹学分支。排队论的基本思想是1910 年丹麦电话工程师 A. K. Erlang 在解决自动电话设计问题时开始逐渐形成的。Erlang 在热力学统计平衡理论的启发下，成功地建立了电话统计平衡模型，并由此导出电话呼损率公式。这一套理论称为话务理论。20 世纪 70 年代以来，IT 技术的迅速发展及广泛应用，越来越多的研究者认识到排队论在分析通信网络性能及设计网络时所起的作用。排队论现已成为分析通信网的运行效率、评估服务质量、确定系统参数的最优值和判断系统结构是否合理等问题的重要工具之一。

本章将介绍基本的排队系统模型，然后对几种常用的排队系统进行稳态特性分析，最后给出通信网业务分析的步骤并通过举例说明通信网业务分析的过程。

4.1　排队系统模型

虽然日常生活中各种排队现象在形式和内容上各不相同，但它们都可以抽象为如图 4-1 所示的模型。

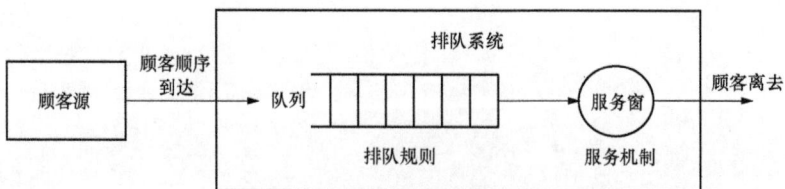

图 4-1　排队系统模型

　　在上述模型中，将排队的对象抽象成"顾客"，将服务机构抽象成"服务员"。由图 4-1 可知，排队系统模型包括：输入过程、排队规则和服务机制。

4.1.1　输入过程

输入过程是对顾客到达排队系统的规律的客观描述，包括以下几点：

（1）顾客总体数量，是有限的还是无限的。

（2）每次到达排队系统的顾客数是一个还是多个，即是逐个还是成批到达的。

（3）相继到达的顾客之间的时间间隔是确定的还是随机的。

（4）相继到达的顾客之间的时间间隔是否相互独立，即相互之间有无影响。

（5）顾客到达的过程是否平稳，即相继到达的间隔时间分布和所含参数（期望值、方差等）是否与时间有关。

输入过程通常假定到达时间为相互独立、服从同一分布、平稳的随机变量。输入过程可以从如下三个不同的角度进行描述：

（1）$\{M(t), t \geqslant 0\}$：$M(t)$ 表示在时间间隔$(0, t]$内到达排队系统的顾客总数。

（2）$\{t_n, n=1, 2, \cdots\}$：t_n 表示第 n 个到达排队系统的顾客的到达时间。

（3）$\{T_n, n=1, 2, \cdots\}$：T_n 表示第 n 个顾客与其前一个顾客的到达时间间隔。

上述对输入随机过程的三种描述的关系如图 4-2 所示。上述 3 种方式都可以准确地描述输入随机过程，需要根据具体情况选择最合适的描述方式。

常用的描述顾客到达排队系统的随机变量包括如下几种分布。

（1）泊松分布。

（2）指数分布。

（3）爱尔兰分布。

（4）定长分布。

（5）一般独立分布。

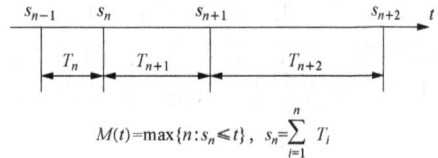

$$M(t)=\max\{n: s_n \leqslant t\}, \quad s_n=\sum_{i=1}^{n} T_i$$

图 4-2　输入过程的 3 种描述关系

4.1.2　排队规则

排队规则是对顾客是否需要排队、排队的次序和排队方式的描述。根据新到达的顾客是否进行排队，排队规则可以分为以下三类。

1. 等待制

新顾客到达时，如果所有服务窗都被占用，则该顾客进入队列尾部等待服务。根据队列中下一个将接受服务的顾客不同，等待制又可以分为以下四种：

（1）先到先服务：按照先后到达次序进行服务，例如高速收费站的汽车队伍，食堂里等待打饭的学生队伍。

（2）后到先服务：即后到达的顾客优先接受服务，例如数据结构中的堆栈，栈顶的数据后到先接受服务，弹出堆栈。

（3）随机服务：即从等待的队列中随机选取顾客进行服务，例如抽奖，或者点名提问。

（4）优先制服务：即对队列中具有高优先权的顾客优先处理。优先权服务又可以进一步分为抢占型和非抢占型。非抢占型是指高优先级顾客到达时，先等待正在接受服务的顾客服务完毕之后再接受服务，例如火车站购票厅购票的军人；抢占型是指高优先级顾客到达时，立刻中断正在接受服务的顾客的服务，为高优先级顾客服务，例如操作系统中的中断处理。

2. 损失制

当新顾客到达时，如果所有服务器都被占用，则该顾客离去不接受服务。例如 PSTN 网就属于损失型，当呼叫到达时如果交换机线路都被占用，则此次呼叫失败。损失制没有排队队列，所有顾客要么直接接受服务，要么直接离开。

3. 混合制

混合制是损失制与等待制的组合。新顾客到达时，如果所有服务窗都被占用，则该顾客根据一定条件决定是否进入队列直到接受服务。常用的判断条件有如下两种：

(1) 队列长度有限：当顾客到达时，如果队列长度已经等于规定长度，则顾客离去；如果小于规定长度，则顾客排队。例如，医院里的专家号。

(2) 等待长度受限：新顾客到达时，如果所有服务窗都被占用，则排队等待。但是如果顾客的排队时间超过某个规定时间，则顾客离去。

在混合制下，服务窗在为当前接受服务的顾客服务完毕之后，接下来为哪个顾客服务。它也可以分为与等待制相同的四种情况，在此就不再赘述了。

4.1.3 服务机制

服务机制是对服务器的结构形式（如串联、并联、混合网络等结构）、服务窗个数以及服务窗服务时间的统计规律的描述。

如图 4-1 所示介绍的排队系统只包含一个队列和一个服务窗，是排队系统最简单、最基本的形式。实际的通信网中可能包含多个队列和多个服务窗，多个队列之间相互连接构成排队网络。因此，将整个排队网络划分为多个互连的"排队阶段"，每个排队阶段提供同一种服务，根据系统包含的排队阶段数，可以将服务机制分为如下两种形式。

1. 单阶段服务机制

系统中只包含一种服务，可以由一个服务窗或者多个服务窗提供服务。系统模型如图 4-3 所示。多个服务窗之间必然以并联的方式进行服务，并且可以进一步划分为如图 4-3 (a) 所示的单队列多服务器排队系统和图 4-3 (b) 所示的多队列多服务窗排队系统两种情况。

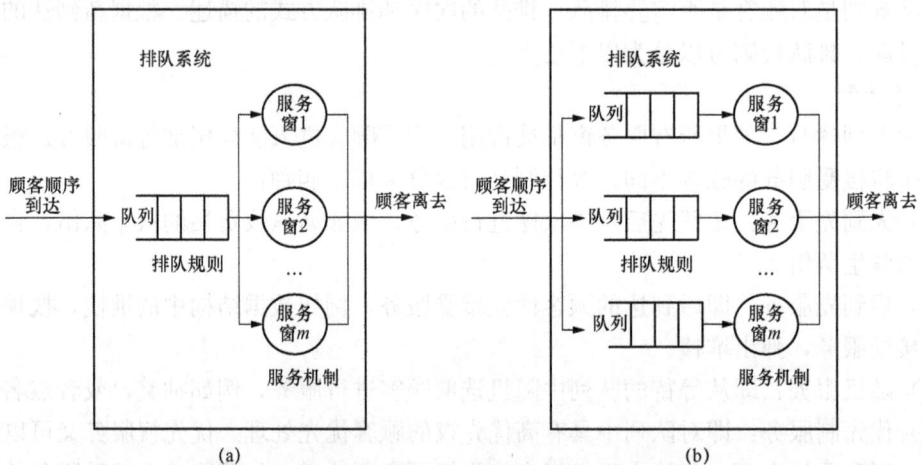

图 4-3 单阶段服务机制的多服务窗排队系统模型
(a) 单队列多服务窗排队系统；(b) 多队列多服务窗排队系统

　　图 4-3（a）中所有的服务窗共享同一个队列。如果顾客到达时至少有一个服务窗空闲，则该顾客任选一个窗立即接受服务。如果顾客到达时所有服务窗都忙，则形成队列。一旦有一个服务窗服务完毕，则队列里的顾客按照排队规则从队列中出列，接受服务。

　　图 4-3（b）中每个服务窗都有自己单独的队列，可以看作多个如图 4-1 所示的单队列单服务窗的并联形式，每个服务窗只为自己对应队列的顾客服务。

　　这两种排队系统虽然只是在队列结构上有些不同，但是性能上却有很大的差异。

　　2. 多阶段服务机制

　　顾客从进入系统到离开系统之间需要接受多种服务，并且多种服务之间有先后顺序、相互连接构成排队网络。每种服务都对应一个单阶段服务，可以由一个服务窗或者多个服务窗并联提供服务。串联的排队网络是最简单的网络结构，所有的服务阶段依次提供服务并且顺序固定。在复杂的排队网络结构中，每个顾客接受的服务阶段以及次序都有可能不同。

　　根据是否有顾客进出排队网络，可以进一步分为封闭型排队网络和开放型排队网络。在封闭型排队网络中，没有新顾客到达，也没有顾客离开排队网络；在开放型排队网络中，所有顾客到达排队网络，接受完服务之后又离开网络。为保持系统稳定，即排队系统的顾客数不会趋于无穷大，开放型排队网络需要遵守流量守恒定理，即顾客离去率等于顾客到达率。

　　为准确描述服务机制，还需要包含服务窗为顾客提供服务的服务时间的统计规律。因为每个顾客开始接受服务的时间以及接受完服务离开服务窗的时间，将同时受到输入过程和前面顾客的总服务时间两个因素的影响，所以需要采用服务时间来描述服务窗口的服务效率。一般也将服务窗服务每个顾客的时间建模为随机变量，常用的服务时间分布包括指数分布、定长分布、k 阶爱尔兰分布和一般独立分布等。

　　基于上述排队系统模型，任何排队系统都包含 3 个描述参量：m、λ 和 μ。m 是窗口数或服务员数，表征系统的资源量。它表示系统中有多少服务设备可同时为顾客提供服务。$m=1$ 为单窗口排队系统；$m>1$ 为多窗口排队系统。

　　λ 是顾客到达率。顾客是服务请求者，是服务系统的用户。顾客到达的密集程度和顾客的到达规律都影响着系统的工作。对于一般的排队系统，顾客的到达是随机的。图 4-4 画出一个排队系统的工作状态，在观察时间 T 内，系统内的顾客数是一个随机过程，前后两个顾客到达的时间间隔 T_i 是一个随机变量，各 T_i 大小不一，T_i 的统计平均值 $\overline{T}$ 称为平均到达时间间隔，其倒数为平均到达率 λ，即

$$\lambda = 1/\overline{T} \qquad (4-1)$$

　　若在观察时间 T 内有 $N(T)$ 个顾客到达，在稳态的条件下有

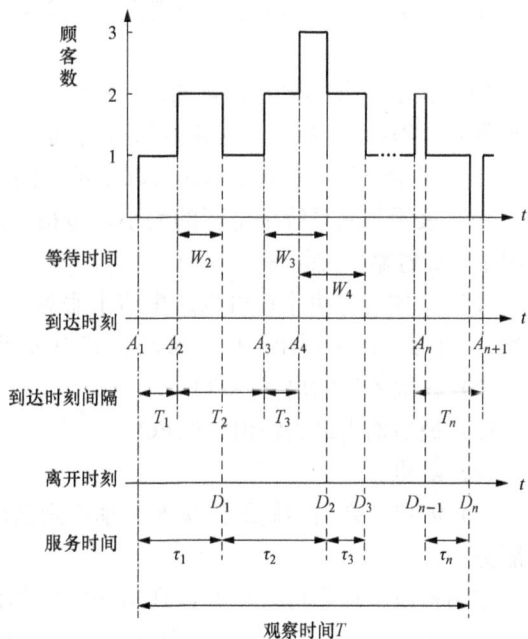

图 4-4　排队过程的实例

$$\lambda = \lim_{T \to \infty} \frac{N(T)}{T} \qquad\qquad (4-2)$$

平均到达率 λ 是排队系统的重要参数，它表示平均每秒内到达的顾客数。λ 越小，系统负载越轻；反之，负载越重。

μ 是系统的服务率。它是表征服务速率的一个参量。图 4-4 中第 i 个顾客到达时刻为 A_i，等待 W_i 后，接受服务，服务时间为 τ_i，服务完毕后，在 D_i 时刻离开，第 $i+1$ 个顾客与第 i 个顾客之间到达的时间间隔为 T_i。这里到达时间间隔 T_i、等待时间 W_i、服务时间 τ_i 都是随机变量。τ_i 的统计平均值为平均服务时间，用 $\bar{\tau}$ 表示。$\bar{\tau}$ 表示一个顾客平均占用服务设施的时间，$\bar{\tau}$ 的倒数 μ 就是系统的平均服务率，即

$$\mu = 1/\bar{\tau}$$

式中：μ 为顾客被服务完毕后单位时间内平均离去的数目。

要对一个排队系统充分描述，只有这 3 个参数 m、λ 和 μ 是不充分的，还需要知道顾客到达时间间隔 T_i 服从的分布、服务时间 τ_i 的分布、排队的规则及服务机制。通常最常用的分布是指数分布，它使排队过程成为马尔可夫过程，并且易于得到解析的结果。

4.1.4　排队系统的符号表示

队列的特征包含如下内容：请求的到达流程；等待服务的请求列表；针对列表中的不同请求采用的服务政策；表征最大服务请求数的服务器数量；每个请求的服务持续时间统计。

为了描述上述所有方面，大卫·乔治·肯德尔（David George Kendall）在 1951 年的论文中首次使用了"排队系统"一词，并于 1953 年引入了以下记号

$$A/B/S/\Delta/E$$

其中 "A" 表示到达过程的类型（例如，$A = M$ 表示泊松过程；$A = D$ 表示确定性过程）。

"B" 表示请求的服务时间统计（例如，$B = M$ 为指数分布服务持续时间；$B = G$ 为一般分布服务过程；$B = D$ 表示确定性服务时间）。

"S" 表示服务器的数目（S 可以是给定的整数值或甚至无限）。

"Δ" 表示排队系统中空间的大小，包括当前服务请求：Δ 可以是整数值或无限（在这种情况下，Δ 省略）；$\Delta \geqslant S$。

"E" 指定有多少个源可以产生请求服务：E 可以是整数值或无限（在这种情况下，E 被省略）。许多文献中提出了服务策略，其中包括：

（1）先输入先输出（FIFO）。

（2）最后输入最先输出（LIFO）。

（3）随机。

（4）如果队列由不同的流量源共享，则循环（RR）。默认为先输入先输出策略，即先到先服务。

本书将以下列字母表示顾客到达间隔时间以及服务窗服务时间的分布：M—指数分布；D—定长分布；E_k—k 阶爱尔兰分布；H_k—k 阶超指数分布；GI——一般互相独立的随机分布；G——一般随机分布。

注意，肯达尔符号不能表达网络结构，对于串行网络甚至更复杂的混合网络不能进行描述，所以肯达尔符号只能描述单阶段服务机制，即单服务窗以及并联多服务窗两种排队

系统。

例如，$M/M/m/n$ 排队模型表示顾客相继到达的间隔时间和服务时间均服从指数分布，系统内有 m 个并联的服务窗，系统容量为 n，顾客源中的顾客数为无穷，按先到先服务规则排队的等待制排队模型。

$M/G/1$ 排队模型表示顾客相继到达的间隔时间服从指数分布，服务时间服从一般分布，系统内有一个服务窗，系统容量为无限大，顾客源中的顾客数为无穷大，按先到先服务规则排队的混合制排队模型。

4.1.5　排队系统的性能指标

在分析排队系统时，需要用到一些指标，包括等待时间、服务时间、系统时间、队列长度、系统效率、稳定性等。因为排队系统的输入过程和服务时间都具有随机性，所以任一时刻 t 每个顾客的等待时间、服务时间、系统时间、队列长度等指标都是一个随机变量。因此需要从瞬态和稳态特性两方面来分析排队系统的统计特性。

在排队系统运行的初始阶段，系统状态受系统的初始状态（$t=0$）的影响显著，这一工作状态称为系统的瞬态阶段，又称为过渡阶段。瞬态分析过于复杂，本书不做深入讨论。经过足够长的运行时间后（理论上是无穷大），系统的工作状态将独立于初始状态和经历的时间。此时排队系统的统计特性将不受时间的影响，即进入平稳阶段（或称为统计平衡阶段）。在实际排队系统中，系统很快趋于稳定。此外，求稳态特性比瞬态特性容易得多。基于此两点，本书后续分析的都是系统的稳态特性。

1. 等待时间

等待时间是指平稳状态下，到达系统的任一顾客从到达时刻起到开始接受服务时刻为止的等待时间，也称为排队时间。等待时间是一个随机变量，用 w 表示。

2. 服务时间

服务时间是指平稳状态下，到达系统的任一顾客被服务的时间，即顾客从开始被服务到离开系统的时刻之间的间隔，用 τ 表示。

3. 系统时间

系统时间是指平稳状态下，任一顾客从到达排队系统到离开系统的这段时间，又称为系统内停留时间。它包括等待时间和服务时间两部分，用 s 表示。

4. 等待队列长度

等待队列长度又称等待队长，指平稳状态下系统中正在排队等待的顾客数目，用 L_q 表示。

5. 系统队长

系统队长指平稳状态下，系统中顾客的总数目。它包括正在接受服务的顾客和排队等待的顾客两部分。用 L_s 表示。

6. 系统效率

系统效率指平均服务窗占用数与总服务窗个数的比值，记为 $\eta=\dfrac{\bar{r}}{m}$。

其中 m 是服务窗个数，为确定值；$\bar{r}$ 是任意时刻占用的窗口数，是随机变量，$\bar{r}$ 是占用窗口数的统计平均值。η 越大，则服务资源的利用率越高。

7. 稳定性

令到达率为 λ，服务率为 μ，排队系统业务强度为 $\rho = \dfrac{\lambda}{m\mu}$，窗口数为 m，则：

（1）对于等待制系统（或不拒绝系统），当 $\rho < 1$ 时，平均顾客到达数将小于平均顾客离去数，系统是稳定的。

当 $\rho \geqslant 1$ 时，平均顾客到达数将大于等于平均顾客离去数，队列将越来越长，随着时间的持续，系统将不能稳定工作。

（2）对于损失制系统，无论 ρ 的大小关系如何，系统仍旧能稳定工作，只不过有些顾客被拒绝服务。

（3）对于混合制系统，即使 $\rho \geqslant 1$，但是由于队长或者等待时间被限制了，此时系统仍旧能稳定工作，只是顾客平均服务时间加长，并且有些被拒绝服务。

4.2　Little 公式

假设一个排队系统处于稳定工作状态，所有初始的影响都已消失，则此时的系统可以由下列参数来规划：

λ：稳态时系统中顾客到达的平均速率。

T：每位顾客在系统中平均消耗的时间（排队时间与服务时间之和）。

N：系统中的平均顾客数（包括正在服务的顾客和队列中等待的顾客）。

这三个参数满足的关系是 $N = \lambda T$，这就是 Little（利特尔）公式的内容。

其物理意义是：稳态时顾客从进入系统开始到离开系统总共需要 T 的平均时间，当他离开时，系统内所有的顾客总数就可以看成是队长 N，而这些顾客同时又是在 T 的时间内进入到系统内，所以就有到达率乘以 T 等于队长的结果。

Little 公式描述了任意排队系统满足的关系，对排队系统中系统内的顾客及队列中的顾客都有对应的 Little 公式。该公式是长期以来使用的经验公式，1961 年 J. D. C. Little 才第一次给出了系统的证明。现在给出其证明。

考虑一个任意的排队系统，定义 $A(t)$ 为 $(0, t)$ 内到达的顾客数；$B(t)$ 为在 $(0, t)$ 内离开的顾客数；那么在 t 时刻系统内的顾客数（又称为平均队长）为

$$C(t) = A(t) - B(t) \qquad (4-3)$$

图 4-5 给出了一个排队系统示例。

设 $S(t)$ 为到时刻 t 为止 $A(t)$ 个顾客在系统中逗留的总时间，则其值可由

$$S(t) = \int_0^t C(x)\,\mathrm{d}x \qquad (4-4)$$

计算出来。即 $S(t)$ 为 $A(t)$ 和 $B(t)$ 之间的曲线面积。

设 A_t 表示 $(0, t)$ 内系统中平均顾客到达率，则

$$A_t = \frac{A(t)}{t} \qquad (4-5)$$

设每个顾客在系统中平均停留的时间为 T_t，T 表示

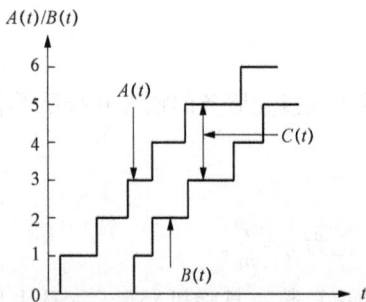

图 4-5　到达过程 $A(t)$ 和离开过程 $B(t)$

顾客在系统中停留的平均时间，则

$$T_t = \frac{S(t)}{A(t)} \tag{4-6}$$

设 N_t 表示（0，t）内系统中的平均顾客数，N 表示系统中的平均顾客数，则

$$N_t = \frac{S(t)}{t} \tag{4-7}$$

在平衡条件下，以上三个量的极限存在，在 $t \rightarrow \infty$ 时取极限得

$$\lim_{t \to \infty} A_t = \lambda, \lim_{t \to \infty} T_t = T, \lim_{t \to \infty} N_t = N$$

又因为 $N_t = A_t T_t$，则得

$$N = \lambda T \tag{4-8}$$

对于队列中的顾客，同样有 Little 公式

$$N_q = \lambda \cdot W \tag{4-9}$$

其中，N_q 为稳态时的平均排队长；λ 为系统中顾客的平均到达率；W 为稳态时的平均等待时间。

设 $W(t)$ 为在（0，t）中，到时刻 t 为止 $A(t)$ 个顾客在系统中等待时间之和，则每个顾客的平均等待时间为

$$\overline{W_t} = \frac{W(t)}{A(t)} \tag{4-10}$$

从而在（0，t）内，单位时间内系统中等待的顾客平均数为

$$\overline{N_q} = \frac{W(t)}{t} = \frac{W(t)}{A(t)} \cdot \frac{A(t)}{t} \tag{4-11}$$

式中：$\dfrac{W(t)}{A(t)}$ 为在时间（0，t）中等待顾客的平均等待时间；$\dfrac{A(t)}{t}$ 为在时间（0，t）中顾客的到达率，表示为 λ_t。

因此，当 $\lambda \equiv \lim\limits_{t \to \infty} \overline{\lambda_t}$，$W \equiv \lim\limits_{t \to \infty} \overline{W_t}$ 存在时，$N_q \equiv \lim\limits_{t \to \infty} \overline{N_q}$ 存在，从而得 $N_q = \lambda \cdot W$，即 $W = N_q / \lambda$。

需要注意的是上述两公式（4-10）和式（4-11）的推导与到达间隔时间、服务时间以及排队规则无关。Little 公式对于大多数业务都是适用的。

【例 4.1】　假定一个理发店有 K 个服务窗口，该理发店共有 N 把凳子（$N \geqslant K$），供等待的顾客休息。且假定在某个时间段内该理发店始终是客满的，即一个人离开凳子，接受理发服务时，将会有一个新顾客立刻坐上凳子。设每个顾客的平均服务时间为 $\overline{X}$，问在该时间段内顾客在凳子上休息的时间 T 为多少？

解：设进入理发店的顾客到达率为 λ，对整个系统应用 Little 公式有

$$N = \lambda T \Rightarrow T = \frac{N}{\lambda}$$

对服务窗口应用 Little 公式有

$$K = \lambda \overline{X} \Rightarrow \lambda = \frac{K}{\overline{X}}$$

解得 $T = \dfrac{N\overline{X}}{K}$。

4.3 $M/M/1$ 型排队系统

$M/M/m$ 是排队系统的通用表示法。第一个 M 表示到达过程的特征,它是泊松过程,第二个 M 表示服务时间的概率分布服从指数分布,m 表示服务窗的个数。由前面知识可知,到达过程是泊松过程与到达时间间隔是指数分布等价,因此用 M 表示到达过程是泊松过程。M/M 排队系统是一种特殊的连续时间马尔可夫过程,其重要特点就是无后效性,系统在任意时刻 t 之后的特性只与系统在 t 时刻所处的状态有关,而与系统在 t 时刻之前的状态无关。本节将讨论 M/M/1 排队系统。

4.3.1 $M/M/1$ 排队系统模型

$M/M/1$ 排队系统的示意图如图 4-6 所示。其到达过程为泊松过程,顾客到达率为 λ,服务过程为指数过程,服务率为 μ,服务窗的数目为 1,系统允许的最大排队队长趋于无穷,潜在顾客数趋于无穷先到先服务,到达过程与服务过程相互独立。则平均到达时间间隔为 $1/\lambda$,平均服务时间为 $1/\mu$。

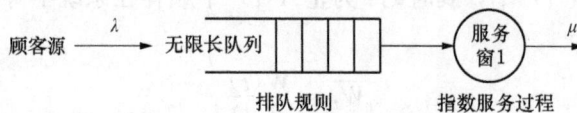

图 4-6 M/M/1 排队系统

令 t 时刻系统的状态为系统中的用户数 $N(t)$,则 $N(t)$ 的状态集合为 $\{0, 1, 2, \cdots\}$。可以用状态转移概率来描述该系统的行为。对 $N(t)$ 采样,采样间隔为 Δ,Δ 为大于 0 的任意小的常数。因为顾客相继到达的时间间隔和服务时间均服从指数分布,所以在 Δ 内同时有两个或两个以上顾客到达或者离开的概率都很小。该 $M/M/1$ 队列可以建模为生-灭马尔可夫链,其中 $\lambda_i \equiv \lambda$,$\mu_i \equiv \mu$,如果忽略掉高阶无穷小项 $o(\Delta)$,可得系统的状态转移图,如图 4-7 所示。

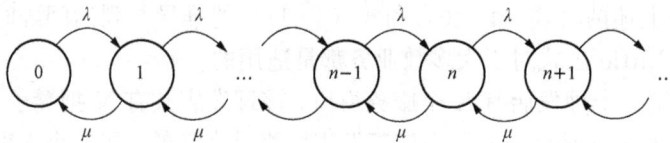

图 4-7 M/M/1 系统的状态转移图

设系统在稳态的概率为

$$p_n = \lim_{i \to \infty} p\{N(i\Delta) = n\} = \lim_{i \to \infty} p\{N(t) = n\} \tag{4-12}$$

则按照稳态的定义,系统从状态 n 转移到状态 $n+1$ 的速度必然等于从状态 $n+1$ 转移到状态 n 的速度,因此有

$$p_n p_{n,n+1} = p_{n+1} p_{n+1,n} \tag{4-13}$$

把前面状态转移概率代入该式,得

$$p_n \lambda \Delta + o(\Delta) = p_{n+1} \mu \Delta + o(\Delta) \tag{4-14}$$

令 $\Delta \rightarrow 0$ 得

$$p_{n+1} = \frac{\lambda}{\mu} p_n = \rho p_n \qquad (4-15)$$

式 (4-15) 被称为全局平衡方程。其中 $\rho = \frac{\lambda}{\mu}$，它是业务强度，即到达率与服务率的比值。

通过简单的递推可得

$$p_n = \rho^n p_0 \quad n = 0, 1, 2, \cdots \qquad (4-16)$$

依据概率的归一性得 $\sum\limits_{n=0}^{\infty} p_n = 1$。

若 $\rho < 1$，则 $\sum\limits_{n=0}^{\infty} p_n = \sum\limits_{n=0}^{\infty} \rho^n p_0 = \dfrac{p_0}{1-\rho} = 1$。

即　　　　　　　　　　　　　　$p_0 = 1 - \rho$

依据递推关系式，得稳态时系统处于各状态的概率为

$$p_n = \rho^n (1-\rho) \quad n = 0, 1, 2, \cdots \qquad (4-17)$$

下面考虑 ρ 的物理意义。p_0 为系统处于状态 0 的概率，即空闲的概率，则 $\rho = 1 - p_0$ 为系统繁忙的概率。ρ 反映了系统的繁忙程度，其物理意义是业务强度。

4.3.2　M/M/1 排队系统指标

稳态时各性能指标求解如下：

1. 系统队长 L_s

$$\begin{aligned}
L_s &= \sum_{n=0}^{\infty} n p_n = \sum_{n=0}^{\infty} n \rho^n (1-\rho) \\
&= (1-\rho) \rho \sum_{n=0}^{\infty} n \cdot \rho^{n-1} \\
&= (1-\rho) \rho \frac{\mathrm{d}}{\mathrm{d}\rho} \sum_{n=0}^{\infty} \rho^n \\
&= (1-\rho) \rho \frac{1}{(1-\rho)^2} \\
&= \frac{\rho}{1-\rho} \\
&= \frac{\lambda}{\mu - \lambda} \qquad (4-18)
\end{aligned}$$

2. 平均系统时间 s

利用 Little 公式，可求得系统时间为

$$s = \frac{L_s}{\lambda} = \frac{1}{\lambda} \cdot \frac{\lambda}{\mu - \lambda} = \frac{1}{\mu - \lambda} \qquad (4-19)$$

3. 平均等待时间 w

因为系统时间包括等待时间和服务时间两部分，而平均服务时间为 $1/\mu$，所以有

$$w = s - \frac{1}{\mu} = \frac{1}{\mu - \lambda} - \frac{1}{\mu} = \frac{\lambda}{\mu(\mu - \lambda)} = \frac{\rho}{\mu(1-\rho)} \qquad (4-20)$$

4. 平均等待队长 L_q

利用 Little 公式，可得稳态时平均等待队长为

$$L_q = \lambda w = \lambda \cdot \frac{\rho}{\mu(1-\rho)} = \frac{\rho^2}{1-\rho} \qquad (4-21)$$

在求得 M/M/1 的稳态性能指标后,稳态分析结束。在对数据通信网络进行分析时,M/M/1 排队系统用于对交换机、路由器的一个端口进行建模。

4.3.3 PASTA（泊松到达观测即为时间平均）特性

在具有恒定速率（与状态无关）的泊松到达过程的情况下,到达者发现队列处于状态 i 的概率与该状态的概率 p_i 一致。这是由于泊松到达观测即为时间平均值（PASTA,是 R. W. Wolff 在 1982 年定义的性质）。PASTA 属性可以被视为系统遍历性的结果:对于 M/－/－/－ 队列到达过程是泊松过程,即随机新到达的时刻观察到的状态概率,与处于该状态的时间百分比相同;参考遍历过程,这些时间百分比与稳态概率一致。换言之,新到达呼叫发现系统处于状态 i 比例等于系统处于状态 i 的时间比例,那么等于 P_i。

PASTA 属性在一般情况下是成立的。PASTA 属性不适用于依赖状态的泊松到达过程或非泊松到达过程。例如,让我们考虑一个 D/D/1 排队系统,它在时间 0 为空,时间 1、3、5、…的周期性到达,服务时间为 1 秒（如图 4-8 所示）。

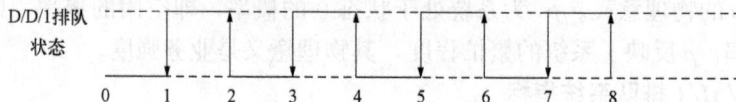

图 4-8　D/D/1 排队例子

新到达者总能发现一个空系统,所以对他们来说,这就像 $p_0 = 1$（100%）。然而,队列有 50% 的时间是空的,因此产生 $p_0 = 0.5$。在离散时间系统中,其中到达过程是基于时隙的,PASTA 属性对应的是 BASTA（伯努利到达时间即为时间平均值）属性。

4.3.4 M/M/1 的忙期

下面研究 M/M/1 的忙期。

（1）忙期 T:当一个顾客到达空的排队系统时忙期开始,一直到服务台再一次变为空闲。

（2）闲期 I:指系统处于无顾客状态后到有一个顾客到达之间的时间,可认为其分布与顾客到达规律相同,在 M/M/1 系统中闲期 I 服从指数分布,即 $f_I(x) = \lambda e^{-\lambda x}$,其均值 $\bar{I} = \frac{1}{\lambda}$。

忙期的分布较难求得。但如果只关心其均值而不关心其分布,则比较容易求得:令忙期为 T,平均长度 $\bar{T}$。利用泊松过程的 PASTA 性,M/M/1 系统空闲的概率 p_0 可同时表示为 $1-\rho$ 及 $p_0 = 1-\rho = \dfrac{\bar{I}}{\bar{I}+\bar{T}} = \dfrac{1}{1+\dfrac{\bar{T}}{\bar{I}}} = \dfrac{1}{1+\lambda\bar{T}}$,因此

$$1 - \frac{\lambda}{\mu} = \frac{1}{1+\lambda\bar{T}} \Rightarrow \bar{T} = \frac{1}{\mu-\lambda} \qquad (4-22)$$

忙期中系统的平均顾客数 $\bar{n}$ 可从系统队长求得:闲期时人数为 0、"贡献"为 0,而忙的概率为 ρ,所以 $\rho\bar{n} = L_s = \dfrac{\rho}{1-\rho}$ 即 $\bar{n} = \dfrac{1}{1-\rho}$。

【例 4.2】 若 $M/M/1$ 排队系统的业务强度 $\rho=\dfrac{\lambda}{\mu}<1$，试求忙期的平均长度 $\overline{T}$ 。

解： 对 $M/M/1$ 排队系统，根据窗口的占用情况，时间被分为忙期 T 和闲期 I，两者交替进行，令其平均值分别为 $\overline{T}$ 和 $\overline{I}$ 。

由于顾客到达率为 λ，则平均到达的时间间隔就是平均闲期，即 $\overline{I}=1/\lambda$。如果令观察时间 t 趋于无穷大，则空闲的概率 p_0 即为 $\dfrac{\overline{I}}{\overline{I}+\overline{T}}$。

因此利用式（4-22）得

$$\overline{T}=\frac{1}{\mu-\lambda} \tag{4-23}$$

定理 4.1 $M/M/1$ 排队系统在稳态时，系统时间 s 服从参数为 $\mu-\lambda$ 的指数分布。

证明：依全概率公式，有

$$p(s<t)=\sum_{k=0}^{\infty}p\{s<t\mid 系统中有\,k\,个顾客\}p_k$$

由于各个顾客的服务时间独立，且服从指数分布。当某一顾客到达时，系统中已有 k 个顾客，则该顾客的系统时间为：彼此独立的 $k+1$ 个参数为 μ 的指数分布的随机变量的和。显然 s 服从 $k+1$ 阶爱尔兰分布，即 $s\sim E_{k+1}$。则

$$p\{s<t\mid 系统中有\,k\,个顾客\}=\int_0^t\frac{(\mu x)^k}{k!}\mu e^{-\mu x}dx$$

且有

$$\begin{aligned}
p(s<t)&=\sum_{k=0}^{\infty}\int_0^t\frac{(\mu x)^k}{k!}\mu e^{-\mu x}dx\cdot p_k\\
&=\sum_{k=0}^{\infty}\int_0^t\frac{(\mu x)^k}{k!}\mu e^{-\mu x}dx\cdot(1-\rho)\rho^k\\
&=(1-\rho)\mu\int_0^t\sum_{k=0}^{\infty}\frac{(\mu x\rho)^k}{k!}e^{-\mu x}dx\\
&=(1-\rho)\mu\int_0^t e^{\mu x\rho-\mu x}dx\\
&=1-e^{-(\mu-\lambda)t}
\end{aligned}$$

证毕。并且

$$\begin{aligned}
E(s)&=\int_0^\infty t\cdot p'(s<t)dt\\
&=\int_0^\infty t(\mu-\lambda)e^{-(\mu-\lambda)t}dt\\
&=\frac{1}{\mu-\lambda}
\end{aligned}$$

与 Little 公式计算结果一致。

如果到达过程不是泊松过程，或者服务时间不是指数分布，排队系统的分析就要复杂得多。

排队系统不但有稳态分析，而且有瞬态分析，瞬态分析时需要考虑初始值的影响，常常要借助微分方程组求解，其研究也比稳态分析复杂得多。

*4.4 M/G/1 系统

前面分析的 M/M 排队系统的重要特点是在任意时刻系统中的顾客数、下一位新顾客到达的剩余时间、接受服务顾客的剩余服务时间都具有无后效性。本节将介绍一类典型非马尔可夫排队系统——$M/G/1$ 排队系统。$M/G/1$ 排队系统的模型如图 4-9 所示。其含义为：输入过程为泊松流，平均顾客到达速率为 λ，每个顾客的服务时间相互独立——服从一般分布，且平均服务时间为 $E(B_n) = 1/\mu$，$D(B_n) = \sigma^2$，单窗口，单一队列，队列容量无限大，顾客源中的顾客数为无穷，采用先到先服务的排队规则。欲分析此系统，需用嵌入式马氏链。

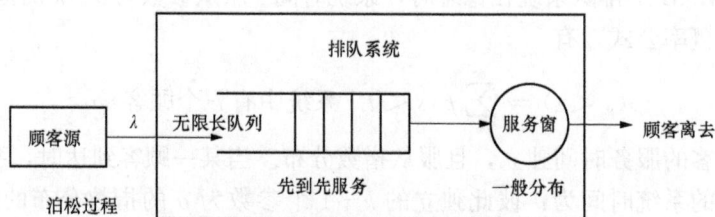

图 4-9 $M/G/1$ 排队系统模型

4.4.1 嵌入式马尔可夫链

计算 $M/G/1$ 排队系统在统计平衡状态下的稳定状态概率，将用到如下的参数。

(1) $\{Q(t), t \geq 0\}$：在任意时刻 t，系统中的总顾客数（包括正在接受服务的顾客与排队等待的顾客）。$\{Q(t), t \geq 0\}$ 是连续时间随机过程。

(2) t_n（$n=1, 2, \cdots$）：第 n 个顾客接受完服务后离开排队系统的时刻。

(3) B_n（$n=1, 2, \cdots$）：第 n 个顾客所需的服务时间。

(4) X_n（$n=1, 2, \cdots$）：在 t_n 时刻系统中的总顾客数（不包括离开的第 n 个顾客），即 $\{X_n\}$ 是对随机过程 $\{Q(t)\}$ 在离散时刻序列 t_n（$n=1, 2, \cdots$）上的采样，则

$$X_n = Q(t_n), n = 1, 2, \cdots$$

(5) Y_n（$n=1, 2, \cdots$）：第 n 个顾客接受服务期间 B_n 内到达的新顾客数。当已知任意时刻 t 系统中的总顾客数 $Q(t)$ 时，计算 t 之后 $Q(t)$ 的状态概率。因为 $M/G/1$ 排队系统中顾客的服务时间不再服从指数分布，所以下一个即将离开的顾客的剩余服务时间与 t 时刻之前已经接受服务的时间长度有关。因此，仅仅已知 $Q(t)$ 无法计算出 t 时刻之后 $Q(t)$ 的状态概率。这表明 $\{Q(t), t \geq 0\}$ 具有后效性，它不是马尔可夫过程。

但是对于 $\{Q(t)\}$ 在离散时刻序列 t_n（$n=1, 2, \cdots$）上的采样序列 X_n，因为系统中所有顾客都尚未开始接受服务，所以未来离开的所有顾客的剩余服务时间服从 $M/G/1$ 指定的一般分布，而未来将到达的新顾客的间隔时间服从指数分布。即 X_n 具有无记忆性，$\{X_n, n=1, 2, \cdots\}$ 是离散时间马尔可夫链。这样在已知 X_n 时，可以计算出稳态时处于所有 X_i（$i \geq n+1$）状态的概率。

这种在一般时刻状态的概率转移不能形成马尔可夫链，而在特殊时刻采样的状态概率转移能形成马尔可夫链的过程称为嵌入式马尔可夫链。能够形成马尔可夫链的时间点称为再生点或者嵌入点。$M/G/1$ 排队系统就是嵌入式马尔可夫链，其中每个顾客服务结束的时刻 t_n

就是 $M/G/1$ 排队系统的再生点。可以证明，在任意时间点顾客数 $Q(t)$ 的极限分布与 t_n 时刻观察到的顾客数 X_n 的极限分布完全一样，即稳定状态概率满足

$$\lim_{t \to \infty} p\{Q(t) = k\} = \lim_{n \to \infty} p\{X_n = k\} \quad\quad (4 - 24)$$

所以可以使用嵌入式马尔可夫链 X_n 在统计平衡状态下的状态概率作为 $M/G/1$ 排队系统的稳定状态概率。

在不同的再生点上，$M/G/1$ 排队系统的顾客数的一步转移关系为

$$X_{n+1} = \begin{cases} Y_{n+1}, & X_n = 0 \\ X_n + Y_{n+1} - 1, & X_n \geqslant 1 \end{cases} \quad\quad (4 - 25)$$

当 $X_n = 0$ 时，第 n 个顾客离开时第 $n+1$ 个顾客尚未到达，服务窗进入空闲态，在第 $n+1$ 个顾客到达后接受服务期间到达 Y_{n+1} 个新顾客，因此在第 $n+1$ 个顾客离开时会留下 Y_{n+1} 个等待服务的顾客。

当 $X_n \geqslant 1$ 时，第 n 个顾客离开时系统中有 X_n 个顾客，队首的第 $n+1$ 个顾客立即进入服务窗接受服务，在第 $n+1$ 个顾客接受服务期间到达 Y_{n+1} 个新顾客，因此在第 $n+1$ 个顾客离开时会留下 $X_n + Y_{n+1} - 1$ 个等待服务的顾客。

定理 4.2　由式（4 - 25）确定的随机序列 $\{X_n, n \geqslant 1\}$ 是齐次马尔可夫链。

证明：因为对任意非负整数 k_1，k_2，$\cdots$，k_{n+1}，记

$$\varepsilon(x) = \begin{cases} 1, x > 0 \\ 0, x \leqslant 0 \end{cases} \quad\quad (4 - 26)$$

有

$$\begin{aligned} p_{ij}(t) &= P\{X_{n+1} = k_{n+1} \mid X_n = k_n, X_{n-1} = k_{n-1}, \cdots, X_1 = k_1\} \\ &= P\{X_n - \varepsilon(X_n) + Y_{n+1} = k_{n+1} \mid X_n = k_n, X_{n-1} = k_{n-1}, \cdots, X_1 = k_1\} \\ &= P\{Y_{n+1} = k_{n+1} - k_n + \varepsilon(k_n)\} \\ &= P\{Y_{n+1} = k_{n+1} \mid X_n = k_n\} \end{aligned}$$

所以 $\{X_n, n \geqslant 1\}$ 是马尔可夫链。

又因 Y_1，Y_2，$\cdots$ 相互独立且同分布，设 $p_k = P\{Y_1 = k\}$，$k = 0$，1，2，$\cdots$ 则当 $i > j + 1$ 时，

$$p_{ij}(n, 1) \triangleq P\{X_{n+1} = j \mid X_n = i\} = P\{Y_{n+1} = j - i + 1\}$$

当 $i = 0$ 时，

$$p_{ij}(n, 1) = P\{X_{n+1} = j \mid X_n = i\} = P\{Y_{n+1} = j\} = p_j$$

当 $0 < i \leqslant j + 1$ 时，

$$p_{ij}(n, 1) = P\{X_{n+1} = j \mid X_n = i\} = P\{Y_{n+1} = j - i + 1\} = p_{j-i+1}$$

即

$$p_{ij} = \begin{cases} p_j, & i = 0, j \geqslant 0 \\ p_{j-i+1}, & 0 < i \leqslant j + 1 \\ p_j, & i > j + 1 \end{cases} \quad\quad (4 - 27)$$

这表明 $p_{ij}(n, 1)$ 与 n 无关，故 $\{X_n, n \geqslant 1\}$ 是齐次马尔可夫链。

式（4 - 25）进一步证明了 X_{n+1} 仅与 X_n 有关，与以前所处的状态都无关，$\{X_n, n = 1, 2, \cdots\}$ 是离散时间马尔可夫链。根据式（4 - 25）可得 X_n 的一步转移概率为

$$p_{ij} = P\{X_{n+1} = j \mid X_n = i\}$$

$$= \begin{cases} P\{Y_{n+1}=j\}, & i=0, j\geqslant 0 \\ P\{Y_{n+1}=j-i+1\}, & i\geqslant 1, j>0 \\ 0, & \text{其他} \end{cases} \quad (4-28)$$

令 Y_n 的概率分布为 $\{a_n, n=1, 2, \cdots\}$，其中 $a_i=P\{Y_n=i, i=0, 1, 2, \cdots\}$，设 $M/G/1$ 的服务时间的密度函数为 $b(t)$，即随机变量序列 B_n（$n=1, 2, \cdots$）相互独立且密度函数为 $b(t)$，由全概率公式得

$$\begin{aligned} a_i &= P\{Y_n=i, i=0, 1, 2, \cdots\} \\ &= \int_0^{\infty} P\{Y_n=i \mid B_n=t\}b(t)\mathrm{d}t \\ &= \int_0^{\infty} \frac{(\lambda t)^i}{i!}\mathrm{e}^{-\lambda t} \cdot b(t)\mathrm{d}t \end{aligned} \quad (4-29)$$

并且满足 $\sum_{i=0}^{\infty} a_i=1$。

由式（4-27）及 a_i 的定义得，$M/G/1$ 排队系统的嵌入式马尔可夫链 $\{X_n, n=1, 2, \cdots\}$ 的一步转移概率矩阵为

$$P = \begin{bmatrix} a_0 & a_1 & a_2 & a_3 & a_4 & \cdots \\ a_0 & a_1 & a_2 & a_3 & a_4 & \cdots \\ 0 & a_0 & a_1 & a_2 & a_3 & \cdots \\ 0 & 0 & a_0 & a_1 & a_2 & \cdots \\ 0 & 0 & 0 & a_0 & a_1 & \cdots \\ \cdots & \cdots & \cdots & \cdots & \cdots & \cdots \end{bmatrix} \quad (4-30)$$

又因为

$$p_{00}=a_0>0, \quad p_{ii}=a_1>0, \quad i\geqslant 1$$

所以 $\{X_n, n\geqslant 1\}$ 还是非周期的。$\{X_n, n=1, 2, \cdots\}$ 的一步状态转移图如图 4-10 所示。

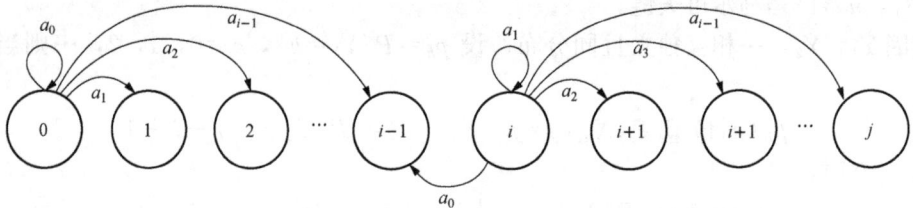

图 4-10　M/G/1 嵌入式马尔可夫链的一步状态转移图

一步状态转移概率图表达的意义是 $M/G/1$ 排队系统在连续两个再生点的总顾客数的转移概率。图中数值为 $\{n, n=1, 2, \cdots\}$ 的圆圈表示排队系统在再生点处于总顾客数为 n 的状态。在平衡状态下，系统处于状态 n 的概率为 $\{\pi_n, n=0, 1, 2, \cdots\}$，$\pi_n$ 为常数。带箭头的弧线起始端是在前一再生点的源状态，结束端是下一个再生点可能处于的目的状态，弧线旁边的权值表示这一转移发生的概率。图 4-10 只给出了以状态 0 和状态 i（$i\geqslant 1$）为源状态的部分弧线。由式（4-25）易知，状态 0 可以转移到所有状态，状态 i（$i\geqslant 1$）可以转移到状态 j（$j\geqslant i-1$）。

定义 $M/G/1$ 排队系统的业务强度为 $\rho=\lambda/\mu$，可以验证当 $\rho<1$ 时，该马尔可夫链是遍

历、平稳的。

如果对任意整数 $k \geqslant 0$，有 $\pi_k \geqslant 0$ 且 $\sum_{k=0}^{\infty} \pi_k = 1$，则称 $\{\pi_k,\ k \geqslant 0\}$ 为概率分布。如果概率分布 $\{\pi_k,\ k \geqslant 0\}$ 满足

$$\pi = \pi P \tag{4-31}$$

其中，$\pi = (\pi_0,\ \pi_1,\ \pi_2,\ \cdots)$，$P$ 为状态空间是 $\{0,\ 1,\ 2,\ \cdots\}$ 的离散参数马尔可夫链的一步转移概率矩阵，则称 $\{\pi_k,\ k \geqslant 0\}$ 为马尔可夫链的平稳分布，即

$$\pi_i = \lim_{n \to \infty} P\{X_n = i, i = 0,1,2,\cdots\}$$

上述定义中的式（4-31）等价于下列方程组

$$\pi_k = \sum_{j=0}^{\infty} \pi_j p_{jk} \tag{4-32}$$

结合式（4-30）有

$$\pi_i = \pi_0 a_i + \sum_{j=1}^{i+1} \pi_j a_{i-j+1} \tag{4-33}$$

为了解出稳态的概率 $(\pi_0,\ \pi_1,\ \pi_2,\ \cdots)$，需要用到母函数。定义稳态顾客队长分布 $\{\pi_k,\ k=0,\ 1,\ 2,\ \cdots\}$ 和第 n 个顾客接受服务期间内到达的新顾客数 Y_n（$n=1,\ 2,\ \cdots$）的母函数分别为

$$\Pi(x) = \sum_{i=0}^{\infty} \pi_i x^i \tag{4-34}$$

$$A(x) = \sum_{i=0}^{\infty} a_i x^i \tag{4-35}$$

令 $B(s)$ 是 $b(t)$ 的拉普拉斯变换，即

$$B(s) = \int_0^{\infty} b(t) e^{-st} dt \tag{4-36}$$

则

$$
\begin{aligned}
A(x) &= \sum_{i=0}^{\infty} a_i x^i = \int_0^{\infty} \sum_{i=0}^{\infty} x^i \frac{(\lambda t)^i}{i!} e^{-\lambda t} b(t) dt \\
&= \int_0^{\infty} b(t) e^{-\lambda(1-x)t} dt \\
&= B[\lambda(1-x)]
\end{aligned}
\tag{4-37}
$$

利用式（4-34）有

$$
\begin{aligned}
\Pi(x) &= \sum_{i=0}^{\infty} \pi_i x^i = \sum_{i=0}^{\infty} \pi_0 a_i x^i + \sum_{i=0}^{\infty} \sum_{j=1}^{i+1} \pi_j a_{i-j+1} x^i \\
&= \sum_{i=0}^{\infty} \pi_0 a_i x^i + \sum_{j=1}^{i+1} \pi_j x^{j-1} \sum_{i=0}^{\infty} a_{i-j+1} x^{i-j+1} \\
&= A(x) \left[\pi_0 + \sum_{j=1}^{i+1} \pi_j x^{j-1} \right]
\end{aligned}
\tag{4-38}
$$

其中，令 $Z(x) = \sum_{j=1}^{i+1} \pi_j x^{j-1}$，则

$$xZ(x) = \sum_{j=1}^{i+1} \pi_j x^j = \Pi(x) - \pi_0 \tag{4-39}$$

解式（4-38）与式（4-39）得 $\Pi(x)=\dfrac{A(x)(1-x)\pi_0}{A(x)-x}$。而 $\pi_0=1-\rho$，是稳态时系统处于空闲的概率［见式（4-44）］。因此

$$\Pi(x)=\frac{A(x)(1-x)(1-\rho)}{A(x)-x} \tag{4-40}$$

该公式称为帕拉恰克-辛钦（Pollaczek-Kminchine）公式。根据式（4-40）中母函数的值可获得稳态分布（π_0，π_1，π_2，…），即 M/G/1 排队系统在统计平衡状态下所有的稳定状态概率。

4.4.2　平衡状态下的性能指标

为得到平衡状态下的性能指标，需要做如下假设：各个顾客的服务时间序列 $\{B_n,\ n\geq 1\}$ 是 i.i.d. 随机变量序列，且 $E(B_n)=1/\mu$，$D(B_n)=\sigma^2$，B_n 的概率密度函数记为 $b(t)$。

设 X_n 为第 n 个顾客被服务完离开系统时系统中的顾客数，Y_n 为在第 n 个顾客服务时间 B_n 内到达系统的顾客数，显然有 $Y_n=N(B_n)$，其中 $\{N(t),\ t\geq 0\}$ 为输入过程。对于 M/G/1 排队系统，$N(t)$ 是参数为 λ 的泊松过程。

由基本假设知，Y_{n+1} 与 X_n 独立，于是有

$$X_{n+1}=X_n-\varepsilon(X_n)+Y_{n+1},\ n\geq 1 \tag{4-41}$$

现在来讨论 M/G/1 系统达到平衡状态后的平均队长。当 $\rho<1$ 时，对于嵌入马尔可夫链 $\{X_n,\ n\geq 1\}$，由式（4-41）得

$$E(X_{n+1})=E(X_n)-E[\varepsilon(X_n)]+E(Y_{n+1}) \tag{4-42}$$

记 $E(X)=\lim\limits_{n\to\infty}E(X_n)$，因为 $\lim\limits_{n\to\infty}E(X_n)=\lim\limits_{n\to\infty}E(X_{n+1})$ 则有

$$E(Y_{n+1})=E[\varepsilon(X_n)] \tag{4-43}$$

而 $E(Y_{n+1})=E[N(B_{n+1})]=\displaystyle\int_0^\infty E[N(t)]b(t)\mathrm{d}t$

$$=\int_0^\infty \lambda t b(t)\mathrm{d}t=\lambda\cdot\frac{1}{\mu}=\rho$$

$$E[\varepsilon(X_n)]=P\{X_n>0\}=1-P\{X_n=0\}$$

所以得

$$\pi_0=\lim_{n\to\infty}P\{X_n=0\}=1-\rho \tag{4-44}$$

π_0 是稳态时系统处于状态 0 的概率，即空闲的概率，也是顾客到达后不需要等待即可得到服务的概率。而顾客到达时，服务台已被占用的概率是 ρ。

下面求 $E(X)$ 的值。式（4-41）两边平方，然后求期望，得

$$E(X_{n+1}^2)=E(X_n^2)+E[\varepsilon^2(X_n)]+E(Y_{n+1}^2)-2E[X_n\varepsilon(X_n)]-$$
$$2E[\varepsilon(X_n)]E[Y_{n+1}]+2E[X_n]E[Y_{n+1}] \tag{4-45}$$

注意 $[\varepsilon(X_n)]^2=\varepsilon(X_n)$，$X_n\varepsilon(X_n)=X_n$，并且 Y_{n+1} 与 X_n 独立，令 $n\to\infty$ 取极限得

$$E(X^2)=E(X^2)+E[\varepsilon(X_n)]+E(Y^2)-2E[X]E[\varepsilon(X)]-$$
$$2E[\varepsilon(X)]E[Y]+2E[X]E[Y]$$

解得

$$E(X)=E[(Y^2)-2\rho^2+\rho]/(2-2\rho) \tag{4-46}$$

而

$$E(Y^2) = E[N^2(B)] = \int_0^\infty E[N^2(B) \mid B = t]b(t)\mathrm{d}t = \int_0^\infty E[N^2(t)]b(t)\mathrm{d}t$$

其中

$$E[N^2(t)] = \sum_{i=0}^\infty i^2 \frac{(\lambda t)^i \mathrm{e}^{-\lambda t}}{i!} = \lambda t \mathrm{e}^{-\lambda t} \sum_{i=1}^\infty \frac{i (\lambda t)^{i-1}}{(i-1)!}$$

$$= \lambda t \mathrm{e}^{-\lambda t} \left[\lambda t \sum_{i=1}^\infty \frac{(\lambda t)^{i-1}}{(i-1)!} \right]' = \lambda t (1 + \lambda t)$$

所以

$$E(Y^2) = \int_0^\infty \lambda t (1 + \lambda t) \mathrm{d}B(t) = \lambda^2 E(B^2) + \lambda E(B) = \lambda^2 [D(B) + E^2(B)] + \lambda E(B)$$

$$= \lambda^2 \left(\sigma^2 + \frac{1}{\mu^2} \right) + \frac{\lambda}{\mu} = \lambda^2 \sigma^2 + \rho^2 + \rho$$

代入式（4-46）得

$$E(X) = \rho + \frac{\lambda^2 \sigma^2 + \rho^2}{2(1-\rho)}, \rho < 1 \tag{4-47}$$

再由 Little 公式得平均系统时间 $E(s)$：$E(s) = \dfrac{E(X)}{\lambda} = \dfrac{1}{\mu} + \dfrac{\lambda^2 \sigma^2 + \rho^2}{2\lambda} \dfrac{1}{(1-\rho)}$，$\rho < 1$。

平均等待时间 $E(w)$：

$$E(w) = E(s) - E(B) = \frac{\lambda^2 \sigma^2 + \rho^2}{2\lambda(1-\rho)} = \frac{\lambda E(B^2)}{2(1-\rho)} \tag{4-48}$$

利用 Little 公式，可得平均排队队长 $E(X_n)$ 为

$$E(X_n) = \lambda E(w) = \frac{\lambda^2 \sigma^2 + \rho^2}{2(1-\rho)} = \frac{\lambda^2 E(B^2)}{2(1-\rho)}, \rho < 1 \tag{4-49}$$

（1）对于 $M/D/1$ 系统，因为服务时间为定长 $1/\mu$，所以 $\sigma^2 = 0$，因而有

$$E(X) = \frac{2\rho - \rho^2}{2(1-\rho)}, \ E(s) = \frac{1}{\mu} + \frac{\rho^2}{2\lambda(1-\rho)}$$

$$E(w) = \frac{\rho^2}{2\lambda(1-\rho)}, \ E(Q_n) = \frac{\rho^2}{2(1-\rho)}, \rho < 1$$

（2）对于 $M/M/1$ 系统，因为 $E(B) = 1/\mu$，$\sigma^2 = 1/\mu^2$，所以有

$$E(X) = \frac{\rho}{1-\rho}, \ E(s) = \frac{1}{\mu - \lambda}$$

$$E(w) = E(s) - E(B) = \frac{1}{\mu - \lambda} - \frac{1}{\mu} = \frac{\rho}{\mu - \lambda}, \ E(X) = \frac{\rho^2}{1-\rho}, \rho < 1$$

4.5 排 队 网 络

前面分析的都是单一节点的情形。在实际的数据通信网中，数据需要经过多个节点才能到达目的地，而每个节点有一个队列，各节点的队列组成一个排队网络。因为在数据的传送方向上，下一个节点的分组到达过程受到前一节点的分组离开过程的影响，因而不能采用 $M/M/1$ 和 $M/G/1$ 的结果对每个节点的行为和网络的行为进行有效的分析。

不失一般性，假设由两个节点组成一个串行的网络，链路的容量和节点的处理能力相同，节点 1 的输入是到达率为 λ 的泊松过程，如图 4-11（a）所示。t_i 为第 i 个分组到达节

点 1 的时刻，τ_i 为第 i 个分组离开节点 1 的时刻，第 1 个节点的第 i 个分组在传输期间，第 $i+1$ 个分组的到达节点 1，如图 4-11（b）所示。

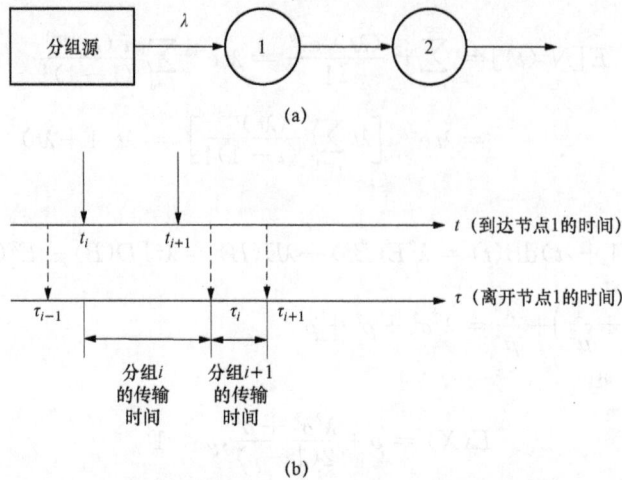

(a)

(b)

图 4-11　两个节点的排队网络示意图

(a) 节点 1 的输入是到达率为 λ 的泊松过程；(b) 节点 1 的第 i 个分组传输期间第 $i+1$ 个分组到达

可见，第 2 个节点的输入间隔（或第 1 个节点的输出间隔）取决于节点 1 的分组到达间隔和服务时间。如果所有分组具有相同的长度，则节点 1 的队列可用 $M/D/1$ 来描述。节点 2 的到达过程取决于节点 1 的输出，其到达间隔大于 $1/\mu$，并且在下一个分组到达节点 2 之前，以前的分组在节点 2 已经传输结束，因此节点 2 不可能有等待的队列。这使得泊松模型不适用于节点 2 的输入。

本节将讨论如何消除节点输出过程对下一节点到达过程的影响，进而求得排队网络的性能。

4.5.1　Kleinrock 独立性近似

给定任意一个网络，由于分组在节点之间串行传输，假设进入网络的分组流服从泊松分布，某一节点输入分组的到达时间间隔与前一节点分组传输的间隔紧密相关。这样就不能使用前面分析的 $M/M/1$ 队列的结果。为了解决这一问题，需要采用 Kleinrock 建议的独立性近似方法。

给定一个网络，拓扑结构任意，对于其中任意相邻的两个节点 i，j，链路（i，j）上的分组由经过该链路的所有分组组成，因此该链路的分组到达率 $\lambda_{i,j}$ 等于经过该链路的所有分组到达率的和，即

$$\lambda_{i,j} = \sum_s x_s \tag{4-50}$$

其中，x_s 为经过链路（i，j）的一个分组流 s 的到达率。

Kleinrock 建议指出，几条分组流合成的一个分组流，部分地保留了到达间隔和分组长度的独立性。如果合成的分组流的数目 n 较大，则分组到达间隔和分组长度的关联性较弱。因此可以采用 $M/M/1$ 模型近似描述每条链路，而不管这条链路上的业务与其他链路上业务的相互作用，这种近似称为 Kleinrock 独立性近似。它对于中等到重负荷网络是一个很好的近似。

利用 $M/M/1$ 模型，在链路 (i,j) 上的平均分组数 $L_{i,j}$

$$L_{i,j} = \frac{\lambda_{i,j}}{\mu_{i,j} - \lambda_{i,j}} \tag{4-51}$$

其中 $\mu_{i,j}$ 为链路 (i,j) 上分组的平均离去率。

对所有的链路求和，可得网络中平均分组数 L_s

$$L_s = \sum_{(i,j)} \frac{\lambda_{i,j}}{\mu_{i,j} - \lambda_{i,j}} \tag{4-52}$$

利用 Little 公式可得平均分组时延 s

$$s = \frac{L_s}{\gamma} = \frac{1}{\gamma} \cdot \sum_{(i,j)} \frac{\lambda_{i,j}}{\mu_{i,j} - \lambda_{i,j}} \tag{4-53}$$

其中

$$\gamma = \sum_{(i,j)} \lambda_{i,j}$$

如果链路 (i,j) 上的分组的处理时延和传播时延之和 $t_{i,j}$ 不可忽略，则需要修正 s

$$s = \frac{1}{\gamma} \cdot \sum_{(i,j)} \left(\frac{\lambda_{i,j}}{\mu_{i,j} - \lambda_{i,j}} + \lambda_{i,j} t_{i,j} \right) \tag{4-54}$$

对于任意给定的一条路径 p，在该路径上的总的平均时延为

$$T_p = \sum_{(i,j) \in p} \left(\frac{1}{\mu_{i,j}} \cdot \frac{\lambda_{i,j}}{\mu_{i,j} - \lambda_{i,j}} + \frac{1}{\mu_{i,j}} + t_{i,j} \right) \tag{4-55}$$

式（4-55）括号中，第一项是链路 (i,j) 的等待时间，第二项是传输时间，第三项是处理时间和传播时间之和。

Kleinrock 近似在数据网络中有着广泛的应用。

4.5.2　Burke 定理

根据 Little 公式，如果能够求得网络中的平均分组数 N，就可以得出分组的平均时延。因此，后面的分析中，重点研究在排队网络中如何求网络中的用户数。

Burke 定理是关于 $M/M/m$ 系统中输出过程与排队状态的定理。

Burke 定理对具有到达率为 λ 的 $M/M/1$，$M/M/m$，$M/M/\infty$ 系统，假定系统开始时就处于稳态（或者初始状态是根据稳态分布而选定的），有下列结论：

（1）系统的离开过程是速率为 λ 的泊松过程。

（2）在时刻 t，系统中顾客数独立于 t 时刻以前用户离开系统的时间序列对应的顾客数。

该定理说明了排队系统的两个特性：一是输出过程（或离开过程）仍从泊松分布；二是系统中当前顾客数与之前时间序列离开系统的顾客数之间是独立的关系。

4.5.3　Jackson 定理

由前面的分析可知，当一个分组的到达过程通过网络的第一个节点以后，分组到达后续节点的过程将与节点队列的长度相关。如果这种相关性可以消除或采用随机的方法将分组分成若干个不同的路由，那么将网络中的每个队列看成是 $M/M/1$ 队列，可以导出系统中的平均分组数。这是杰克逊（Jackson）定理的基本结果。

该定理基于以下假设：①在每个节点上有消息独立泊松到达的开放网络；②单服务器队列，在具有无限容量（无丢包）和稳定行为的 k 个链路上进行传输建模；③节点服务采用 FIFO 规则，消息服务时间服从指数分布；④到达过程和服务时间过程是独立的；⑤概率路由：服务完成后，各消息独立选择下一个节点。

设一个网络由 k 个先到先服务的单服务窗队列组成。从网络外进入第 i 队列的顾客流是到达率为 r_i 的独立泊松过程，且在网络中至少有一个 i，使 $r_i > 0$，即该网络有外部业务输入。一个顾客在第 i 个节点的队列 Q_i 中服务结束后，将以 p_{ij} 的概率进入第 j 个节点的队列 Q_j，而以 $1 - \sum\limits_{i=1}^{k} p_{ij}$ 的概率离开节点 j。每个节点的到达率是该节点外部业务的输入与网络内部所有其他节点输出之和，即

$$\lambda_j = r_j + \sum_{i=1}^{k} \lambda_i p_{ij}, j = 1, 2, \cdots, k \tag{4-56}$$

这是一个具有 k 个未知数 λ_j，$j = 1$，2，$\cdots$，k 的线性系统。在给定 r_j 和 p_{ij}（i，$j = 1$，2，$\cdots$，k）的情况下，欲使该方程组有唯一解，需要假定每个顾客以概率 1 离开该排队网络。

设顾客在第 j 个节点队列 Q_j 的服务率服从参数为 μ_j 的指数分布，且与该节点的到达过程相互独立。令 $\rho_j = \dfrac{\lambda_j}{\mu_j}$，$j = 1$，$2$，$\cdots$，$k$，网络的状态为 $n = (n_1$，n_2，$\cdots$，$n_k)$，其中 n_i 为第 i 个节点队列 Q_i 中的顾客数。$p(n) = p(n_1$，n_2，$\cdots$，$n_k)$ 表示网络的稳态分布，有如下的 Jackson 定理。

Jackson 定理：队列占用率的联合概率分布函数具有乘积形式，其中每个因子对应于一个队列，并可以以 $M/M/1$ 表征（网络队列中的输入过程可看作是泊松过程）。

对上述网络，假定令 $\rho_j < 1$，$j = 1$，2，$\cdots$，k，则对所有的 n_1，n_2，$\cdots$，$n_k \geqslant 0$，有

$$p(n) = p_1(n_1) p_2(n_2) \cdots p_k(n_k)$$
$$p_j(n_j) = \rho_j^{n_j} (1 - \rho_j), n_j \geqslant 0 \tag{4-57}$$

每个队列中的平均消息数和相应的延迟可根据经典的 $M/M/1$ 理论计算。在不同节点上的消息 λ_i 的总到达率可以通过式（4-56）获得。因此，可以知道到达率 $\lambda_i p_{ij}$ 和每个队列提供的业务强度。

杰克逊定理假设④是基于网络的抽象概念，其中服务时间与服务器相关（与消息无关，沿其路径跨越几个服务），而服务器是独立的。这个假设在存储和转发网络中不可能正确，因为服务时间取决于消息的长度。反馈环使这种相关性进一步增加，因为服务器可能多次接收相同的消息，但该消息的服务时间总是相同的。因此，在真实的网络中，到达过程和服务时间之间存在着依赖关系。

为了将杰克逊定理应用于存储转发网络，做额外的独立性假设：每次消息通过一个节点时，消息的服务时间都是独立选择的。这个假设允许重新应用假设④到真实的网络。如果网络中有足够的不同流量源，并且网络有大量的节点，这是更容易接受的。请注意该假设并不要求网络的无环性，因此可以在网络中有反馈环路。因此，一般来说，送入网络的业务不是泊松过程。

根据杰克逊定理的结果，可以求出一个消息从输入到输出网络所经历的平均延迟 T。使用以下符号：μ_k 为链接 k 的平均完成率，α_k 为链接 k 的平均到达率（如果有该链接，比如节点 i 节点 j，$\alpha_k = \Lambda_i q_{ij}$），$d_k$ 为第 k 个链路队列的平均延迟，τ_k 为第 k 个链路传输线路的平均传播延迟。对第 k 个链路应用 Little 公式，该链路中的平均消息数为 $M_k = \alpha_k (d_k + \tau_k)$。因此，将 Little 公式应用于整个网络，可推导出平均消息延迟 T

$$T = \frac{1}{\lambda_{tot}} \sum_{k=1}^{L} \alpha_k (d_k + \tau_k) = \sum_{k=1}^{L} \frac{\alpha_k}{\lambda_{tot}} (d_k + \tau_k)$$

其中，d_k 可以根据 Jackson 定理用 $M/M/1$ 公式表示

$$d_k = \frac{1}{\mu_k - \alpha_k}$$

最后，需要注意的是，第 k 个链路上的消息的平均服务时间为 $1/\mu_k$，可由平均消息长度 $E[M]$（比特）除以链路传输容量 $C_k\,\mathrm{bit/s}$，得到

$$\frac{1}{\mu_k} = \frac{E[M]}{C_k}$$

4.5.4　输出定理

输出定理：对于 M/M 排队系统，其输出过程（即顾客离去的规律）仍是一个以输入到达率 λ 为平均值的泊松流。

证明：

为更具普遍性，现以 $M/M/m$ 为例来计算 Δt 内有顾客离去的概率。当队长为 k 时，假设有顾客离去的概率为 $a_k \cdot \Delta t$，则

$$a_k = \begin{cases} 0, & k = 0 \\ k\mu, & 0 \leqslant k \leqslant m \\ m\mu, & k \geqslant m \end{cases}$$

离去率为

$$\lambda' = \sum_{k=0}^{\infty} a_k p_k$$

用 $M/M/m$ 中得到的 p_k 代入，得到

$$\lambda' = \sum_{k=0}^{m} k\mu \frac{\left(\frac{\lambda}{\mu}\right)^k}{k!} p_0 + \sum_{k=m+1}^{\infty} m\mu \frac{m^m}{m!} \left(\frac{\lambda}{m\rho}\right)^k p_0$$

$$= \lambda p_0 \left[\sum_{r=0}^{m-1} \frac{\left(\frac{\lambda}{\mu}\right)^r}{r!} + \frac{\left(\frac{\lambda}{\mu}\right)^m}{m!} \cdot \frac{1}{1 - \frac{\lambda}{m\mu}} \right]$$

$$= \lambda$$

这就证明了输出过程与输入过程有同样的规律这个结论。该结论与排队网络中两个排队过程是独立的结论合在一起称为输出定理。

输出定理在信息转接和计算中应用很广，它使多次排队系统简化为各自独立的排队问题，并以各分系统的性能来计算系统的总性能，但是其限制条件是输入是泊松流、输出间隔服从指数分布、具有无限队长。若各排队系统有截止队长等限制时，输出过程就不具有此性质了，此时就需要去求两个队列队长分布的联合概率 $p_{r,s}$ 了，不再赘述。

4.6　通信网业务分析

随着时代发展和技术的进步，通信业务逐步地由单一的电话业务发展到了包括语音、数据、多媒体等多业务的情况。进入通信网并到达通信设备上的语音、数据等信息统称为通信

呼叫，简称呼叫。这些在通信网中传送的信息称为通信业务量，也称为流量。到达网络接入点的呼叫对应排队论中的顾客，其长度（呼叫持续时间）对应排队论中的服务时间。网中的呼叫源即是网内的所有用户。呼叫按其通信的内容、形式的不同，具有不同的性质。因此，对不同的呼叫，可以用不同的排队模型来分析和处理。

通信网中的呼叫发生有以下几种情况。

情况 1：纯随机呼叫的情况。

满足以下条件的呼叫称为纯随机呼叫：

(1) 呼叫源无限多。

(2) 处于占线状态的呼叫源数目相对较少，可不考虑。

(3) 用户呼叫之间相互独立。

(4) 呼叫发生时交换网的阻塞状态可分别考虑。

这时用户数 N 为无限大，当有 k 个用户正在通信时，每个用户的呼叫到达率为 λ_0，而且很小趋于 0，总的呼叫到达率为 $\lambda = \lim\limits_{N \to \infty} N\lambda_0$ 为常数。

这种情况实际上对应排队论中潜在的顾客数 N 为无穷大，顾客之间相对独立的情况，可表示为 $M/M/m/n$ 排队系统模型。

情况 2：准随机呼叫的情况。

满足以下条件的呼叫称为准随机呼叫：

(1) 呼叫源有限。

(2) 用户呼叫之间仍相互独立。

这时用户数 N 为有限值，当有 k 个用户正在通信时，每个用户的呼叫到达率为 λ_0，总的呼叫到达率为 $(N-k)\lambda_0$。

实际通信网中的顾客数总是有限的，所以不存在严格的纯随机呼叫，而多属于准随机呼叫。准随机呼叫对应排队论中潜在的用户数为有限的情况。若同时满足最简单流条件，则可表示为 $M/M/m/n/N$ 排队系统模型。当 $N \gg k$ 时，准随机呼叫可近似当作纯随机呼叫处理。N 越大，这种近似越合理。

情况 3：呼叫合成的情况。

设有 n 个相互独立的呼叫，各自服从参数为 λ_i，$i = 1, 2, \cdots, n$ 的泊松分布，则按泊松分布的可加性，可以得出合成后呼叫也是泊松分布，其参数为 $\lambda = \sum\limits_{i=1}^{n} \lambda_i$ 的泊松分布。

这个特性具有实际意义，在通信网中有许多信息源结合在一起，每个信源以一定的速率产生呼叫，经合并后得到的合成流仍是泊松分布。

4.6.1　通信网的各种测度与指标

下面讨论排队论在通信网中的应用。通信网中终端类型具有多种类型，终端的数据速率具有多样性和随机性，而大量终端产生的业务进入公网后，会有一定的统计规律性。公共网络资源被不同终端竞争性地占用，因此需要用排队论解决。通信网所用的术语往往与排队论中所用的不同。本节将引入一些定义，来规定通信网的各种测度和指标。

以电话通信网为例，假设某交换机具有 m 条中继线，电话呼叫流的到达率为 λ，一个呼叫到达时，如果中继线有空闲，则占用中继线，完成接续；反之，系统中 m 条中继线全部忙时，呼叫被拒绝。

定义 4.1 业务量　业务量是在指定时间内线路被占用的时间。若某线路有 m 条信道，第 r 条信道被占用 Q_r 秒，则 m 条信道或该线路上的业务量为

$$Q = \sum_{r=1}^{m} Q_r \tag{4-58}$$

另一种表达业务量的方式是

$$Q = \int_{t_0}^{t_0+T} R(t)\,\mathrm{d}t \tag{4-59}$$

其中，t_0 为观察起点，T 为观察时长，$R(t)$ 为时刻 t 被占用的信道数，它是一个取值在 $0\sim m$ 之间的随机变量。Q 是 $(t_0, t_0+T]$ 内信道占用数的累加值，因而是一个随机变量，并且它是 t_0 和 T 的函数。业务量与观察时长 T 密切相关，观察时间可以是 1h 或 1 天等。

业务量的量纲是时间。若一个信道一个电话话路，则业务量或话务量的单位是秒·话路。

业务的强度通常称为呼叫量。

定义 4.2 呼叫量　呼叫量为线路占用时间与观察时间之比。

$$呼叫量 = \frac{业务量}{观察时间} = \frac{Q}{T} \tag{4-60}$$

呼叫量是一个无量纲的量，其单位为爱尔兰（Erlang）。在一段时间内通过的呼叫量就是该时间段内被占用的平均中继数。可见，具有 m 条信道的线路中实际能通过的呼叫量不大于 m，但用户所需的呼叫量不受此条件限制，只是有些呼叫被拒绝。呼叫量通常作为通信网设计的一个重要指标，它一般指用户需求的呼叫量。在测定呼叫量时，应认为信道数 m 足够大。

呼叫量可以写成

$$A = \frac{1}{T} \lim_{T\to\infty} \int_{t_0}^{t_0+T} R(t)\,\mathrm{d}t \tag{4-61}$$

如果 $R(t)$ 是一个遍历过程，则当 T 足够大时，A 将与起始时刻和观察时间无关。实际上，$R(t)$ 一般是非平稳的，更不能说是遍历的。

实际网络中，$R(t)$ 是非平稳的，每个小时的呼叫量会有变化，通常一天中最忙的一小时的呼叫量为日呼叫量；每日的呼叫量也会变化，通常在一年内取较忙的 30 天，这些天的日呼叫量的平均值为年呼叫量。

定义 4.3 话务量　电话网中的业务量称为话务量。

话务量可以用来反映电话用户的通话频繁程度和通话时间的长短。电话用户进行通话时，必然要占用交换设备和线路设备。通话次数的多少和每次通话时间的长短反映了用户对电话网络设备的需求，同时也反映了占用设备的程度。表示这种需求或占用程度的参数就是话务量 Y，它可以表示为

$$Y = \lambda S T$$

式中　λ——单位时间内的呼叫次数，即呼叫强度（次/h）；

　　　S——一次呼叫的平均占用时长（h/次）；

　　　T——计算话务量的时间范围（h）。

这里的 λ 对应于排队论中的到达率 λ，S 对应平均服务时间 $\bar{\tau}$。单位时间内的话务量为话务量强度 a，（即电话网的呼叫量），即

$$a = \lambda S$$

单位为"小时呼"或"erl"。

通常所说的话务量一般指话务量强度 a，只不过省略了"强度"二字。

由于电话呼叫的随机性，一天中话务量强度 a 的数值是不同的，通常人们所说的话务量和工程设计中使用的话务量，都是指系统在 24h 中最繁忙的一个小时内的平均话务量，称为忙时话务量。

与排队论的术语相对应，信道数相当于窗口数；单位时间内的平均呼叫数相当于顾客的到达率；每次呼叫占用信道的平均时间 $\bar{\tau}$ 相当于平均服务时间。按定义，呼叫量为 $A = \lambda\bar{\tau}$，即排队论里的 $\dfrac{\lambda}{\mu}$。当 $A \geq m$ 时，即 $\rho = \dfrac{\lambda}{m\mu} \geq 1$，这对于不拒绝系统是不稳定的；对于拒绝系统还是稳定的，只是会出现拒绝情况。

实际的通信网及其子系统中，为了工作的稳定性，多采用截止型排队系统。阻塞率和呼损都指拒绝状态占全部状态的百分比。当系统处于拒绝状态时，系统是阻塞的，从用户的角度看将出现呼损。下面讨论忙期与闲期。

令 t 时刻系统的状态为系统中的用户数 $N(t)$，当一个顾客到达一个单窗口排队系统后，$N(t)$ 由 0 变为 1，忙期 T 开始，一直持续到服务窗变成空闲为止，即 $N(t)$ 由 1 变为 0 时，忙期结束，转入闲期 I。

闲期 I 是指系统处于无顾客状态后到有一个顾客到达之前的时间，可认为其分布与顾客到达规律相同。如图 4-12 所示，给出忙期与闲期的示意图。

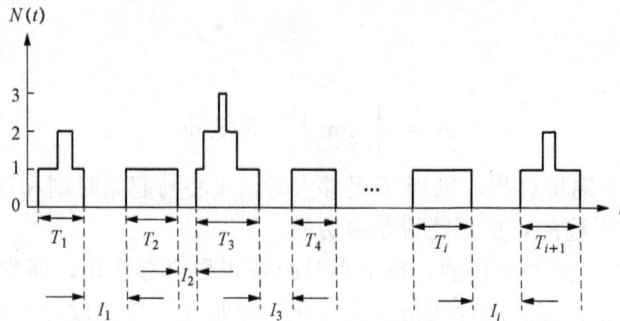

图 4-12　忙期与闲期示意图

服务等级（Grade of Service，GOS）表示拥塞的量，其一般定义为呼叫阻塞概率，或是呼叫延迟时间大于某一待定时间的概率。呼叫阻塞概率也简称为呼叫阻塞率。

在实际的通信系统中，为了工作的稳定，多采用截止型排队系统。此时阻塞率是指拒绝状态占全部状态的百分比。当系统处于拒绝状态时，系统是阻塞的，即从用户的角度来看将出现呼损。阻塞率有两种定义，即时间阻塞率和呼叫阻塞率。

定义 4.4 时间阻塞率　时间阻塞率是阻塞时间占观察时间的比，即

$$p_m = \frac{阻塞时间}{观察时间} \tag{4-62}$$

当 $k = m$ 时，p_k 表示稳态时系统处于状态 m 的概率，即全部窗口都忙的概率，这一概率即是系统的时间阻塞率。时间阻塞率就是截止队长为 m 时的概率，即拒绝概率。

此状态下，系统全部窗口处于占用状态，不允许顾客再进入系统的时间占全部时间的比例。

定义 4.5 呼叫阻塞率　呼叫阻塞率为被拒绝的呼叫次数占总呼叫次数的百分比，即

$$p_c = \frac{被拒绝的呼叫次数}{呼叫总次数} \qquad (4\text{-}63)$$

呼叫阻塞率简称呼损。考虑用户数为有限值 N 的准随机呼叫，令 λ_0 为每个用户单位时间内平均呼叫次数，截止队长为 m。当 r 个用户已被接受排队服务时，到达率为 $(N-r)\lambda_0$，则呼叫阻塞率为

$$p_c = \frac{(N-r)\lambda_0 p_m}{\sum_{r=0}^{n}(N-r)\lambda_0 p_r} \qquad (4\text{-}64)$$

式中，分子是被阻塞的呼叫次数，分母是总呼叫次数。

p_m 相当于随机时刻观察系统处于状态 m 的概率；而 p_c 相当于顾客到达时刻观察系统处于状态 m 的概率。一般来说，由于阻塞时间内可能没有顾客到达，因此 $p_c \leqslant p_m$，而在纯随机呼叫情况下，即顾客以泊松流到达，则 $p_c = p_m$。

当 $N \to \infty$ 时，所有 r 与 N 相比可以忽略，且 $\lambda = \lim\limits_{N \to \infty} N\lambda_0$，则有

$$p_c = \frac{\lambda p_m}{\sum_{r=0}^{n}\lambda p_r} = p_m \qquad (4\text{-}65)$$

当 N 有限时，$p_c \leqslant p_m$；当 $N \gg m$ 时，p_c 与 p_m 差别不大。从统计测量上看，用 p_c 比用 p_m 方便。因而在 $N \gg m$ 时，工程上通常可不分辨 p_c 与 p_m，准随机呼叫可近似看作纯随机呼叫处理。

数据网络中数据包经过节点时要经历一段时间，它包括：交换时延、排队时延和服务时延，其中交换时延一般固定且较小，排队时延可变，排队时延和服务时延之和称为系统时间。对于一个由 N 个节点、M 条边组成的一个数据交换网络，任意端对端的呼叫量和数据包的到达率一般是已知的，如果能够知道任意端与端之间的呼损和时延，则可以计算网络的平均呼损和平均时延。

如果任意两点之间的呼叫量为 $A_{i,j}$（$1 \leqslant i, j \leqslant N$），它们之间的呼损为 $p_{i,j}$（$1 \leqslant i, j \leqslant N$），则

$$全网平均呼损 = \frac{\sum_{i<j} A_{i,j} p_{i,j}}{\sum_{i<j} A_{i,j}} \qquad (4\text{-}66)$$

如果任意两点之间的数据包到达率为 $\lambda_{i,j}$（$1 \leqslant i, j \leqslant N$），它们之间的时延为 $T_{i,j}$（$1 \leqslant i, j \leqslant N$），则

$$全网平均时延 = \frac{\sum_{i \neq j} \lambda_{i,j} T_{i,j}}{\sum_{i \neq j} \lambda_{i,j}} \qquad (4\text{-}67)$$

最后讨论通过量和信道利用率。

在所要求的呼叫中，有一部分被拒绝，其他的才通过网络。通常以单位时间内通过的业务量为通过量，即通过量为

$$T_r = A(1 - p_c) \tag{4-68}$$

其中，A 是呼叫量 λ / μ；p_c 是呼损。

若线路的容量为 C_r，则信道利用率为

$$\eta = \frac{T_r}{C_r} \tag{4-69}$$

若某线路可通 m 路电话，其容量可定为 m，则信道利用率相当于排队模型中窗口占用率或系统效率，即

$$\eta = \frac{A(1 - p_c)}{m} \tag{4-70}$$

如果通信网中具有 M 条边，则全网的通过量并不是各边通过量的和，因为有些信息流要经过几条边才能从源端到宿端。为了说明全网的通过量，应计算从各端进入网内而能到达宿端的呼叫量，即总通过量为

$$T = \sum_{r=1}^{n} A_r(1 - p_c) \tag{4-71}$$

其中，A_r 是从第 r 端进入网的呼叫量；n 是端的数目；而 p_c 是这些呼叫量在网中被阻塞的百分比。如果能够计算出这些指标，则可以为网络优化打下基础。

4.6.2　无限顾客源排队系统——爱尔兰（Erlang）系统

从终端到达交换系统的呼叫流，一种是无限话源，另一种是有限话源。无限话源可以用泊松过程来描述，系统比较简单，被称为爱尔兰系统。有限话源可以用纯生过程来描述，系统相对复杂，被称为恩格谢特系统。本节将研究爱尔兰系统。

1. $M/M/m/m$ 系统：m 个服务窗即时拒绝系统

在 $M/M/m$ 排队系统中，顾客的到达服从泊松分布，其到达率为 λ；每个服务窗中用户离开时间间隔服从指数分布，服务速率为 μ；服务窗有 m 个；顾客源中的顾客数无穷；允许的最大顾客数为 m；按先到先服务的规则。令系统中的用户数为 n，当 $n > m$ 时，系统服务的速率为 0；当 $n \leqslant m$ 时，系统服务的速率为 $n\mu$。此服务速率即是用户离开的速率。这个排队系统是一个特殊的生灭过程，其状态转移图如图 4-13 所示。

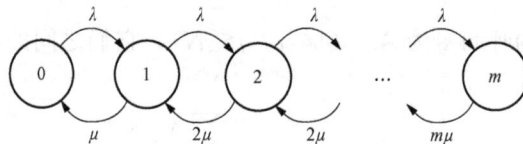

图 4-13　$M/M/m/m$ 排队系统状态转移图

该生灭过程的到达率和离去率分别为

$$\lambda_k = \begin{cases} \lambda & k = 0, 1, \cdots, m-1 \\ 0 & k \geqslant m \end{cases} \tag{4-72}$$

$$\mu_k = \begin{cases} k\mu & k = 0, 1, \cdots, m \\ 0 & k > m \end{cases} \tag{4-73}$$

根据生灭过程的稳态分布公式，易得

$$p_k = \frac{1}{k!} \left(\frac{\lambda}{\mu} \right)^k p_0, k = 0, 1, 2, \cdots, m \tag{4-74}$$

令 $a=\lambda/\mu$，其物理意义是到达交换机的总呼叫量。将 a 代入稳态分布表达式得

$$p_k = \frac{a^k}{k!}p_0, k=0,1,2,\cdots,m \tag{4-75}$$

利用

$$\sum_{k=0}^{m} p_k = \sum_{k=0}^{m} \frac{1}{k!}\left(\frac{\lambda}{\mu}\right)^k p_0 = 1$$

解得

$$p_0 = 1/\sum_{r=0}^{m} \frac{a^r}{r!} \tag{4-76}$$

进而得 $M/M/m/m$ 排队系统的稳态分布

$$p_k = \frac{a^k}{k!}/\sum_{r=0}^{m} \frac{a^r}{r!}, k=0,1,2,\cdots,m \tag{4-77}$$

对于即时拒绝电话交换系统，$M/M/m/m$ 的稳态分布表达式说明了系统有 m 条中继线，到达交换机的总呼叫量 a 给定时，稳定时系统处于状态 k 的概率。

特别，当 $k=m$ 时

$$B(m,a) = \frac{a^m}{m!}/\sum_{k=0}^{m} \frac{a^k}{k!}, a=\frac{\lambda}{\mu} \tag{4-78}$$

此即稳态时的呼叫阻塞率。这就是著名的爱尔兰 B 公式，由丹麦数学家 A. K. Erlang 在 1917 年得到。公式把 p_m 写成 $B(m,a)$ 的原因是突出呼损率的计算受到 m 和 a 的影响。虽然推导该公式时需要假设呼叫持续时间服从指数分布，但有人已经证明了该公式对服务时间的分布没有要求，对任意分布都成立。爱尔兰 B 公式中呼损率随着话务量的变化关系如图 4-14 所示。

到达交换机的总呼叫量 a 与交换机无关，并且会被拒绝一部分，它是一个无量纲的量，其单位是前面定义的呼叫量的单位 erl。我们可以通过下面的例题深刻理解 a 的意义。

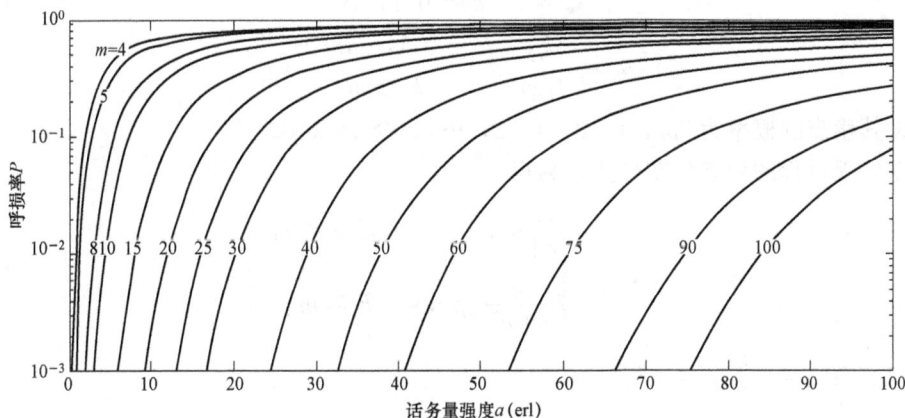

图 4-14 Erlang B 呼损曲线

【例 4.3】 计算 $M/M/m/m$ 排队系统通过的呼叫量。

解：通过的呼叫量是被占用的平均中继线数。考虑稳态分布时通过的呼叫量 a' 为

$$a' = \sum_{k=1}^{m} kp_k = \frac{\sum_{k=1}^{m} \dfrac{a^k}{(k-1)!}}{\sum_{k=0}^{m} \dfrac{a^k}{k!}} = a\,\frac{\sum_{k=0}^{m} \dfrac{a^k}{k!} - \dfrac{a^m}{m!}}{\sum_{k=0}^{m} \dfrac{a^k}{k!}} = a(1 - p_m) = a[1 - B(m,a)]$$

该式物理意义是：到达交换机的总呼叫量为 a，通过的呼叫量为 a'，拒绝的概率是 B $(m，a)$，被拒绝掉的呼叫量为 $a - a' = aB(m，a)$。被拒绝掉的呼叫量又称溢出呼叫量。每条中继线承载的呼叫量为

$$\eta = \frac{a'}{m}$$

η 表征了中继线的利用率或效率。

2. $M/M/m$ 系统：m 个服务窗等待制系统

$M/M/m$ 排队系统与 $M/M/m/m$ 系统的区别在于允许的最大顾客数为无穷，其余相同。针对电话交换，系统具有 m 条中继线，如果呼叫到来时系统中没有空闲中继线，呼叫不是拒绝，而是等待，直到得到服务。这个排队系统是一个特殊的生灭过程，其状态转移图如图 4 - 15 所示。

令系统中的用户数为 n，当 $n > m$ 时，系统服务的速率为 $m\mu$；当 $n \leqslant m$ 时，系统服务的速率为 $n\mu$。

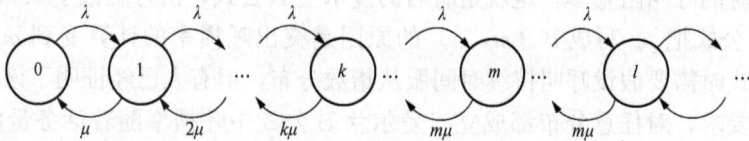

图 4 - 15　$M/M/m$ 排队系统状态转移图

该生灭过程的到达率和离去率分别为

$$\lambda_k = \lambda \quad k = 0,1,2,\cdots \tag{4-79}$$

$$\mu_k = \begin{cases} k\mu & k = 0,1,\cdots,m-1 \\ m\mu & k \geqslant m \end{cases} \tag{4-80}$$

假设其稳态的概率为 $\{p_k,\ k = 0，1，2，\cdots\}$，令 $a = \lambda/\mu$。

根据生灭过程的稳态分布公式，易得

$$p_k = \begin{cases} \dfrac{a^k}{k!}p_0, & 0 \leqslant k < m \\[3mm] \dfrac{a^k}{m!\,m^{k-m}}p_0, & k \geqslant m \end{cases} \tag{4-81}$$

利用概率归一性 $\sum\limits_{k=0}^{\infty} p_k = 1$ 得

$$\frac{1}{p_0} = \sum_{k=0}^{m-1} \frac{a^k}{k!} + \frac{a^m}{m!} \sum_{k=m}^{\infty} \left(\frac{a}{m}\right)^{k-m}$$

如果 $a < m$，则系统有稳定状态，解得

$$p_0 = \frac{1}{\sum\limits_{k=0}^{m-1} \dfrac{a^k}{k!} + \dfrac{a^m}{m!} \dfrac{1}{1 - a/m}} \tag{4-82}$$

以上两式给出了 $M/M/m$ 系统的稳态分布。

令 w 为呼叫需要等待的时间，现在计算等待时间大于 0 的概率 $p\{w>0\}$。

考虑呼叫到达的时刻，不计该呼叫，系统的状态分布为概率为 $\{\pi_k, k=0, 1, 2, \cdots\}$，一般说来，$\{\pi_k\}$ 与 $\{p_k\}$ 不同，但对于泊松过程，$\{\pi_k=p_k, k=0, 1, 2, \cdots\}$。

一个呼叫到来时，当系统处于状态 k（$k\geqslant m$）时，所有中继线都被占用，呼叫需等待，其概率为

$$p\{w>0\}=\sum_{k=m}^{\infty}\pi_k=\sum_{k=m}^{\infty}p_k=\sum_{k=m}^{\infty}\frac{a^k}{m!m^{k-m}}p_0$$

$$=\frac{a^m}{m!}p_0\sum_{k=m}^{\infty}\left(\frac{a}{m}\right)^{k-m}$$

$$=\frac{a^m}{m!}\frac{p_0}{1-a/m}, a<m$$

记为

$$C(m,a)=\frac{a^m}{m!}\frac{p_0}{1-a/m}, a<m \tag{4-83}$$

p_0 表达式在前面已给出。

这个公式一般称为爱尔兰 C 公式。它用来计算一个呼叫需要等待的概率。把 p_0 代入，该公式也可以写为

$$p[w>0]=\frac{a^m}{a^m+m!\left(1-\frac{a}{m}\right)\sum_{k=0}^{m-1}\frac{a^k}{k!}}$$

爱尔兰 C 公式中呼叫等待的概率与话务量强度的关系曲线如图 4-16 所示。

在 $a<m$ 条件下，系统有稳定状态，所有的呼叫不拒绝，通过量为 a，只不过有的需要等待。

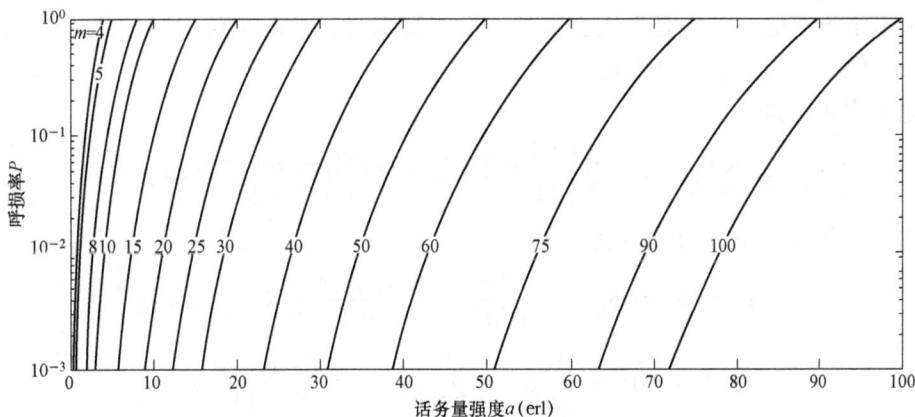

图 4-16　Erlang C 呼叫等待概率曲线

【例 4.4】　证明：在 $a<m$ 的条件下，$M/M/m$ 系统通过的呼叫量等于到达的呼叫量 a。

证明：$M/M/m$ 系统通过的呼叫量为

$$a' = \sum_{k=1}^{m-1} kp_k + m\sum_{k=m}^{\infty} p_k = \Big[\sum_{k=0}^{m-1} \frac{a^k p_0}{(k-1)!} + \sum_{k=m}^{\infty} m\frac{a^k p_0}{m! m^{k-m}}\Big] = a\sum_{k=0}^{m-2} \frac{a^k p_0}{k!} + \frac{a^m p_0}{(m-1)!}\frac{1}{1-(a/m)}$$

$$= a\Big[1 - \frac{a^{k-1} p_0}{(k-1)!} - \sum_{k=m}^{\infty} \frac{a^k p_0}{m! m^{k-m}}\Big] + \frac{a^m p_0}{(m-1)!}\frac{1}{1-(a/m)}$$

$$= a(1-p_{m-1}) - a\sum_{k=m}^{\infty} \frac{a^k p_0}{m! m^{k-m}} + \frac{a^m p_0}{(m-1)!}\frac{1}{1-(a/m)}$$

$$= a(1-p_{m-1}) - \frac{a^{m+1} p_0}{m!}\sum_{k=0}^{\infty} \frac{a^k}{m^k} + \frac{a^m p_0}{(m-1)!}\frac{1}{1-(a/m)}$$

$$= a(1-p_{m-1}) - \frac{p_0}{1-(a/m)}\frac{a^m}{(m-1)!} + \frac{p_0}{1-(a/m)}\frac{a^{m+1}}{m!}$$

$$= a(1-p_{m-1}) + \frac{p_0 a^m}{(m-1)!}$$

$$= a(1-p_{m-1}) - a\frac{a^{m-1} p_0}{(m-1)!}$$

$$= a$$

由稳态分布可得 $M/M/m$ 系统的如下性能指标。

(1) 平均队长 L_s、平均等待队长 L_q

$$L_s = \sum_{k=0}^{\infty} kp_k = \Big[\sum_{k=0}^{m-1} k\frac{a^k}{k!} + \sum_{k=m}^{\infty} k\frac{a^k}{m! m^{k-m}}\Big]p_0 \tag{4-84}$$

其中

$$\sum_{k=m}^{\infty} k\frac{a^k}{m! m^{k-m}} \overset{\rho=\frac{a}{m}}{=} \frac{m^m \rho}{m!}\sum_{k=m}^{\infty} k\rho^{k-1} = \frac{m^m \rho}{m!}\Big(\frac{\rho^m}{1-\rho}\Big)' = \frac{m^m \rho^m[\rho+m(1-\rho)]}{m!(1-\rho)^2}$$

这里 $\rho=\frac{\lambda}{m\mu}$，称为业务强度，其物理意义是每个窗口平均通过的呼叫量。

对于不拒绝系统，$\rho<1$ 是系统稳定的充分必要条件。此时单位时间内的到达人数小于离开人数，保证队长不会无限增大。

因此平均队长为

$$L_s = \sum_{k=0}^{\infty} kp_k = \Big\{\sum_{k=0}^{m-1} \frac{(\rho m)^k}{(k-1)!} + \frac{(\rho m)^m[\rho+m(1-\rho)]}{m!(1-\rho)^2}\Big\}p_0 \tag{4-85}$$

平均等待队长 L_q 的分布规律为

$$p\{L_q=k\} = p_{k+m} = \frac{a^{k+m}}{m! m^k}p_0 = \frac{m^m \rho^{k+m}}{m!}p_0, k=1,2,\cdots \tag{4-86}$$

$$p\{L_q=0\} = \sum_{k=0}^{m} p_k = \sum_{k=0}^{m} \frac{a^k}{k!}p_0 = \sum_{k=0}^{m} \frac{(\rho m)^k}{k!}p_0$$

从而得平均等待队长

$$L_q = \sum_{k=0}^{\infty} kp\{L_q=k\} = \frac{m^m \rho^{m+1} p_0}{m!}\sum_{k=1}^{\infty} k\rho^{k-1} = \frac{m^m \rho^{m+1} p_0}{m!}\Big(\frac{1}{1-\rho}\Big)' = \frac{m^m \rho^{m+1} p_0}{m!(1-\rho)^2}$$

$$= \frac{\rho p_m}{(1-\rho)^2} \tag{4-87}$$

平均占用服务窗口数

$$k = L_s - L_q = \left\{ \sum_{k=0}^{m-1} \frac{(p_m)^k}{(k-1)!} + \frac{(\rho m)^m [\rho + m(1-\rho)]}{m!\,(1-\rho)^2} \right\} p_0 - \frac{m^m \rho^{m+1} p_0}{m!\,(1-\rho)^2}$$

$$= \rho m \left[\sum_{k=0}^{m-2} \frac{(p_m)^k}{k!} + \frac{(\rho m)^{m-1}}{(m-1)!\,(1-\rho)} \right] p_0 \approx \rho m = a \qquad (4\text{-}88)$$

（2）平均等待时间

$$w = \frac{L_q}{\lambda} = \frac{\rho p_m}{\lambda\,(1-\rho)^2} = \frac{p_m a / m}{\lambda\,(1-\rho)^2} = \frac{p_m}{\mu m\,(1-\rho)^2} \qquad (4\text{-}89)$$

（3）顾客到达需要等待的概率

$$p\{w > 0\} = \sum_{k=m}^{\infty} p_k = \frac{m^m p_0}{m!} \sum_{k=m}^{\infty} \rho^k = \frac{p_m}{1-\rho} \qquad (4\text{-}90)$$

则顾客到达不需要等待的概率为

$$1 - p\{w > 0\} = 1 - \frac{p_m}{1-\rho} \qquad (4\text{-}91)$$

（4）下面研究等待概率 $p[w>0]$ 与所有呼叫的平均等待时间 W_q 的关系。

$$W_q = \sum_{k=m}^{n-1} \frac{k-m+1}{m\mu} p_k = \sum_{k=m}^{n-1} \frac{1}{m\mu} (k-m+1) \frac{m^m}{m!} \left(\frac{a}{m}\right)^k p_0$$

$$W_q = \frac{1}{m\mu} \left[\frac{m}{m-a} - \frac{(n-m)a^{n-m}}{m^{n-m} - a^{n-m}} \right] \cdot p[w>0]$$

当 $n \to \infty$ 时，则有

$$W_q = \frac{1}{\mu(m-a)} p[w>0] \qquad (4\text{-}92)$$

则排队呼叫的平均延迟 D 为

$$D = \frac{1}{\mu(m-a)} \qquad (4\text{-}93)$$

此时，拒绝概率 $P_n \to 0$。

被传送的最大呼叫量 m 几乎等于所加的呼叫量 a，即

$$\eta = \frac{a(1-P_c)}{m} = \frac{a(1-P_n)}{m} \to 1 \qquad (4\text{-}94)$$

由上面分析可见，在 $\eta \to 1$ 处，$W_q \to \infty$，$p[w>0] = \dfrac{a^m}{m!} \dfrac{m}{m-a} P_0$ 收敛为 1。

1）$\bar{\tau} = 1/\mu$：为一个呼叫的平均持续时间（一个呼叫的服务时间）。

2）$D = \dfrac{1}{\mu\,(m-a)} = \dfrac{\bar{\tau}}{m-a}$：为排队呼叫的平均延迟（不包括不排队的那部分呼叫）。

3）$W_q = \dfrac{1}{\mu\,(m-a)} p[w>0]$：呼叫的平均等待时间（对所有呼叫的平均）。显然，$W_q < D$。

（5）等待延迟时间大于 t 秒的条件概率 $p[w>t \mid w>0]$。排队呼叫的平均延迟为 D，则排队呼叫的平均离去率为 $1/D$。等待延迟时间大于 t 秒，意味着在 t 秒内没有排队呼叫被接续。故有

$$p[w>t \mid w>0] = \frac{(t/D)^k}{k!} \exp(-t/D) = \left. \frac{(t/D)^k}{k!} \exp(-t/D) \right|_{k=0}$$

$$= \exp[-\mu(m-a)t] = \exp[-(m-a)t/\bar{\tau}] \qquad (4\text{-}95)$$

（6）该系统的服务等级（GoS）：呼叫需等待 t 秒以上的概率 $p[w>t]$。如果呼叫到达

时没有空闲信道，则该呼叫被延迟，需等待 t 秒以上的概率，就等于呼叫等待概率和等待延迟时间大于 t 秒的条件概率的乘积。

故该服务系统的 GoS 为

$$p[w>t] = p[w>0]p[w>t \mid w>0]$$

将 $p[w>t \mid w>0]$ 代入，得

$$p[w>t] = p[w>0]p[w>t \mid w>0]$$

$$= \frac{a^m}{a^m + m!\left(1 - \dfrac{a}{m}\right) \displaystyle\sum_{k=0}^{m-1} \frac{a^k}{k!}} e^{-\mu(m-a)t} \tag{4-96}$$

【例 4.5】　在一个无线蜂窝系统内，有 60 个小区，每个小区有 20 个信道，每个用户的话务量强度为 0.05erl，平均每小时呼叫两次。该系统为呼叫等待概率为 5% 的 Erlang C 系统。求：

(1) 该系统可支持多少用户数？

(2) 一个被延迟的呼叫等待 10s 以上的概率？

(3) 一个呼叫被延迟 10s 以上的概率？

解：已知 $C = 20$ 个，呼叫等待概率 $P_w = 5\% = 0.05$。

每个用户的话务量强度为 $a_0 = 0.05$erl。

(1) 利用 Erlang C 公式可得：一个小区内的承载话务量强度 $=13$（erl）。

所以，一个小区内可支持的用户数为：$N_0 = 13/0.05 = 260$（个）。

则该系统可支持的总的用户数为：$N = 260 \times 60 = 15600$（个）。

(2) 已知：$\lambda = 2$ 次/h，每个用户的话务量强度为 $a_0 = 0.05$erl。

所以，呼叫的平均持续时间 $\bar{\tau} = a_0/\lambda = 0.05/2 = 0.025$（h）$= 90$（s）。

一个被延迟的呼叫等待 10s 以上的概率为

$$p[w>10 \mid w>0] = \exp[-(C-a)t/\bar{\tau}] = \exp[-(20-13)10/90] = 46\%$$

(3) 已知 $p[w>0] = 5\% = 0.05$，一个呼叫被延迟 10s 以上的概率为

$$p[w>10]$$

$$= p[w>0]p[w>10 \mid w>0] = 0.05 \times 46\% = 2.3\%$$

3. $M/M/m/n$ 排队系统（m 个服务窗混合制系统）

在 $M/M/m/n$ 排队系统中，顾客的到达服从泊松分布，其到达率为 λ；每个服务窗中用户离开时间间隔服从指数分布，服务速率为 μ；服务窗有 m 个；顾客源中的顾客数无穷；截止队长为 n；按先到先服务的规则。当呼叫到达系统时，如果有空闲的中继线，则立即得到服务；如果没有中继线，但系统中的顾客数小于 n，则等待；如果系统中的顾客数大于等于 n，则拒绝。其模型如图 4-17（a）所示。这个排队系统是一个特殊的生灭过程，其状态转移图如图 4-17（b）所示。

该生灭过程的到达率和离去率分别为

$$\lambda_k = \begin{cases} \lambda & 0 \leqslant k < n \\ 0 & k \geqslant n \end{cases} \tag{4-97}$$

$$\mu_k = \begin{cases} k\mu & 0 \leqslant k \leqslant m-1 \\ m\mu & m \leqslant k \leqslant n \\ 0 & k > n \end{cases} \tag{4-98}$$

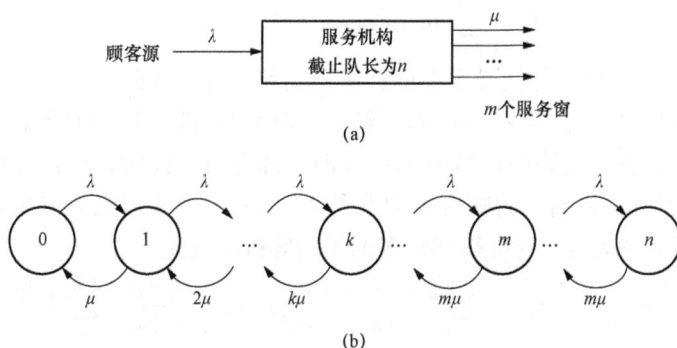

(a)

(b)

图 4-17　$M/M/m/n$ 排队系统

(a) $M/M/m$（n）排队系统模型；(b) 状态转移图

利用生灭过程的知识，易得其稳态时，处于各状态的概率。

$$p_k = \begin{cases} \dfrac{(m\rho)^k}{k!}P_0 & 0 \leqslant k \leqslant m \\[2mm] \dfrac{m^m}{m!}\rho^k P_0 & m \leqslant k \leqslant n \\[2mm] 0 & k > n \end{cases} \tag{4-99}$$

利用概率的归一性，易得

$$P_0 = \left[\sum_{k=0}^{m-1} \frac{(m\rho)^k}{k!} + \sum_{k=m}^{n} \frac{m^m}{m!}\rho^k\right]^{-1} = \left[\sum_{k=0}^{m-1} \frac{(m\rho)^k}{k!} + \frac{(m\rho)^m}{m!} \frac{1-\rho^{n-m+1}}{1-\rho}\right]^{-1} \tag{4-100}$$

其中 $\rho = \dfrac{\lambda}{m\mu}$，是业务强度。

对于 $M/M/m/n$ 系统，当 $m=1$ 时为单窗口延时拒绝系统；当 $m=1$，$n \to \infty$ 时变为 $M/M/1$ 系统；当 $m=n$ 时为多窗口即时拒绝系统；当 $m>1$，$n \to \infty$ 时为多窗口非拒绝系统。因此，上述所说的系统都是 $M/M/m/n$ 系统的特例。

$M/M/m/n$ 排队系统的主要性能指标如下：

(1) 平均队长 L_s。

$$\begin{aligned} L_s &= \sum_{k=0}^{n} kp_k = \sum_{k=0}^{m-1} k\frac{(m\rho)^k}{k!}p_0 + \sum_{k=m}^{n} k\frac{m^m}{m!}\rho^k p_0 \\ &= \left\{\sum_{k=1}^{m-1} \frac{(m\rho)^k}{(k-1)!} + \frac{(m\rho)^m}{m!} \frac{m-(m-1)\rho-(n+1)\rho^{n-m+1}+n\rho^{n-m+2}}{(1-\rho)^2}\right\}p_0 \end{aligned} \tag{4-101}$$

此处 p_0 为 $p_0 = \left[\sum\limits_{k=0}^{m-1} \dfrac{(m\rho)^k}{k!} + \dfrac{(m\rho)^k}{m!} \dfrac{(1-\rho^{n-m+1})}{(1-\rho)}\right]^{-1}$。

(2) 平均等待队长 L_q。当 $m \leqslant k < n$ 时，第 $k+1$ 个顾客到达时，需排队等待，此时，m 个顾客正在被服务，$k-m$ 个在等待。

$$\begin{aligned} L_q &= \sum_{k=m+1}^{n} (k-m)p_k = \sum_{k=m+1}^{n} kp_k - m\sum_{k=m+1}^{n} p_k \\ &= L_s - \left(\sum_{k=0}^{m} kp_k + m\sum_{k=m+1}^{n} p_k\right) = L_s - \bar{r} \end{aligned} \tag{4-102}$$

(3) 平均占用窗口数 $\bar{r}$。

$$\bar{r} = \sum_{k=0}^{m} kp_k + m\sum_{k=m+1}^{n} p_k = m\rho(1-P_n) = \frac{\lambda}{\mu}(1-p_n) = \frac{\lambda_e}{\mu} \tag{4-103}$$

其中 λ_e 为实际能够进入系统并接受服务的顾客到达率，即有效到达率。

（4）平均等待时间 W_q。当 $k<m$ 时，顾客不需要等待即可得到服务；当 $k \geq n$ 时，顾客被拒绝服务而离去，也无须等待；当 $m \leq k < n$ 时，才等待。此时，k 个顾客中，m 个正在被服务，$k-m$ 个在等待，新到达的顾客需要等待 $k-m+1$ 个顾客服务完毕后，才能被服务，由于每个窗口的服务率为 μ，则可得到顾客的平均等待时间是

$$W_q = \sum_{k=m}^{n-1} \frac{k-m+1}{m\mu} p_k = \sum_{k=m}^{n-1} \frac{k-m+1}{m\mu} \frac{m^m}{m!} \rho^k p_0 = \frac{m^m p_0}{m! m\mu} \sum_{k=m+1}^{n-1} \left(\frac{d\rho^{k+1}}{d\rho} - m\rho^k \right)$$

$$= \frac{m^m P_0}{m! m\mu} \cdot \frac{d}{d\rho} \left(\frac{\rho^{m+1} - \rho^{n+1}}{1-\rho} - m\frac{\rho^m - \rho^n}{1-\rho} \right)$$

$$= \frac{m^{m-1}\rho^m p_0}{m!\mu} \left(\frac{1-(n-m+1)\rho^{n-m}+(n-m)\rho^{n-m+1}}{(1-\rho)^2} \right) \tag{4-104}$$

（5）平均系统时间 W_s。系统时间是等待时间和服务时间之和。平均服务时间 $\bar{\tau}$ 为

$$\bar{\tau} = \frac{1}{\mu}(1-p_n) \tag{4-105}$$

注意，此处在计算 $\bar{\tau}$ 时，需要扣除掉被拒绝的顾客，因为其未被服务。其中 P_n 是拒绝的概率，其值为 $P_n = \frac{m^m \rho^n}{m!} p_0$。

$$W_s = W_q + \frac{1}{\mu}(1-p_n) \tag{4-106}$$

（6）系统效率 η。

$$\eta = \frac{\bar{r}}{m} = \frac{1}{m}m\rho(1-p_n) = \rho(1-p_n) = \frac{\lambda}{m\mu}(1-p_n) = \frac{\lambda_e}{m\mu} \tag{4-107}$$

（7）等待概率。

在稳态时，一个呼叫到来时，当系统处于状态 $k(k \geq n)$ 时，呼叫需等待，其概率为

$$p\{w>0\} = C_n(m,a) = \sum_{k=m}^{\infty} p_k = \frac{a^m}{m!} \frac{m}{m-a} \left[1-\left(\frac{a}{m}\right)^{n-m+1} \right] p_0 \tag{4-108}$$

当 $n \to \infty$ 时取极限得

$$\lim_{n\to\infty} C_n(m,a) = \frac{a^m}{m!} \frac{p_0}{1-a/m} = C(m,a) \tag{4-109}$$

这表明 $M/M/m$ 系统是 $M/M/m/n$ 系统的特例。

时间阻塞率为

$$p_n = B_n(m,a) = \frac{a^m}{m! m^{n-m}} p_0, a = \lambda/\mu$$

当 $n=m$ 时，有

$$B_n(m,a) = \frac{a^m}{m! m^{n-m}} p_0 = \frac{a^m}{m! m^{n-m}} \left\{ \sum_{k=0}^{m-1} \frac{a^k}{k!} + \frac{a^m}{m!} \frac{m}{m-a} \left[1-\left(\frac{a}{m}\right)^{n-m+1} \right] \right\}^{-1}$$

$$= \frac{a^m}{m!} \left\{ \sum_{k=0}^{m-1} \frac{a^k}{k!} + \frac{a^m}{m!} \right\}^{-1} = B(m,a) \tag{4-110}$$

$M/M/m/n$ 系统是混合制系统，根据用户到达时系统所处的状态，可以拒绝，也可以等待。n 值取 m 还是趋于无穷大，可分别得到 $M/M/m/m$ 及 $M/M/m$ 系统。

$M/M/m/n$ 排队系统的 Little 公式验证

平均队长　　　　　　$L_s = \sum_{k=0}^{n} kP_k = \sum_{k=0}^{m-1} k\,\frac{(m\rho)^k}{k!}P_0 + \sum_{k=m}^{n} k\,\frac{m^m}{m!}\rho^k P_0$

平均等待时间　　　　　　$W_q = \sum_{k=m+1}^{n-1} \frac{k-m+1}{m\mu}P_k$

平均服务时间　　　$\bar{\tau} = \frac{1}{\mu}\ (1-P_n) = \frac{1}{\mu}\Big[\sum_{k=0}^{m-1}\frac{(m\rho)^k}{k!} + \sum_{k=m}^{n-1}\frac{m^m}{m!}\rho^k\Big]P_0$

平均占用窗口数　　　$\bar{r} = \sum_{k=0}^{m} kP_k + m\sum_{k=m+1}^{n} P_k = m\rho\ (1-P_n)$

则有 $\lambda\bar{\tau} = \lambda\,\frac{1}{\mu}\ (1-P_n) = m\rho\ (1-P_n) = \bar{r}$，得以验证平均到达率与平均服务时间之积为平均服务窗口占用数目。

平均系统时间

$$W_s = W_q + \bar{\tau} = \sum_{k=m}^{n-1}\frac{k-m+1}{m\mu}\frac{m^m}{m!}\rho^k P_0 + \frac{1}{\mu}\Big[\sum_{k=0}^{m-1}\frac{(m\rho)^k}{k!} + \sum_{k=m}^{n-1}\frac{m^m}{m!}\rho^k\Big]P_0$$

$$\lambda W_s = \Big[\sum_{k=0}^{m-1}\frac{(m\rho)^{k+1}}{k!} + \sum_{k=m}^{n-1}\frac{m^m m}{m!}\rho^{k+1} + \sum_{k=m}^{n-1}\frac{(k-m+1)m^m}{m!}\rho^{k+1}\Big]P_0$$

$$= \Big[\sum_{k=0}^{m-1}\frac{(m\rho)^k}{(k-1)!} + \sum_{k=m}^{n}\frac{km^m}{m!}\rho^k\Big]P_0$$

$$= L_s$$

得以验证平均到达率与平均系统时间之积为平均队长。

（1）＊$M/M/m/n$ 系统在呼叫到达时刻序列的稳态分布 π_k。前面得到的 $M/M/m/n$ 系统的稳态分布 $\{p_k\}$（$0 \leqslant k \leqslant n$）实际上是稳态时在任意时刻随机观察系统得到的队长于 $N\ (t)$ 分布。现在考虑一些离散时刻 t_i，$i=1,\ 2,\ \cdots$，即呼叫到达的时刻序列，不考虑到来的呼叫，此时系统中呼叫数目的分布一般不同于 $\{p_k\}$，假设这个分布为 $\{\pi_k\}$。研究 $\{\pi_k\}$ 的目的是计算呼叫等待时间的分布。对于 $M/M/m/n$ 系统，π_n 就是呼损。

若系统的到达过程是一个一般的生灭过程，$N(t)$ 表示 t 时刻系统的状态（即队长），令 $p_j\ (t) = p\{N\ (t) = j\}$ 表示 t 时刻系统有 j 个呼叫的概率，$A(t,\ t+\Delta t)$ 表示在 $(t,\ t+\Delta t)$ 中到来一个呼叫这一事件，根据 $\{\pi_k\}$ 的定义，有

$$\pi_j(t) = p\{N(t) = j \mid \text{下一瞬间有呼叫到达}\}$$

即

$$\pi_j(t) = \lim_{\Delta t \to 0} p\{N(t) = j \mid A(t, t+\Delta t)\} \tag{4-111}$$

根据贝叶斯公式，有

$$\pi_j(t) = \lim_{\Delta t \to 0} p\{N(t) = j \mid A(t, t+\Delta t)\} = \lim_{\Delta t \to 0}\frac{p\{A(t, t+\Delta t) \mid N(t) = j\}p_j(t)}{\sum_{j=0}^{\infty} p\{A(t, t+\Delta t) \mid N(t) = j\}p_j(t)}$$

如果到达过程是一个一般生灭过程，则

$$p\{A(t, t+\Delta t) \mid N(t) = j\} = \lambda_j\Delta t + o(\Delta t)$$

因此有

$$\pi_j(t) = \lim_{\Delta t \to 0}\frac{[\lambda_j\Delta t + o(\Delta t)]p_j(t)}{\sum_{j=0}^{\infty}[\lambda_j\Delta t + o(\Delta t)]p_j(t)} \approx \frac{\lambda_j p_j(t)}{\sum_{j=0}^{\infty}\lambda_j p_j(t)} \tag{4-112}$$

对于一般的生灭过程，显然有 $p_j(t) \neq \pi_j(t)$。但是，如果到达过程为泊松过程，则对任意 j，都有 $\lambda_j(t) = \lambda$，因此有 $p_j(t) = \pi_j(t)$。

并且当 $t \to \infty$ 时，对任意的 j，有 $p_j = \pi_j$。

对于泊松过程，$\{\pi_k\}$ 与 $\{p_k\}$ 是一致的。在一般的排队系统分析中，另外一个经常用到的特殊时刻是呼叫服务完毕时刻序列，在这些时刻看到的系统排队长度（不包括正离开的呼叫）在 $M/G/1$ 的分析中具有重要的意义。

（2）$M/M/m/n$ 等待时间的分布。对于任意的 $t > 0$，现计算等待时间大于 t 的概率 $p\{w > t\}$，利用稳态分布 $\{\pi_k\}$ 有

$$p\{w > t\} = \sum_{k=0}^{m} \pi_k p_k\{w > t\} \tag{4-113}$$

其中，$p_k\{w > t\}$ 表示在呼叫到达时系统中有 k 个顾客时，等待时间大于 t 的概率。

$$p\{w > t\} = \sum_{k=0}^{n-1} \pi_k p_k\{w > t\} = \sum_{k=0}^{n-1} p_k p_k\{w > t\} = \sum_{k=m}^{n-1} p_k p_k\{w > t\} \tag{4-114}$$

其中第二个等号是因为 $\{\pi_k\}$ 与 $\{p_k\}$ 是一致的；第三个等号是因为呼叫到达时，如果状态满足 $0 \leqslant k \leqslant m-1$，则有空闲窗口，不用等待。

现在考虑需要等待的情形。如果满足 $k \geqslant m$，则呼叫到达时，已经有 k 个呼叫，其中 m 个正在接受服务，剩下 $k-m$ 个在等待。因为是先到先服务，所以在时间 t 内离开的呼叫数 $\leqslant k-m$ 这一事件与 $\{w > t\}$ 等价。又已知在有等待时，所有窗口占用，等待时间内输出过程是参数为 $m\mu$ 的泊松过程。则

$$p\{w > t\} = \sum_{i=0}^{k-m} \frac{(m\mu t)^i}{i!} e^{-m\mu t}, k \geqslant m \tag{4-115}$$

代入，有

$$
\begin{aligned}
p\{w > t\} &= \sum_{k=m}^{n-1} p_k \sum_{i=0}^{k-m} \frac{(m\mu t)^i}{i!} e^{-m\mu t} \\
&= \sum_{k=m}^{n-1} \frac{a^k}{m! m^{k-m}} p_0 \sum_{i=0}^{k-m} \frac{(m\mu t)^i}{i!} e^{-m\mu t} \\
&= \frac{p_0 m^m}{m!} e^{-m\mu t} \sum_{i=0}^{k-m} \frac{(m\mu t)^i}{i!} \sum_{k=m}^{n-1} \frac{a^k}{m^k} \\
&= \frac{p_0 m^m}{m!} e^{-m\mu t} \sum_{i=0}^{k-m} \frac{(m\mu t)^i}{i!} \frac{(a/m)^m [1-(a/m)^{n-m-1}]}{1-a/m} \\
&= e^{-m\mu t} \frac{a^m p_0}{m!} \frac{[1-(a/m)^{n-m-1}]}{1-a/m} \sum_{i=0}^{k-m} \frac{(m\mu t)^i}{i!}, k \geqslant m
\end{aligned}
\tag{4-116}
$$

对于一个排队系统，如果知道其稳态分布 $\{p_k\}$ 与等待时间 w 的分布，可以认为对它的稳态特性有了充分的描述。关于暂态分析，本书不进行研究。

*4.6.3　有限顾客源排队系统-恩格谢特（Engset）系统

前面讲述的是爱尔兰系统，在爱尔兰系统中，有无穷多个顾客，顾客到达率为 λ。而恩格谢特系统中，有 m 条中继线，系统的输入是 n 个同样的信源，其中 n 是个有限值，每个信源的输入是参数为 ν 的泊松过程，输入流的强度取决于空闲信源的个数，因此输入过程不再是平稳过程。恩格谢特系统如图 4-18 所示。

当 m 条中继线全部占用时，如果有新的呼叫到达，就拒绝该呼叫，这样的系统称为恩

格谢特拒绝系统；如果允许呼叫等待，则称为恩格谢特等待系统。

假设系统的中继线数目小于顾客源数目，即 $m<n$，每个呼叫的持续时间服从参数为 μ 的指数分布。下面研究恩格谢特拒绝系统，图 4-19 绘制了恩格谢特拒绝系统的状态转移图。

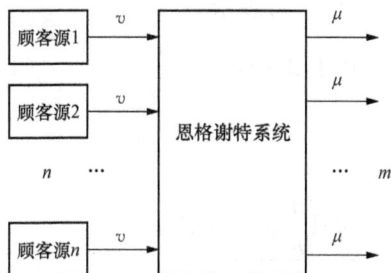

图 4-18　恩格谢特系统示意图　　　　　图 4-19　恩格谢特拒绝系统的状态转移图

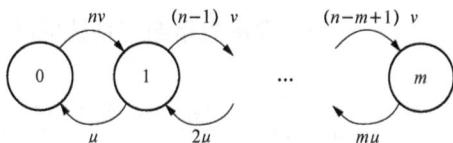

恩格谢特拒绝系统有 $m+1$ 个状态，它是一个生灭过程，各个状态的到达率和离去率分别为

$$\lambda_k = \begin{cases} (n-k)\nu & k=0,1,\cdots m-1 \\ 0 & k \geqslant m \end{cases} \tag{4-117}$$

$$\mu_k = \begin{cases} 0, & k=0 \\ k\mu, & k=1,2,\cdots,m \end{cases} \tag{4-118}$$

令 $a=\nu/\mu$ 表示一个空闲信源所平均流入的呼叫量，根据生灭过程的稳态分布公式，易得

$$p_k(n) = \binom{n}{k} a^k p_0(n), k=1,2,\cdots,m \tag{4-119}$$

利用稳态概率的归一性 $\sum\limits_{k=0}^{n} p_k = 1$，得

$$p_0(n) = \frac{1}{\sum\limits_{k=0}^{m} \binom{n}{k} a^k}$$

这就构成了恩格谢特拒绝系统的稳态分布。

当 $k=m$ 时

$$p_m(n) = \frac{\binom{n}{m} a^k}{\left[\sum\limits_{k=0}^{m} \binom{n}{k} a^k \right]}$$

表示系统的时间阻塞率。

令 $p=\dfrac{\alpha}{1+\alpha}$，则 $\alpha=\dfrac{p}{1-p}$ 代入上式，进而有

$$p_m(n) = \frac{\binom{n}{m} a^k}{\sum\limits_{k=0}^{m} \binom{n}{k} a^k} = \frac{\binom{n}{m} \left(\frac{p}{1-p}\right)^k}{\sum\limits_{k=0}^{m} \binom{n}{k} \left(\frac{p}{1-p}\right)^k} = \frac{\binom{n}{m} p^k (1-p)^{n-k}}{\sum\limits_{k=0}^{m} \binom{n}{k} p^k (1-p)^{n-k}} \tag{4-120}$$

可见，它依赖于信源的数目 n。当输入呼叫流是泊松过程时（这表明信源的数目无穷大）用爱尔兰系统分析；如果信源数目 n 较少，应该使用恩格谢特系统进行分析。

1. 恩格谢特拒绝系统的稳态分布 $\{\pi_k(n)\}$

$\{\pi_k(n)\}$ 是呼叫到来时，系统中有 k 个呼叫的概率。在输入是泊松过程时，这个分布 π_k 与 p_k 一致。在恩格谢特系统中，π_k 与 p_k 并不一致。$\pi_k(n)$ 可表示为

$$\pi_k(n) = \frac{(n-k)p_k(n)}{\sum\limits_{j=0}^{m}(n-j)p_j(n)}, k = 0,1,2,\cdots,m \tag{4-121}$$

当 $k=m$ 时，$\pi_m(n)$ 表示恩格谢特系统的呼损

$$\pi_m(n) = \frac{(n-m)p_m(n)}{\sum\limits_{j=0}^{m}(n-j)p_j(n)} = \frac{(n-m)\binom{n}{m}a^k p_0(n)}{\sum\limits_{j=0}^{m}(n-j)\binom{n}{j}a^j p_0(n)}$$

$$= \frac{\dfrac{(n-1)!}{m!(n-1-m)!}a^m}{\sum\limits_{j=0}^{m}\dfrac{(n-1)!}{j!(n-1-j)!}a^j} = \frac{\binom{n-1}{m}a^m}{\sum\limits_{j=0}^{m}\binom{n-1}{j}a^j} \tag{4-122}$$

此式称为恩格谢特呼损公式。它用于有限信源全利用度损失系统呼叫到达时刻呼损的计算。与爱尔兰呼损公式类似，它对呼叫持续时间的分布没有限制，任意分布都行。

经比较，易知

$$\pi_k(n) = p_k(n-1), \quad k = 0,1,\cdots,m \tag{4-123}$$

这再次说明，由于恩格谢特拒绝系统的到达过程不是泊松过程，π_k 与 p_k 并不一致。

2. 恩格谢特拒绝系统的到达呼叫量和通过呼叫量

假设恩格谢特拒绝系统中 $m<n$，到达呼叫量为 A，通过呼叫量为 A'。令 N 为系统中平均的呼叫数，根据通过呼叫量的定义，有

$$A' = N = \sum_{k=0}^{m}kp_k(n) \tag{4-124}$$

由于 $\pi_m(n)$ 表示系统的呼损，有

$$A' = A[1-\pi_m(n)] \tag{4-125}$$

又因为总信源的数目为 n，所以空闲的信源平均数为 $n-N$，到达的呼叫量为

$$A = (n-N)\frac{\nu}{\mu} = (n-N)a$$

把 N 值代入上式，得

$$A = (n-N)\frac{\nu}{\mu} = (n-A')a = \{n-A[1-\pi_m(n)]\}a \tag{4-126}$$

进而得 $A = \dfrac{na}{1+[1-\pi_m(n)]a}$，其中 $a = \dfrac{\nu}{\mu}$ 为每个空闲信源平均流入的呼叫强度。需要注意的是，到达恩格谢特拒绝系统的总呼叫量 A 不但与 n，a 有关，还与呼损 $\pi_m(n)$ 有关。通过恩格谢特拒绝系统的呼叫量为

$$A' = A[1-\pi_m(n)] = \frac{na[1-\pi_m(n)]}{1+[1-\pi_m(n)]a} \tag{4-127}$$

* 4.6.4　多业务分析

排队论一直是用来分析和评价通信网络系统性能的主要方法。因这种方法具有求解简单、费用低等特点，它在性能评价领域占有重要地位。对于不同的业务，可用不同的排队模型描述。通过对业务容量的分析，进而对多业务资源的需求进行合理地配置。

现在通信网的现状是多业务共存的情况，而前面讲述的 Erlang B 和 Erlang C 公式有其适用的局限性：其一，用户对资源的请求需满足泊松分布；其二，只适用于单业务的情况。

对于多业务的情况，就需要采用改进的方法来分析通信业务量。混合业务与单业务相比，最大的区别是不同业务的到达率和业务服务时间的多样化，以及对服务窗口数的需求不同。原来某个业务用一个窗口即可完成服务，现在新的业务可能需要两个或者更多的窗口才能完成。

例如，对于语音业务，业务到达时间间隔大致服从指数分布，同时其激活状态和静默状态都服从指数分布，可以用 $M/M/m/m$ 排队模型进行较为准确的描述。即假设业务的到达是一个无记忆过程，服务时间服从指数分布，服务窗口数量为 m，系统容量为 m。

而视频和数据业务因其不再服从上述语音业务的特征，且具有明显的多时间尺度特征和自相似特征，因此业务到达时间间隔大致服从重尾分布。

除此之外，根据不同业务的各自特性，可建成不同的模型。对于移动通信网络，3G/4G/5G 属于多业务混合的情况，不同业务的资源配置方案是需要关注的首要问题。在实际应用中，由于不同业务具有不同的行为模式和业务需求，每一种都对应不同的 QoS 类型标识，包括优先级、可接受丢包率和数据包时延等参数。在业务请求时，系统会根据不同业务的属性为其配置不同的承载属性，建立不同的数据承载。根据不同的业务特征采用不同的排队模型，可以分析无线网络业务不同方面的特性。

例如，在 3G/4G/5G 系统中，通信业务量的分析即容量估算是指在一定业务配置的前提下，使用某种方法估算支持这些业务所需要的站点规模（即小区数目）。

在对 3G/4G/5G 系统进行业务容量分析和资源配置时，一般可采用以下两种方法：

(1) 以某种业务作为参考基准业务，进行多业务资源需求的配置等效计算。比如以传统语音业务作为基准，设其业务资源强度为 1，根据不同业务相对于语音业务的资源强度来度量其他业务的资源需求情况。例如，假设以 12.2bit/s 的语音业务为基准业务，可以计算出 64kb/s 的数据业务的资源强度为 5.25。

(2) 将 3G/4G/5G 系统建模成一个多服务器形式，每一个服务器对应一个不同的有限容量的排队模型。对于语音、视频及数据等业务，根据其业务特征、优先级别和基本速率的不同进行不同的排队模型设置，分配到不同服务速率的服务器中进行处理。通过设置不同的参数分析网络服务质量，最后对业务容量做出分配。

基于第一种方法的常用的混合业务容量的估算方法主要有以下几种：

1. 等效爱尔兰法

等效爱尔兰法的基本原理：在处理多业务时，选择其中一种业务作为参考基准业务，将其他业务折算成基准业务，然后计算总业务量，再查 Erlang B 表进行计算，该方法是先合并业务量，之后再查 Erlang B 表。

该方法采用的参考基准不同，出来的结果也不同。如果以低速业务作为基准，算得的所需资源数少，那么投资就少；以高速业务作为基准，算得的所需资源数多，那么投资就大。

在实际应用中，应根据具体情况选择参考基准。

举例如下：假设语音业务需要 1 个信道资源/每个连接，其业务量为 150erl；数据业务需要 4 个信道资源/每个连接，其业务量为 60erl。试计算这两种业务共需的小区数目。

若采用语音业务作为基准业务来进行等效计算，则总业务等效为 $150+4\times60=390$erl 语音业务，若服务等级 GoS=2%，查 Erlang B 表，共需要 345 个语音信道。若单小区能提供 72 个语音信道，则为满足这两种业务共需要 345/72≈5 个小区。

若采用数据业务作为基准业务来进行等效计算，则总业务等效为 $150/4+60=97.5$erl 数据业务，若服务等级 GoS<2%，查 Erlang B 表，共需要 110 个数据信道（相当于 440 个语音信道）。若单小区能提供 18 个数据信道，则为满足这两种业务共需要 110/18≈7 个小区。

2. 后爱尔兰法

后爱尔兰法的基本原理：先分别计算每种业务满足容量要求所需要的信道资源数（先各自查 Erlang B 表），再将所需的各信道资源数等效相加，得出满足混合业务容量所需要的信道资源总数。该方法是先分别查 Erlang B 表，之后再合并业务量。

该方法估算结果相对保守，高估了所需的信道资源数，不能充分利用信道，总体效率低。

举例如下：假设语音业务需要 1 个信道资源/每个连接，其业务量为 150erl；数据业务需要 4 个信道/每个连接，其业务量为 60erl。试计算这两种业务共需的小区数目。

按 GoS=2%，分别查 Erlang B 表，语音业务需要 164 个语音信道，数据业务需要 71 个数据信道（相当于 $71\times4=284$ 个语音信道）。两种业务共需 $164+284=448$ 个语音信道。若单小区能提供 72 个语音信道，则为满足这两种业务共需要 448/72≈7 个小区。

3. 坎贝尔法

坎贝尔法的基本原理：以其中某一种业务作为参考基准业务，综合考虑所有的业务，构造一个等效的业务（又称为中间业务或虚拟业务），据此求出它的单小区等效业务量（虚拟业务量）及等效资源（虚拟信道数）需求，再查 Erlang B 表，然后得到混合业务的容量计算值。该方法比较好地计算出了接近真实的容量需求。

举例如下：假设语音业务需要 1 个信道资源/每个连接，其业务量为 150erl；数据业务需要 4 个信道/每个连接，其业务量为 60erl，GoS=2%，试计算这两种业务共需的小区数目。

计算过程如下：

（1）计算各种业务的资源强度。此处以语音业务作为基准业务。语音业务资源强度：1；数据业务资源强度：4。

（2）计算均值 m_E、方差 var_E 和容量因子 c。

$$m_E = \frac{1}{n}\sum_i A_i \times E_i = \frac{1}{n}(150+4\times60) = \frac{390}{n}$$

式中　n——所需的小区数目；

　　A_i——第 i 种业务的资源强度；

　　E_i——第 i 种业务的业务量。

$$\text{var}_E = \frac{1}{n}\sum_i A_i^2 \times E_i = \frac{1}{n}(150+4^2\times60) = \frac{1100}{n}$$

$$c = \frac{\mathrm{var}_E}{m_E} = \frac{110}{39}$$

（3）计算单小区的虚拟业务量和虚拟信道数。单小区的虚拟业务量。

$$虚拟业务量 = \frac{m_E}{c} = \frac{390 \times 39}{n \times 111} \approx \frac{137.03}{n}$$

单小区能提供 72 个语音信道，则以语音业务作为基准业务，计算单小区的虚拟信道数为

$$虚拟信道数\ c = \frac{C_i - A_i}{c} = \frac{72 - 1}{110/39} \approx 25$$

式中　C_i——作为基准业务的第 i 种业务的单小区信道总数。

（4）查 Erlang B 表，求得单小区的虚拟业务量和所需的小区数目。按照 GoS＝2%，查 Erlang B 表，得到单小区的虚拟业务量为 17.50，代入单小区虚拟业务量计算公式

$$虚拟业务量 = \frac{m_E}{c} = \frac{390 \times 39}{n \times 111} \approx \frac{137.03}{n} = 17.50$$

可得所需的小区数目＝$n \approx 8$。

4. 随机背包法

随机背包法（也称为多维 Erlang B 算法）源于 ATM 领域的容量分析。随后在其他分组交换网络中也得到了一定的应用。

随机背包法的基本原理：假定一个固定的信道容量，计算出在此条件下，多种业务的不同服务等级（GoS）需求是否都能满足。如果所有的业务的 GoS 需求都能满足，则该信道容量就已足够；如果某些业务的 GoS 需求无法满足，则需要增大信道容量，然后重复该过程，直到信道容量满足 GoS 需求。

不同的混合业务容量的估算方法的比较见表 4-1。

表 4-1　　　　　　　　　不同的混合业务容量的估算方法的比较

方法	特点	优点	缺点
等效爱尔兰法	先等效，再叠加，后查表	简单直接，易于应用	只适用于 CS 域；采用的参考基准不同，计算出的结果也不同，如以低速率业务为基准等效时，算得的所需资源数就较少
后爱尔兰法	先查表，再等效，后叠加	简单直接，易于应用	只适用于 CS 域，分开核算放弃了中继业务，高估了资源的需求
均贝尔法	在 CS 域、PS 域中分别利用 Erlang B 和 Erlang C 公式；寻找中间等效业务的方法	较为简单，易于应用；适用于 CS 域和 PS 域；预算结果适度；比较好地接近真实的容量需求	不能直接区分不同业务对 QoS 要求不同，公对业务做了 CS 域和 PS 域的区分；业务混合后，无法对不同业务的资源占用进行进一步的区别计算
随机背包法	通过解调门限和负载因子计算业务资源占用来间接表现不同业务对 QoS 的要求	适用于 CS 域和 PS 域；没用 ATM 网络流量计算和管道共享概念，分析不同 QoS 要求的分组数据的传输	ATM 中信道容量固定的前提与 3G/4G/5G 不符，需要改良；该算法信道共享的特点，潜在要求分组小的数据占用无线资源的概率大，使得算法并不能完全遵循不同业务的 QoS 要求；未体现不同业务的时延要求；计算量大，比较复杂

4.6.5 业务分析举例

通常，业务分析的步骤如下：

（1）规定模型：选择适当的排队模型与实际问题近似。若某排队模型与实际问题符合较好，可直接引用，否则做具体分析。

（2）定义状态：求解的关键。定义好状态随机变量，应便于计算，选多维变量时，应尽量减少维数。常见的状态变量是队长，占线数等。业务分析一般只涉及稳态，很少涉及暂态。

（3）列状态方程：先画状态转移图，注意马尔可夫性的利用。然后列方程：

$$某状态概率变化率＝进入该态概率－离开该态概率$$

（4）求解状态方程组：求解各目标参量，可得网的质量指标和有效性指标。

下面以一些典型系统为例进行业务分析。

1. 主备线即时拒绝系统

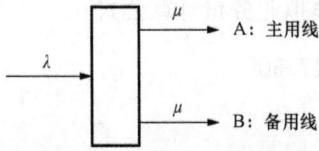

图 4-20 主备线即时拒绝系统图

【例 4.6】 在该系统中有两种输出线路：A 是主用线，B 是备用线，只有当 A 占用时才使用 B。设有无限用户，并且业务的到达和服务率分别是均值为 λ 和 μ 的指数分布，如图 4-20 所示。

求系统在稳态时的概率、主用线的阻塞率、备用线的阻塞率及系统的呼叫阻塞率。

解：

定义状态：

$$(a, b) = \{00, 01, 10, 11\}$$

二维矢量 (x, y) 为系统状态：

x 表示主用线 A 的状态。

y 表示备用线 B 的状态。

"0" 为空闲。

"1" 为占线。

画状态转移图，如图 4-21 所示。

列状态方程：

00：$\lambda p_{00} = \mu(p_{10} + p_{01})$。

01：$\mu p_{11} = (\lambda + \mu) p_{01}$。

11：$2\mu p_{11} = \lambda(p_{01} + p_{10})$。

10：$(\lambda + \mu) p_{10} = \lambda p_{00} + \mu p_{11}$。

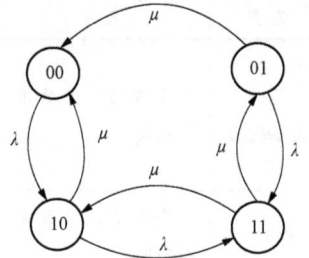

图 4-21 主备线即时拒绝
系统状态转移图

令 $\rho = \dfrac{\lambda}{\mu}$，并利用概率的归一化条件 $\sum\limits_{i,j=0} p_{ij} = 1$ 得

$$p_{00} = \frac{2}{2 + 2\rho + \rho^2} \quad p_{01} = \frac{\rho^2}{(1+\rho)(2 + 2\rho + \rho^2)}$$

$$p_{10} = \frac{\rho(2+\rho)}{(1+\rho)(2 + 2\rho + \rho^2)} \quad p_{11} = \frac{\rho^2}{2 + 2\rho + \rho^2}$$

主用线 A 处于状态 1 的概率 $p_{10} + p_{11}$，即是主用线 A 的阻塞率；

备用线 B 处于状态 1 的概率 $p_{01} + p_{11}$，即是备用线 B 的阻塞率；

主用线和备用线同时占用的概率 p_{11}，即是系统的呼叫阻塞率，即呼损。

2. 公用备线即时拒绝系统

【**例 4.7**】　两个独立的业务流分别输入系统 S_A 和 S_B，其呼叫到达率均为 λ，系统有三条输出线，其中 A 线和 B 线分别为 S_A 和 S_B 的专线，为主用线，C 为公共备用线，三条出线的服务率都是 μ。如图 4-22 所示。

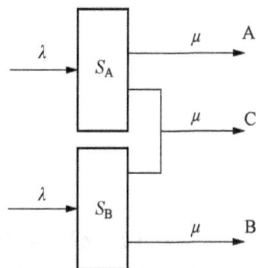

求该 S_A 的呼损率、S_B 的呼损率、系统的阻塞率及线路利用率。

解：这是一个具有三个窗口的排队系统，无法直接利用前面的结果。

图 4-22　公用备线即时拒绝系统图

定义状态：状态为三维矢量 (x, y, z)，分别表示 A、B、C 线的忙闲状况，其中"0"为空闲，"1"为占线。

画出系统的状态转移图，如图 4-23 所示。

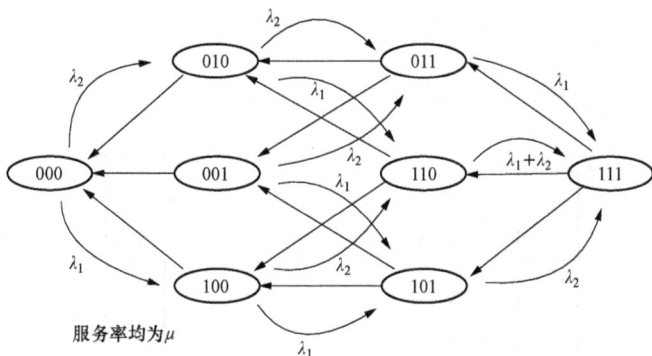

图 4-23　公用备线即时拒绝系统状态转移图

列状态方程

$$(\lambda_1 + \lambda_2)p_{000} = \mu(p_{010} + p_{001} + p_{100})$$

$$(\lambda_1 + \lambda_2 + \mu)p_{001} = \mu(p_{011} + p_{101})$$

$$(\lambda_1 + \lambda_2 + \mu)p_{010} = \lambda_2 p_{000} + \mu(p_{011} + p_{110})$$

$$(\lambda_1 + \lambda_2 + \mu)p_{100} = \lambda_1 p_{000} + \mu(p_{110} + p_{101})$$

$$(\lambda_1 + 2\mu)p_{011} = \lambda_2(p_{010} + p_{001}) + \mu p_{111}$$

$$(\lambda_1 + \lambda_2 + 2\mu)p_{110} = \lambda_1 p_{010} + \lambda_2 p_{100} + \mu p_{111}$$

$$(\lambda_2 + 2\mu)p_{101} = \lambda_1(p_{001} + p_{100}) + \mu p_{111}$$

$$3\mu p_{111} = \lambda_1 p_{011} + (\lambda_1 + \lambda_2)p_{110} + \lambda_2 p_{101}$$

令 $\rho = \dfrac{\lambda}{\mu}$，利用归一化条件：$\sum\limits_{i,j,k} p_{ijk} = 1$ 可解得

$$p_{000} = \frac{3 + 7\rho + 5\rho^2}{\Delta}$$

$$p_{001} = \frac{\rho^2(4\rho + 3)}{\Delta}$$

$$p_{010} = p_{100} = \frac{\rho(3 + 5.5\rho + 3\rho^2)}{\Delta}$$

$$p_{011} = p_{101} = \frac{\rho^2(4\rho+3)(0.5+\rho)}{\Delta}$$

$$p_{110} = \frac{\rho^2(2\rho+4\rho+3)}{\Delta}$$

$$p_{111} = \frac{\rho^3(4\rho^2+6\rho+3)}{\Delta}$$

式中 $\Delta = (1+\rho)(4\rho^4+12\rho^3+15\rho^2+10\rho+3)$；

S_A 呼损率——A，C 忙，$p_{c1}=p_{101}+p_{111}$；

S_B 呼损率——B，C 忙，$p_{c2}=p_{011}+p_{111}$。

$$p_{c1} = p_{c2} = \frac{\rho^2(8\rho^3+20\rho^2+16\rho+3)}{2\Delta}$$

系统阻塞率为：p_{111}。

线路利用率为：

$$\eta = \frac{1}{3}(p_{001}+p_{010}+p_{100}) + \frac{2}{3}(p_{011}+p_{110}+p_{101}) + p_{111}$$

$$= \frac{\rho}{3\Delta}(6+26\rho+47\rho^2+38\rho^3+12\rho^4)$$

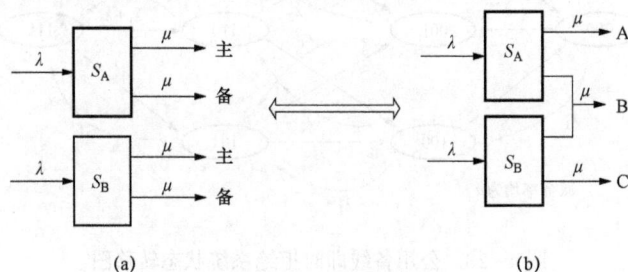

图 4-24 主备线即时拒绝系统与公用备线即时拒绝系统比较

（a）主备线系统；（b）公共备线系统

公用备线与两个主备系统的比较。图 4-24 绘出了主备线即时拒绝系统与公用备线即时拒绝系统，右图省一条备用线，现讨论省此线对呼损的影响，取 S_A 的呼损。

图 4-24（a）中 $p_c=\dfrac{\rho^2}{2+2\rho+\rho^2}$；图 4-24（b）中 $p'_c=\dfrac{\rho^2(8\rho^3+20\rho^2+16\rho+3)}{2\Delta}$。

1）当 $\rho=1$ 时，$p_c=0.2$，$p'_c=0.26$，公用备线系统呼损大，其原因是节省了一条输出线。

2）当 $\rho\ll1$ 时，呼叫量低，此时，在如图 4-24（a）中

$$p_c = \frac{\rho^2}{2+2\rho+\rho^2} = \frac{\rho^2}{2}\left(\frac{1}{1+\rho+\frac{\rho^2}{2}}\right) \approx \frac{\rho^2}{2}\cdot\frac{1}{1+\rho} \approx \frac{\rho^2}{2}(1-\rho)$$

在如图 4-24（b）中，$p'_c\approx\dfrac{\rho^2}{2}(1+\rho)$。可见，此时两都差别不大，公用线有好处，可以省一条线。

3）当 $\rho\gg1$ 时，呼叫量高，在图 4-24（a）中：

$$p_c = \frac{\rho^2}{2+2\rho+\rho^2} = \frac{1}{\dfrac{1}{\rho^2}+\dfrac{2}{\rho}+1} \doteq \frac{1}{1+\dfrac{2}{\rho}} \approx 1-\frac{2}{\rho}$$

图 4-24（b）中，$p'_c \approx 1-\dfrac{3}{2\rho}$ 二者呼损都相当高，且有 $p_c < p'_c$。

可见，在业务量很小的情况下，公用备线对呼损率影响甚小，此时公用备线系统可选用，因为省线；而在业务繁忙的情况下，采用公用备线需考虑呼损是否允许。

3. 两次排队的问题

在通信网络中，经常会遇到多次排队问题，下面以两次排队为例进行说明。

【例 4.8】　在某系统中，输入分组仍假设为泊松流，到达率为 λ 分组/s，每个分组数据的平均比特数为 a，分组首先送入队列 A，经处理后送入容量为 c_1 bit/s 的信道，然后送入队列 B，经处理后由容量为 c_2 bit/s 的信道输出。假设队列 A 和队列 B 的长度没有限制，即该系统是一个不拒绝系统，求数据包在该系统中的平均时延。

解：输入信息流为泊松流，到达率为 λ 分组/s，每分组的平均比特数为 a，且信息包到达间隔服从指数分布：$A(t)=\lambda e^{-\lambda t}$。

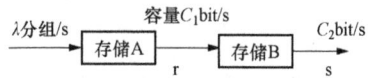

队列 A 和 B 不限制队长，即构成不拒绝系统，信道

图 4-25　两次排队原理图

c_1 的服务率 $\mu_1=\dfrac{c_1}{a}$，信道 c_2 的服务率 $\mu_2=\dfrac{c_2}{a}$。

1）设 r：c_1 线上排队长度（分组数），含正占线的分组；

2）s：c_2 线上排队长度（分组数），含正占线分组。

选择状态变量 (r,s)，做状态转移图，如图 4-26 所示。

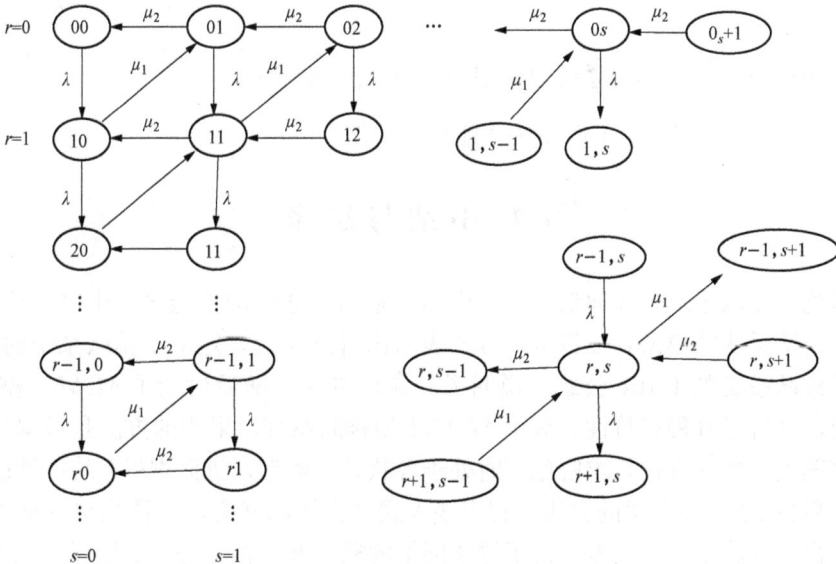

图 4-26　两次排队系统状态转移图

列状态方程

$$
\begin{cases}
r = s = 0: & \lambda p_{00} = \mu_2 p_{01} \\
s = 0: & (\lambda + \mu_1)p_{r0} = \lambda p_{r-1,0} + \mu_2 p_{r1} \\
r = 0: & (\lambda + \mu_2)p_{0s} = \mu_1 p_{1,s-1} + \mu_2 p_{0,s+1} \\
r > 0, s > 0: & (\mu_1 + \mu_2 + \lambda)p = \lambda p_{r-1,s} + \mu_2 p_{r,s+1} + \mu_1 p_{r+1,s-1}
\end{cases}
$$

利用归一化条件 $\qquad \sum\limits_{s=0}^{\infty}\sum\limits_{r=0}^{\infty} p_{rs} = 1$

令通解

$$
p_{rs} = p_{00} \cdot x^r \cdot y^s \qquad \Big\langle \begin{array}{l} \text{代入(1) 得 } y = \dfrac{\lambda}{\mu_2} \\[2mm] \text{代入(2) 得 } x = \dfrac{\lambda}{\mu_1} \end{array} \Big\rangle \qquad \therefore p_{rs} = p_{00} \cdot \rho_1^r \cdot \rho_2^s
$$

先求 p_{00}，利用归一化条件得

$$
1 = p_{00} \sum_{r=0}^{\infty} \rho_1^r \sum_{s=0}^{\infty} \rho_2^s = \frac{p_{00}}{(1-\rho_1)(1-\rho_2)} \rightarrow p_{00} = (1-\rho_1)(1-\rho_2)
$$

$$
p_{rs} = (1-\rho_1)(1-\rho_2)\rho_1^r \rho_2^s
$$

可见，r 和 s 是两个相互独立的随机变量，即两个排队过程相互独立。进而可求得平均队长为

$$
\bar{r} = \frac{\rho_1}{1-\rho_1}, \bar{s} = \frac{\rho_2}{1-\rho_2}
$$

因此，可求得该排队系统的性能指标。

数据分组系统中的总时间或平均时延是

$$
\frac{1}{\mu_1(1-\rho_1)} + \frac{1}{\mu_2(1-\rho_{21})} = \frac{1}{\mu_1 - \lambda} + \frac{1}{\mu_2 - \lambda} = \frac{1}{\dfrac{c_1}{a} - \lambda} + \frac{1}{\dfrac{c_2}{a} - \lambda}
$$

信道利用率为：ρ_1 和 ρ_2；系统总效率为：$\eta = \dfrac{1}{2}(\rho_1 + \rho_2)$。

当然，只有 $\rho_1 < 1$ 且 $\rho_2 < 1$ 时系统才能稳定工作。

4.7 小结与思考

本章讨论了排队论及其在通信网中的应用。它属于通信网性能分析中时延分析的范畴。首先给出了排队系统的模型，以符号的方式表示出排队系统，定义了排队系统的性能指标。然后讨论了排队系统的 Little 公式，说明了其应用方法。随后讨论了 $M/M/1$ 型和 $M/G/1$ 型排队系统，分析了其稳态特性。对于 $M/M/1$ 型排队系统，采用的方法是根据马尔可夫链的状态转移图列出平衡方程，求解稳态时处于各状态的概率，进而求得系统的性能指标；对于 $M/G/1$ 型排队系统，采用的方法是利用嵌入式马氏链的状态转移图列出平衡方程，解后求稳态解，得出性能指标。接着讨论了排队网络的概念及分析方法。最后详细说明了通信网业务分析的方法。其中包括无限顾客源排队系统及有限顾客源排队系统，并通过几个例子说明了通信网性能分析的具体方法。

习　题

4.1　设一个快餐店到达的顾客流服从泊松过程，到达速率为每分钟 5 人，顾客等待其快餐的时间为 5min，顾客在店内用餐的概率为 0.5，用餐的平均时间为 20min。求：快餐店的平均顾客数是多少？

4.2　试考虑一个流量调节器，它管理传输线缓冲区的消息到达。消息以指数分布的间隔到达时间到达，平均速率为 l。流量调节器作用如下：新到达消息的概率为 q 发送到传输缓冲区，否则阻塞新到达消息的概率为 $1-q$。平均传输时间呈指数分布，平均速率为 μ。试确定：一个合适的缓冲区模型；缓冲区的稳定条件；从消息到达缓冲区到其完全传输的平均延迟。

4.3　某多路复用器由一个缓冲区和一条传输线组成，消息以指数分布的间隔时间到达，消息的传输时间呈指数分布，平均值为 $E[X]=10$ ms。已知缓冲区空的概率为 $p_0=0.8$。试确定平均消息延迟。

4.4　某 PBX 交换机支持有 1000 个用户的电话，每个用户提供 30 毫 Erlang 的泊松流。求从 PBX 交换机到公共网络中央交换局的输出线路的数量 S，以保证小于等于 3％的呼叫阻塞概率；如果用户数量等于 1300 个，仍然需要 3％的阻塞概率，那么输出线数量的增加是多少？并将流量增加的百分比 $\Delta\rho$ ％与输出线路数量 ΔS ％的增加的百分比进行比较。

4.5　试考虑图 4-27 中的排队网络，求网络中所有队列的平均消息数、消息从输入到输出该排除网络的平均总延迟。

4.6　设分组以指数分布的间隔到达某传输消息的缓冲区，间隔平均值为 $E[X]$，消息的传输时间呈指数分布，其平均值为 $E[T]$，缓冲区采用了一种调节技术：当缓冲区中的消息数大于或等于 S 时，任何新到达的消息都可以被拒绝，概率为 $1-p$（队列管理，根据类似于随机早期丢弃的策略）。试建立该排队系统的模型、确定缓冲区的稳定性条件，并求新到达消息被阻塞和拒绝的概率。

4.7　设某网络节点为采用 $M/M/1$ 排队系统，平均每小时服务 30 份信息。

（1）设平均每小时到达 25 份信息，计算系统排队的平均队长。

（2）若将平均队长减少一份，服务时间减少多少？

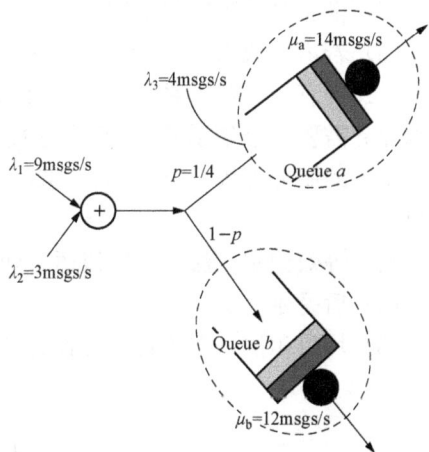

图 4-27　由两个队列组成的系统

4.8　假设在 100 条线的中继线群上，平均每小时发生 2100 次占用，平均占用时长为 1/30h。求该中继线群上的完成话务量强度。

4.9　已知某组设备的流入话务量是 2erl，呼叫的平均占用时长是 2min，求每小时的平均呼叫数。

4.10　在忙时测得三条中继线的占用时长分别为 300s、40min 和 0.8h，其相应的呼叫数分别为 3、18、20，试计算这三条中继线上的总话务量强度和呼叫的平均占用时长。

4.11　一个无线电链路存在冗余，采用四个并行发射机，要求发射机以泊松过程关闭（以进行维护），其时间间隔为 1 个月。维护人员平均需要 12h 来解决问题，有两名技术人员。试求：

（1）给出一个合适的系统模型；

（2）确定在任一时刻关闭的发射机数量的概率分布；

（3）得出没有发射机工作的概率。

4.12　设某移动通信系统中只有一个小区，每个用户平均每小时呼叫 2 次，每次呼叫平均持续 3min，系统的阻塞率为 1%。求：

（1）有 10 个信道时，系统支持的用户数；

（2）有 20 个信道时，系统支持的用户数；

（3）有 20 个信道时，如果系统中的用户数为（2）计算结果的两倍，计算此时的阻塞率。

4.13　有一阻塞呼叫清除系统，阻塞概率为 2%，$\lambda=1$ 次呼叫/小时，$\bar{\tau}=105\text{s}$。当分别有 4 个信道、20 个信时，请计算：

（1）该系统的最大系统业务容量和每个信道的业务容量；

（2）该系统能支持多少个用户？

4.14　考虑一个 $M/M/1/K$ 队列，当这个队列满时，一个新到来的顾客就不允许参与到队列中来而被拒绝。试求：

（1）稳态时该队列中顾客数的概率；

（2）稳态时系统内的平均顾客数；

（3）若窗口数为 N 且 $N<K$，重新计算稳态时系统内的平均顾客数。

4.15　有一多业务系统，语音业务需要 1 个信道资源/每个连接，其业务量为 150erl；数据业务需要 4 个信道资源/每个连接，其业务量为 100Erl；若单小区能提供 72 个语音信道，系统的服务等级 GoS=2%。求：分别采用以下三种方法，计算这两种业务共需的小区数目。

（1）等效爱尔兰法（分别以语音业务和数据业务作为基准业务）。

（2）后爱尔兰法。

（3）坎贝尔法（以语音业务作为基准业务）。

第 5 章 流量与拥塞控制

在通信网络中，流量控制与拥塞控制对于网络的正常运行至关重要。如果不对网络的流量进行控制，网络就有可能出现拥塞，其通过量急剧下降。

本章将介绍流量控制与拥塞控制的概念、拥塞控制的基本原理与控制机制，阐述窗口式流量控制技术、用于流量管理的漏斗算法和令牌漏斗算法。此外，本章还介绍了分组交换网络的拥塞控制机制和高级拥塞控制方法。

5.1 流量和拥塞控制概述

在计算机与通信网络中，链路的容量、节点中的缓冲区和处理机等都是网络的资源。用户通过共享资源来获取通信服务。在某段时间中，若用户的通信业务需求超过了某部分网络的资源承载能力，分组在网络中经历的时延将超过期望值，该部分网络进入拥塞状态。拥塞是数据通信网络的一个关键问题。拥塞现象是一个复杂的现象，也是拥塞控制的主题。拥塞会造成数据分组延迟和丢失，性能会下降。一般来说，当通过网络传输分组的数量开始接近网络分组处理容量时，就会发生拥塞。

为了理解拥塞控制所涉及的问题，需要回顾排队论的一些结果。实际上，数据网络是一个排队的网络。在每个节点（数据网络交换机、路由器）上，每个传出通道都有一个数据分组队列。如果数据分组到达和排队的速率超过了节点可以传输的速率，那么队列的大小就会无限制地增长，数据包所经历的延迟则趋于无穷大。即使分组到达速率小于传输速率，当到达速率接近传输速率时，队列长度也会急剧增长。当线路的利用率超过 80％ 时，队列长度将以惊人的速度增长。队列长度的增长说明数据分组在每个节点上所经历的延迟都会增加。此外，由于任何队列的大小都是有限的，因此随着队列长度的增长，最终队列必然溢出。

在某种程度上，通过增加缓冲器容量可以减少因缓冲器容量不足造成的分组丢失率。当某节点拥塞时，新到达的分组将被丢弃，这时，发送端因等待应答超时而进行一次甚至多次重发，因而增加了网络的负荷，使整个网络中各节点的缓冲器趋于饱和。

拥塞是由传输层发送到网络的流量造成的。拥塞在路由器上发生，因此在网络层能被检测到。控制拥塞是网络层和传输层的共同责任。

如果对网络的拥塞不加控制，拥塞会很快扩散，节点拥塞的蔓延效应也会导致网络的拥塞，使局部乃至整个网络性能恶化，进入拥塞甚至"死锁"状态。在死锁时，网络中几乎没有分组能够传送。随着网络负荷的激增，网络流量骤减，最后达到零值，网络进入死锁状态。

拥塞控制的目标是控制网络内的数据分组数量，以避免拥塞现象的发生，使性能不致急剧下降。

在分组交换数据网络中如何保证网络稳定运行，避免网络中某条链路、某个子网或整个网络发生拥挤和阻塞，即拥塞控制，是本章要讨论的问题。

5.2 拥 塞 控 制

5.2.1 拥塞的影响

考虑单个分组交换机或路由器的排队情况。任何节点都有多个 I/O 端口，以从多个节点或终端系统接收分组或将分组送到节点或终端系统。在每个端口上有两个缓冲区或队列，一个用于接收到达的数据包，另一个用于保存等待离开的数据包。

当数据分组到达时，它们都被存储在相应端口的输入缓冲区中。节点检查每个传入的数据分组，做出路由决定，将分组移动到适当的输出缓冲区。排队等待输出的数据分组被尽可能快地传输；这本质上属于统计时分复用。如果数据分组到达的速度太快，节点无法及时处理（做出路由决策），最终到达的数据分组将没有缓存可用。

当达到这样的饱和点时，一般采取两种策略。第一种是丢弃传入数据分组，另一种是对正在出现这些问题的节点的相邻节点进行某种流量控制，使流量保持在可接受的水平。

对于多个节点需要注意，网络中某一点上的拥塞可以快速地传播到整个区域或整个网络中。而流量控制是一个强大的工具，使用它可管理整个网络上的流量。

网络理想吞吐量性能如图 5-1 所示。该图绘出了通过网络的稳态总吞吐量随着提供的负载（源终端系统传输的分组数）的变化关系（以网络的最大理论吞吐量进行了归一化）。

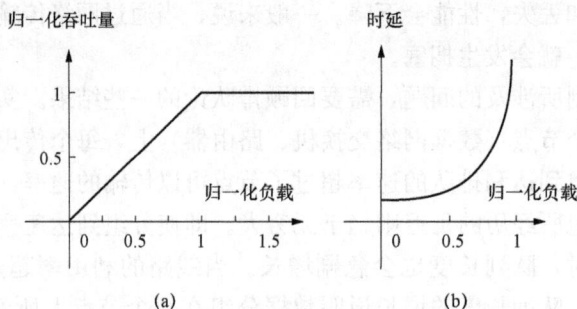

图 5-1 网络理想吞吐量性能

从网络时延随着提供的负载的变化趋势可以看出，在负载极小时，有一些小的恒定延迟，包括从源到目的地的传播延迟加上每个节点的处理延迟。随着网络负载的增加，每个节点上都有排队延迟。即使负载没有超过网络容量，延迟也会增加。其原因与每个节点的负载可变性有关。一旦负载接近网络容量，延迟就会急剧增加。

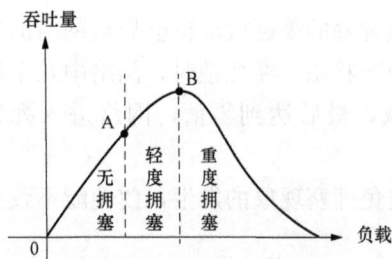

图 5-2 拥塞的不利影响

图 5-1 代表了所有流量和拥塞控制方案反映的理想情况的理想目标，假设有无限缓冲区，没有与拥塞控制相关的开销。但它无法实现，任何实用的拥塞控制方案都不能超过图 5-1 的目标。

在实际应用中，缓冲是有限的，拥塞导致缓冲区溢出。而控制拥塞需要消耗网络容量。图 5-2 大致描述了拥塞的不利影响。

在负荷较小时，吞吐量会随着所提供的负载的增加而增加。随着负载的持续增加，吞吐量达到 A 点。超过 A 点后，在达到 B 点前，网络吞吐量的增长速度就比提供负载的增加速度慢。这是由于网络进入了轻度拥塞状态。在该区域，尽管增加了延迟网络仍然能够应对负载。吞吐量偏离理想情况是由许多因素造成的。首先，负载在整个网络中分布不均匀，这将使一些节点会遭受严重的拥塞。其次，随着负载的增加，网络试图让数据分组通过较低拥塞的区域以平衡负载。因此在节点之间交换了大量的路由消息，以互相提醒拥塞区域；这种开销降低了数据包的可用容量。

随着网络负载的继续增加，各个节点的队列长度将继续增长，最终达到 B 点。超过 B 点后，吞吐量实际上会随着提供的负载的增加而下降，发生重度拥塞，其原因是每个节点上的缓冲区的大小有限。当一个节点上的缓冲区变满时，该节点必须丢弃数据包。因此，除了新的包之外，源还必须重新传输被丢弃的包。这只会使越来越多的数据包被重新传输，进而加大负载，加剧拥塞。节点不断清除积压，而用户则向节点重新注入旧数据包。此时，系统的有效容量下降到零。

5.2.2 网络数据流的控制技术分类

网络数据流的控制技术可以分为三类：流量控制、拥塞控制和死锁防止。它们有不同的目的和实施对象，而且各自在不同的范围和层次上实现。

1. 流量控制

流量控制是对网络上的两个节点之间的数据流量施加限制。它的主要目的是控制链路上的平均数据传输速率，以适应接收端本身的承载能力，避免过载。流量控制包括路径两端的端到端流量控制与链路两端的点到点流量控制。在不断发展的互联网环境中，高速节点与低速节点并存，这就需要通过流量控制来减少或避免分组的丢失及存储器的溢出，从而避免拥塞。

2. 拥塞控制

拥塞控制的目的是将网络内（或网络的部分区域内）的报文分组数目保持在某一量值之下，超过这一量值，分组的平均排队时延将急剧增加。因为分组交换网络实质上是一个排队网络，每个节点的输出链路端口都配置了一个排队队列，如果分组的到达速度超过或等于分组发送的速度，队列就会无限制地增加，致使分组平均传输时延趋于无穷大；如果进入网络的分组数目继续增加，节点缓冲器就会占满并溢出，造成一些分组的丢失。丢失将导致发端重发，这又增加了网络内流通的业务量，最终可能使所有节点缓冲器都被占满，所有的通路完全被阻塞，系统的吞吐量趋于零，这是灾难性的。

拥塞控制的任务就是避免这种灾难性事件的发生。所有拥塞控制技术的目的都是为了限制节点中的队列长度以避免网络过载。这类控制技术不可避免地会引入一些控制信息开销，因而实际效果不如理论上那么理想。

3. 死锁防止

网络拥塞到一定程度时，就会发生死锁现象。死锁发生的条件就是：处于同一个封闭环路上的所有节点，其相关链路缓冲器都被积压的报文分组所占满，从而该节点失去了所担负的存储转发能力。即使在网络轻负荷情况下，也可能出现死锁的现象。死锁防止技术旨在通过合理地设计网络使之免于发生死锁现象。

拥塞控制和流量控制的概念经常被混淆，实际上两者是有差异的。拥塞控制的目标是让通信子网能够传送所有待传送的数据，它的触发因素是网络交换节点的队列长度超过预设值，解决方案涉及网络的多个或所有终端、链路、路由器、涉及多个数据流，是一个全局性的问题。而流量控制的任务是确保不同接收能力的节点能够在同一网络中工作，即一个快速发送者不能以高于接收者可承受的速率来传输数据。流量控制的触发因素是资源的有限性，解决方案为控制发送者的数据传输速率，使其与接收者相匹配。流量控制涉及发送者与接收者。

5.2.3　流量和拥塞控制算法的设计准则

流量和拥塞控制算法的设计准则主要包括两方面：一是网络的吞吐量准则；二是业务流之间的公平性准则。吞吐量设计准则通过控制网络的吞吐量来逼近网络容量；公平性准则保障了业务流能够公平地共享网络资源。

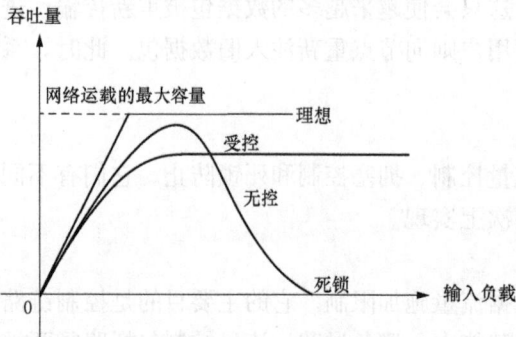

图 5 - 3　流量和拥塞控制的作用

流量和拥塞控制在网络中所起的作用可用图 5 - 3 描述。网络传输的分组速率是输入负载或递交给网络的分组速率的函数。在理想的情况下，如图中"理想"曲线所示：只要输入负载低于网络的容量，网络就会传送全部已递交的分组；当输入负载高于网络容量时，网络（仍是理想情况）会继续以最大容量传送分组。然而，在实际网络中，如果网络没有拥塞控制，则仅当输入负载低于某一定值时（与理想情况相比），网络才能传送全部输入负载；当输入负载超过这一定值时，网络的实际吞吐量与理想曲线开始分离；随着输入负载的进一步增加，无拥塞控制网络的吞吐量开始下降，实际传递的业务量随着输入网络业务量的增加而降低。在某种情况下，足够高的输入负载会导致死锁，即网络中没有或几乎没有成功传送分组。因此，流量与拥塞控制算法的设计准则之一就是如何逼近网络容量。

5.2.4　拥塞控制的基本原理

拥塞控制的基本原理是：寻找输入业务对网络资源的要求小于可用资源成立的条件。例如增加网络的某些可用资源（如输入业务繁忙时增加一些链路、增大链路的带宽、重构路由，使超载的业务量从其他路径分流），减少一些用户对某些资源的需求（如拒绝接受新的连接建立请求，要求用户减轻其负荷），这属于降低服务质量。

拥塞控制是一个动态控制的问题。从控制论的角度分类，可以分为两类：一类是开环控制，另一类是闭环控制。

1. 开环控制

开环控制方法就是预先评估网络可能的拥塞因素，设计相关的控制算法，避免网络拥塞。当网络进入运行状态后，不再更新控制算法与参数。因此，开环控制无法适应动态变化的网络业务需求。

开环控制并不依赖于反馈信息来响应拥塞。相反，开环控制基于一个原则，即网络性能保证已允许进入网络的所有流量。为了保证在接纳流的生命周期内的网络性能，开环控制依赖于三种机制：准入控制、流量监管和流量整形。

（1）准入控制。准入控制最初是为 ATM 等虚电路分组交换网络开发的，但也被用于数据报网络。ATM 中的准入控制在连接级别上运行，因此被称为连接准入控制（CAC）。只有当给定流的数据包遵循相同的路径时，数据报网络中的准入控制才有意义。准入控制实体是一个网络函数，它计算新流的资源（通常是带宽和缓冲区）需求，并确定流所经路径上的资源是否可用。因此，启动新流的源必须首先从准入控制实体获得许可，决定是接受还是拒绝该流。如果能够满足新流的 QoS 而不违反现有流的 QoS，则将接受该流，否则，将拒绝该流。QoS 可以用最大延迟、损失概率、延迟方差或其他性能度量来表示。为了确定流量的 QoS 是否能够得到满足，准入控制实体必须知道流量参数和流量的 QoS 要求，进而定义了流源与网络之间的合同。

　　流量参数以一种在 QoS 计算中易于量化的方式描述业务流。典型的流量参数包括峰值速率（以位/s 或 bit/s 为单位）、平均速率（bit/s 或字节/s）和最大突发大小（以位、字节或秒为单位）。峰值速率定义了源生成数据分组的最大速率。平均速率定义了源生成数据分组的平均速率。最大突发大小决定了在峰值速率下可以生成流量的最大时间长度。基于流量参数和 QoS 要求，准入控制实体计算必须为新流预留多少带宽。带宽的量通常位于平均速率和峰值速率之间，被称为流量的有效带宽。

　　（2）流量监管。一旦一个流被准入控制实体接受，只要源在流的生命周期内遵循其协商的流量参数，QoS 就会得到满足。

　　但是，如果源违反了合同，网络可能无法保持可接受的性能。为了防止源违反合同，网络可能需要持续监控流量。监控和强制执行业务流量的过程被称为监管。当流量违反合同约定时，网络可以选择丢弃或标记不合格的流量。标记本质上降低了不合格流量的优先级，因此只要有足够的网络资源，网络就可以携带不合格流量。当网络资源耗尽时，有标记的流量将首先被丢弃。

　　（3）流量整形。当源试图发送数据包时，它可能不知道它的流量的类型与规模。

　　如果源希望确保业务流量符合漏斗监管装置中指定的参数，则应首先改变业务流量。业务整形是指改变业务流量以确保一致性的过程。如图 5-4 所示，通常流量整形设备位于流量离开网络（出口节点）之前的节点上，而监管设备位于从另一个网络接收数据的节点（入口节点）上。大多数监管和流量整形设备的实现都是基于漏斗的概念，后文详述。

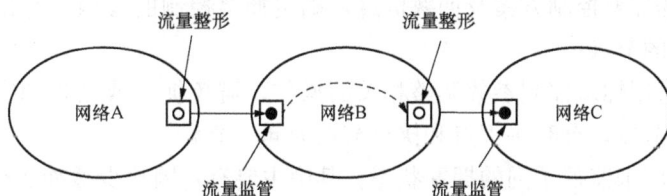

图 5-4　流量监管和流量整形装置的典型位置

2. 闭环控制

　　控制网络中的拥塞的主要目标是尽可能地提高链路利用率，同时防止由于拥塞而导致的缓冲区溢出。闭环控制机制依赖于反馈信息，根据网络状态的反馈信息来调节分组流速率，该反馈信息可能基于缓冲区内容、链路利用率或其他相关的拥塞信息。反馈信息的接收者通常依赖于负责控制的通信层。在 TCP/IP 环境中，控制是在传输层上实现的，因此反馈信息的接收者通常在源端。在 ATM 环境中，在 ATM 层上实现控制，因此反馈信息的接收者可以驻留在中间节点上。

（1）端到端与逐跳控制。通过端到端闭环控制，关于网络状态的反馈信息被传回源端，以调节分组流的速率。

反馈信息可以由检测到拥塞的节点直接转发，也可以首先将反馈信息转发到目的地，然后将信息传递到源，如图 5-5（a）所示。由于反馈信息的传输引入了一定的传播延迟，所以当源接收到该信息时，该信息可能不准确。

逐跳控制由于有较短的传播延迟，通常比端到端反应快得多。通过逐跳闭环控制，将网络的状态传播到上游节点，如图 5-5（b）所示。当一个节点检测到其输出链路上的拥塞时，可以告诉其上游邻居降低其传输速率。因此，如果传入速率超过输出传输速率，则上游邻居也可能在一段时间后经历拥塞。然后，这个节点告诉其上游邻居降低传输速率。这种从一个下游节点到另一个上游节点的"反压"过程可能会一直持续到源节点。

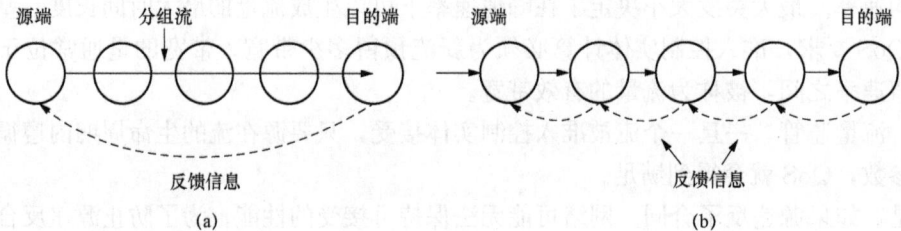

图 5-5　闭环控制
(a) 端到端；(b) 逐跳

（2）隐式反馈和显式反馈。反馈信息可以是隐式的，也可以是显式的。

通过显式反馈，检测拥塞的节点启动一个显式消息，最终到达通知网络中拥塞的源，详见后文。

闭环控制控制过程有以下几部分：

1）监测网络，收集网络信息，发现拥塞的发生时刻、发生地及缘由；

2）将拥塞信息传送到控制的决策点；

3）决策点依据拥塞控制方案及拥塞信息，确定拥塞控制的参数，并将拥塞控制参数传送至执行拥塞控制的节点；

4）执行节点依据拥塞控制参数调整相关的操作，避免拥塞或处理拥塞。有时拥塞监测点和决策点为同一节点，有时决策点和执行节点为同一节点。

有多种度量可用来监视子网的拥塞状态。其中主要有：因缺少缓冲区空间而丢失分组的比例，平均队列长度，超时和重发分组的数量，平均分组时延等等。这些因素数值上的增加意味着拥塞可能性的增加。

一般在监测到拥塞发生时，要将拥塞发生的信息（控制分组）传送到产生分组的信源，这增加了子网的负荷。另一种方法是在路由器转发的分组中保留一位或一个字段，用该比特或字段的值表示网络的状态（拥塞或没有拥塞），也可以由一些主机或路由器周期性地发送控制分组，以询问网络是否发生拥塞。此外，过于频繁地采取行动以缓和网络的拥塞也会使系统产生不稳定的振荡，但过于迟缓地采取行动又不具有任何实用的价值。因此，应采用某种折衷方法。

5.2.5　流量和拥塞控制所经历的层次

流量及拥塞控制可以出现在所有的协议层次上，不过主要还是在数据链路层、网络层和运输层。分段（逐跳）流控是数据链路层的功能，称为节点到节点之间的流控；端到端的流控主要在传输层，称为全局流控；拥塞控制则主要集中在网络层。

5.2.6　拥塞控制机制

在本节中，将介绍用来控制数据分组交换网络、互联网和私有网络中拥塞的各种技术。

1. 反压机制

反压机制的效果类似于流体流下管道。当管道末端关闭时，流体压力将回溯到管道原点，此时流动将停止（或减速）。反压机制可以根据链路或逻辑连接（例如虚电路）来实施。反压机制可以有选择地应用于逻辑连接，这样从一个节点到下一个节点的流只在某些连接上被限制或停止，即流量最大的连接。在这种情况下，限制流沿着到源的方向返回。

2. 抑制分组

抑制分组是控制拥堵的一种相对粗糙的技术。抑制分组是在拥塞节点上生成的控制包，它将被发送回源节点以限制通信流。路由器或目标终端系统都可以将此消息发送到源终端，要求它降低向互联网目的地发送流量的速率。源主机接收到该消息后，应该减少它向指定目的地发送流量的速率，直到不再接收到源抑制消息为止。路由器或主机必须丢弃 IP 数据报时，源抑制消息将发出。此外，当其缓冲区接近容量时，系统可以预测拥塞并发出源抑制消息。因此，接收源抑制消息并不意味着数据报无法交付。抑制分组的一个例子是 ICMP（因特网控制消息协议）源抑制数据包。

3. 显式拥塞信令

用户希望使用网络中尽可能多的可用容量，但以可控的和公平的方式对拥塞做出反应。这是显式拥塞避免技术的主要目的。一般来说，为了避免显式的拥塞，网络会向终端发出警告，提醒其注意网络内部出现的拥塞；终端系统则采取步骤以减少向网络提供的负载。

通常，显式的拥塞控制技术在面向连接的网络上运行，并控制各个连接上的数据分组流。显式拥塞信令方法可以工作在以下两个方向中之一：

（1）向后：通知源。在接收到的通知后，应启动与通知方向相反的流量的拥塞避免程序。它表示用户在此逻辑连接上传输的数据包可能会遇到拥挤。向后的信息要么通过改变要控制的源的数据包的报头中的位，要么通过向源发送单独的控制分组来传输。

（2）向前：通知用户应启动拥塞避免程序。它适用于与接收通知方向相同的流量。它表示此数据包在此逻辑连接上遇到了拥挤。该信息可以改变数据包中的特定比特或在单独的控制包中传输。在某些方案中，当终端系统接收到正向信号时，它沿着与源的逻辑连接相反的方向发送回声。在其他方案中，期望终端在更高的层（如 TCP）上对源端系统进行流量控制。

显式的拥塞信令方法可分为三类：

1）二进制方法：当信令由拥塞节点发出时，在数据包中设置一个比特。当源在逻辑连接上接收到拥塞的二进制指示时，则减少其业务流量。

2）基于信用（credits）：信用表示源可以传输多少字节或多少数据包。当信用耗尽时，源端必须等待额外的信用然后发送数据。基于信用的方案通过逻辑连接向源端提供确切的信用值。基于信用的流量控制（CBFC）是实现逐链路中每个虚电路流量控制的有效方式，工作流程如图 5-6 所示。

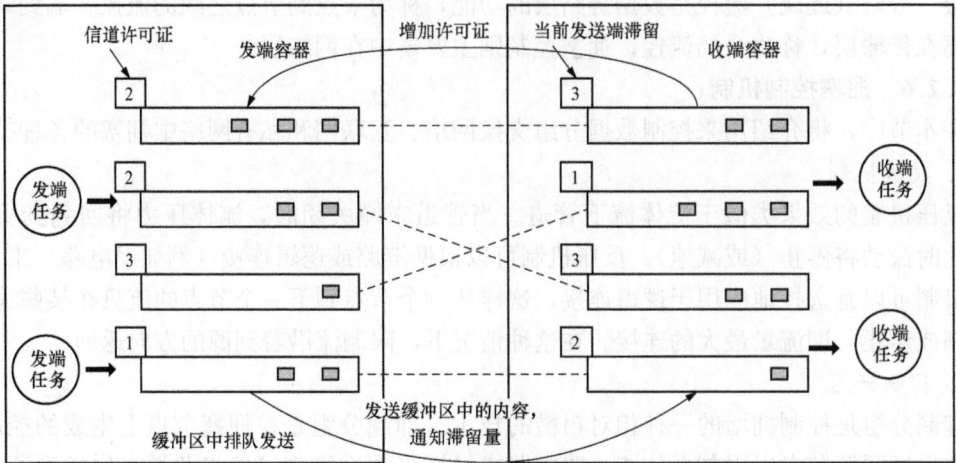

图 5-6　基于信用的流控原理

在通过连接发送数据之前，发送端需要收取接收端通过虚电路发送的信用值。在不同时期，接收端发送信用值到发送端，说明接收端可用的缓冲区大小。当接收到信用值后，发送端就按照信用值发送数据到接收端，每次发送端发送数据后，相应的信用值减少，这样可以有效减少失败重传造成网络阻塞。

在流处理中，可以运用该思路，在接收端有接收缓存区，在发送端发送数据时，接收端反馈缓存区大小所示。

在图 5-6 中，发送端的信道许可证是接收端缓冲器已占用量，接收端当前的发送端滞留说明发送端还有多少数据量，同时反压方式也可基于此来完成。

基于信用的方案在端到端流量控制中很常见。在端到端流量控制中，目的端使用信用值来防止源端溢出目的地缓冲区的情况出现。基于信用的方案在拥塞控制中也常被使用。

3）基于速率：该方案通过逻辑连接向源端提供显式的数据速率限制。源以设定的限制速率传输数据。为了控制拥塞，沿连接路径的任何节点都能够降低到源端的控制消息中的数据速率限制值。

ATM 网络中的闭环控制是显式消息的一个例子，每个源根据显式反馈信息逐步地调整其发送速率，该反馈信息记录在 ATM 信元头的比特（称为 EFCI 位）。当一个节点检测到即将发生的拥塞时，该节点将通过拥塞链路的数据单元的 EFCI 位设置为 1。接收这些 EFCI 位等于 1 的信元的目的地将向相应的源发送一条特殊消息，表明已检测到拥塞，并且源应该限制其传输速率。

4. 隐式拥塞信令

如果使用隐式反馈，则不会转发这样的显式消息。相反，源必须依赖一些信息来推断拥塞。一个例子是使用基于从目的地丢失的确认的超时来决定在网络中是否遇到了拥塞。

当网络拥塞发生时，可能会发生两件事：

（1）单个数据包从源到目的地的传输延迟增加，明显比固定的传播延迟长；

（2）数据包被丢弃。如果一个源能够检测到增加的延迟和数据包丢失，那么它可以得出网络拥塞的结论。如果所有的源都能检测到拥塞，并在拥塞的基础上减少流量，那么拥塞将得到缓解。因此，基于隐式信令的拥塞控制是终端的责任，不需要网络节点采取行动。

隐式拥塞信令是一种有效的拥塞控制技术，在无连接的数据包中，如数据报分组交换网络和基于 IP 的互联网，没有逻辑连接以调节流量。但是，在端与端之间，可以在 TCP 上建立逻辑连接。TCP 包括了用于确认 TCP 分段的接收以及调节 TCP 连接上源和目的端之间的数据流的机制。TCP 拥塞控制技术基于检测延迟的增加和分段丢失。

隐式信令也可以用于面向连接的网络。例如，在帧中继网络中，端到端的 LAPF 控制协议包括类似于 TCP 的流量和错误控制的机制。LAPF 控制能够检测丢失的帧，并相应地调整数据流。

5.3　流量和拥塞控制技术

流量和拥塞控制技术按执行流控和拥塞的方式可分为：集中式和分布式流量拥塞控制。在集中式控制方案中，网络中有一个特定的网控节点执行某种控制算法，为各个节点动态配置分组流量的分配值，然后将新的流量分配值传送给网络中的相关节点。而分布式控制方案则是将网络的拥塞与流量控制任务分配到若干个网络节点，这些节点控制其自身及网络中部分其他节点的业务流量。当拥塞发生时，拥塞控制节点如何调配数据流的流量有许多具体的实现方式，下面将着重讨论窗口式流量控制和漏斗式流量控制算法。

5.3.1　窗口式流量和拥塞控制概述

窗口式流控的思想类似于数据链路层的返回 n - ARQ 算法，在一个会话过程中，发端 S 在未得到接收端 T 的应答的情况下，最多可以发送 W（窗口大小）个消息、分组或字节。收端 T 收到后，向发端 S 回送一个许可（它既可以是应答，也可以是分配消息），S 收到许可后可发送新的数据。通过调整窗口 W 的大小可以动态调整发送节点的分组或字节的发送速率。下面首先介绍一下在窗口式流控中应该注意的问题，然后再集中讨论具体的窗口式流控算法。

1. 滑动窗口控制机制的建立

通信子网中的任意节点对之间都可能构成源/目的节点对。每一对源/目的节点对实际上就是一条虚拟的路径。若子网的节点数为 n，则一个节点可能与其他 $n-1$ 个节点结合，最多形成 $n-1$ 个源/目的节点对。如果在一个节点内为每一对源/目的节点对设置一个滑动窗口控制机构，那么这将使节点的控制机构变得相当复杂，占用许多的缓冲存储容量。减少这种复杂性的途径就是采用动态方法：在每个节点中只为当前通信业务的源/目的节点对设置窗口控制机构，并相应地分配缓冲区。可见，窗口控制机构应当随着每一条虚拟路径的建立而建立，这与为每一条数据链路建立一个滑动窗口控制机制是一样的。

2. 窗口宽度的确定

一个源节点可能与许多处于不同位置的节点构成源/目的节点对。如果源/目的节点对之间的距离比较远（比如经过多条链路或多个子网），那么端到端的时延就比较大，即在发送速率一定的情况下，从源节点发出一个分组到它收到应答这一期间内连续发出的分组数就会比较多。因此，为了有效地利用通信子网的传输能力，这时源/目的节点对之间的窗口宽度 W 就应当设置大点；相反，如果源/目的节点对之间的跳数比较少，窗口宽度则应当设置得小一点。可见，窗口宽度不能简单地设定为同样大小，它应当根据源/目的节点对之间的距离来设置。可以在每一个源节点内设置一张说明窗口宽度和节点距离关系的对应表。根据这种对应关系，动态选择合适的窗口宽度，以便建立起相适应的窗口控制机制。

理想的窗口宽度应当这样选择：源节点从发送第一个分组到收到目的节点对该分组的确认，源节点的窗口控制应该刚好发完窗口宽度允许的最后一个分组。这种情况下，源节点就能以最佳的速率不间断地发送分组。

3. 报文的重装

端到端流控功能中还包括目的节点进行报文重装的功能。当目的节点全部收完一个报文的所有分组后，才能着手重装报文，然后再提交给目的主机。这时，该源/目的节点对上的一个报文才算传输成功，目的节点给源节点返回一个确认应答。特别是当通信子网采用自适应型路由策略和采用数据报传输方式时，报文重装的功能尤其重要。在这两种情况下，源节点发出的报文分组可能沿不同的路径到达目的节点，这可能使分组到达的次序与发送次序不一致，因此必须在接收端重装。如果某一分组在传送过程中丢失，则目的节点无法将报文重装出来。此时，目的节点应在返回的应答中报告这一情况，源节点得知该情况后，应立即重发被丢弃的那个分组。基于此，源节点缓冲区中必须保留全部未应答的数据分组，以便在需要重传时使用。

5.3.2 窗口式流控技术

下面讨论具体的窗口式流控技术。

1. 端到端的窗口流控

为了便于讨论，做出如下定义：

（1）W：窗口大小，即流控窗口为 W 个分组，如果收端希望收到的分组序号为 k，则发端可以发送分组序号为 $k \sim (k+W-1)$ 的分组。

（2）d：分组传输的往返时延，它包括往返的传播时延、处理时延、分组传输时间、应答分组的传输时延。

（3）X：单个分组的传输时延。

图 5-7 描述了 d、X、W 之间的关系。

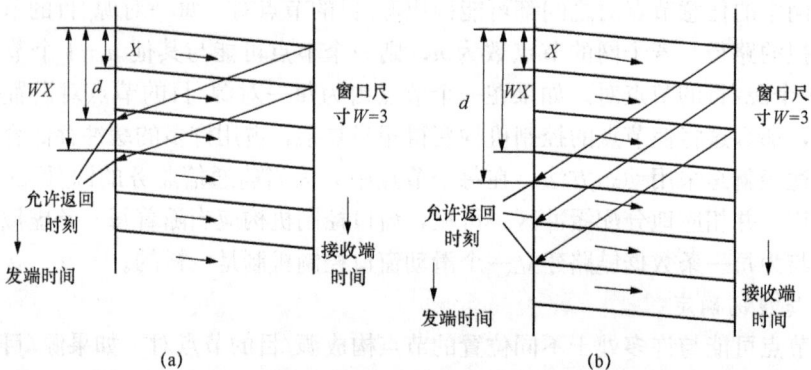

图 5-7 d、X、W 的相互关系
(a) $d \leqslant WX$ 的情况；(b) $d > WX$ 的情况

图 5-7（a）中，$d \leqslant WX$，则发端可以以 $1/X$（分组/s）的速率全速发送，流控不会被

激活。而在图 5-7（b）中，$d>WX$，在 d 时间内，最多只能传送 W 个分组，即分组传输的速率为 W/d（分组/s）。显然，对于给定的往返时间 d，最大的分组传输速率 r 为

$$r = \min\left\{\frac{1}{X}, \frac{W}{d}\right\}$$

其结果如图 5-8 所示。从图中可以看出，d 增加表明网络中的拥塞增加，这将导致分组传输速率 w/d 下降。如果 W 较小，则拥塞控制反应较快，即在 W 个分组内就会做出反应。这种以很小的开销获得的快速反应是窗口流控策略的主要优势之一。

端到端窗口流控的主要问题有：

（1）不能保证每一个会话的最小通信速率。

（2）窗口的大小需要合理设定。必须综合考虑每个会话的最大传输速率、传输时延、信道的最大传输能力、网络的拥塞等因素。

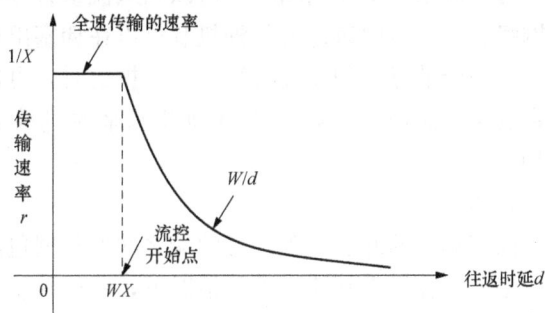

图 5-8　分组传输的往返时延与分组传输速率的关系曲线

（3）无法保障分组的时延。设网络中有 N 个活动的会话，各会话的窗口大小分别为 W_i，$i=1$，2，…，N，则在网络中流动的总分组数近似为 $\sum_{i=1}^{N} W_i$。令 λ 为各会话输入的总速率，则分组的平均时延可由 Little 公式求出：$T=\sum_{i=1}^{N}\frac{W_i}{\lambda}$。随着会话数 N 的增加，通过量 λ 受链路容量的限制接近常量，这时平均时延 T 将正比于窗口数目 N（或者是总窗口的大小）。因此，窗口方法不能把时延维持在适当的水平。

（4）端到端窗口流控在公平性方面较差。一个路径较长的会话，如果窗口较大，经过重负荷的链路时，等待的分组较多。而路径较短的会话，如果窗口较小，经过重负荷的链路时，等待的分组较少。这会导致长路径的会话得到较大比例的服务。

2．虚电路中逐跳窗口流控

虚电路中逐跳窗口流控是在虚电路经过的每个节点中保留 W 个分组的缓冲区。在该链路上的每一个节点都参与流控，每一条链路的窗口都为 W，每个接收分组的节点可以通过给发送节点减缓回送允许（应答）分组的方式来避免内存中积压太多的分组。在这种方式下，各个节点的窗口或缓冲区是相关的。假定虚电路经 $i-1 \to i \to i+1$ 等节点，当节点 i 的缓冲区满时，只有当节点 i 向节点 $i+1$ 发送一个分组后，节点 i 才可能向 $i-1$ 发送一个应答分组。这样就会导致 i 的上游节点 $i-1$ 缓冲区满，依次类推，最后导致源节点的缓冲区满。这样从拥塞节点缓冲区满返回到源节点缓冲区被填满的现象被称为反压机制，如前所述。

3．流控窗口的动态调整

为了能够适应网络的拥塞情况，可以动态调整窗口的大小，当发生拥塞时，自动减小窗口，以减缓拥塞的状态。实现的基本方法是：通过从拥塞点到源节点的反馈控制来实现。

方法一：当某节点感觉到拥塞时（即发现缓冲区短缺或队长过长），发送一个特殊分组给源节点。源节点收到后，减小其窗口，在一个适当的时间后，如果拥塞状态已缓解，源节

点再逐步增大它的窗口。

　　方法二：收集正常分组从源节点到达目的节点的拥塞信息，目的节点利用这些信息，通过一些控制分组来调整窗口的大小。

5.4　流　量　管　理

　　许多流量拥塞控制问题，可以列入流量管理的范畴。拥塞控制是指在高负载下有效地利用网络。上一节中讨论的各种机制可以在拥塞出现时应用，而不考虑受影响的特定源或目的端。当一个节点饱和并且必须丢弃数据包时，可以应用一些简单的规则，例如丢弃最近到达的数据包。然而，可以使用其他技术来改进控制技术和丢弃策略。在此简要介绍其中的几种。

　　1. 公平

　　随着拥塞的发展，源和目的端之间的数据包流将经历更多的延迟，以及更大的拥塞和数据包丢失。在没有其他要求的情况下，我们希望各种流量同样受到相同拥塞的影响。仅仅在丢弃最后到达的分组是不公平的。为了促进公平性，一个节点可以为每个逻辑连接或每个源—目标对维护一个单独的队列。如果所有队列缓冲区的长度相等，那么流量负载最高的队列将更频繁地丢弃，这样保证低流量的连接拥有公平的容量。

　　2. 服务质量

　　我们希望对不同的业务流量采用不同的处理。一些实时应用程序，如语音和视频，是对延迟敏感的，但对损失不敏感。而文件传输和电子邮件，时延不敏感，但损失敏感。还有一些方法，如交互式图形或交互式计算应用程序，对时延迟和损失都敏感。此外，不同的流量具有不同的优先级；例如，网络管理流量，特别是在拥塞或故障时，比应用业务流量更重要。

　　在业务拥堵的时期，必须区别对待具有不同要求的业务流量，并提供不同的服务质量（QoS）。例如，一个节点可能在同一队列中的低优先级数据包之前传输高优先级数据包，一个节点可能为不同的 QoS 级别维护不同的队列，并给不同级别的优先处理。

　　3. 预留

　　避免拥塞和为应用程序提供有保证的服务的一种方法是使用预留方案。该方案是 ATM 网络的一个组成部分。当建立逻辑连接时，网络和用户输入一个流量合同，指定了流量的数据速率和其他特征。只要业务流量在合同参数范围内，网络同意提供一个定义的 QoS；多余的流量要么被丢弃，要么以最大努力的方式处理，可能会被丢弃。如果网络资源不足，当前有尚未完成的预订，那么新的预订将被拒绝。基于 IP 的互联网有一种类似的资源预留方案（RSVP）。

　　预留计划的一个方面是流量监管。网络中的一个节点，通常是终端系统连接的节点，它监控特定的流，并将其与流量合同进行比较。多余的流量或者被丢弃，或标记，以表示它容易被丢弃或延迟。

　　4. 流量整形和流量监管

　　管理网络的两个重要工具是流量整形和流量监管。

　　（1）分组聚集会导致缓冲区占用波动。流量整形旨在通过减少分组聚集来平滑业务流量。本质上，如果交换机上某个通道、逻辑连接或流上的输入是突发的，经业务整形后，输出分组流则更加规则。流量整形能够调整数据传输的平均速率（以及突发性）。

与之相比，前面讨论的滑动窗口协议只是限制了一次能够传送数据的数量，而非传输的速率。当在虚电路网络中应用流量整形算法时，在虚电路建立阶段，用户与子网之间共同协调一个关于该电路的业务流模型，只要用户按照协调的业务流模型发送分组，子网将确保按时传送这些分组。业务流模型的协调虽然对文件传输不是很重要，但对实时数据（如音频和视频传输）却很重要，因为这些实时业务不能容忍拥塞的出现。当子网同意某一业务流模型的用户接入后，子网要对该用户的业务流进行监视，以确保守法用户的传输，限制违约用户的传输。流量整形算法的思想同样适用于数据报网络。

（2）流量监管对符合和不符合 QoS 协议的传入数据包进行区分。不符合要求的数据包可以按以下方式之一进行处理：①与其他输出队列中的数据包相比，赋予数据包的优先级更低；② 通过在报头中设置适当的位，将数据包标记为不符合标准的位，如果发生拥塞，下游交换机可能会降低不符合要求的分组的优先级；③ 丢弃该数据包。

本质上，流量整形关注的是离开交换机的业务，流量监管是进入交换机的业务。可用于流量整形或流量监管的两种重要技术是漏斗算法和令牌漏斗算法。

该方案的基本思想是，如果有一个分组的积压和一个空的漏斗，那么分组以恒定速率的平稳流发出，直到积压分组被清除。因此，漏斗平滑了业务的突发。在长期运行中，令牌漏斗所允许的数据速率是 R。但是，如果有一个空闲或相对较慢的周期，漏斗的容量就会累积起来，因此可以接受高于规定速率的额外 B 字节。因此，B 是对所允许的数据流的突发性程度的度量。

5.4.1 漏斗算法

以生活中的一个例子来看基于业务整形的流量控制算法。假设有一个漏斗，如图 5-7（a）所示。不管注入水的流量如何，只要漏斗中有水，漏斗将以恒定的速率向外流水。而且当漏斗装满水后，如果还向其注水，将导致溢出。只有当漏斗为空时，输出的速率才为 0。这种思想也可以应用到分组传输的过程中，漏斗算法在异步传输模式（ATM）规范和ITU-T H.261 标准中使用，用于数字视频编码和传输。

从概念上讲，每台主机都可以通过一个类似于漏斗的接口与网络相连，即漏斗是一个容量有限的内部队列。当分组到达队列时，如果队列满，则分组将被丢弃，只要队列的长度不为零，分组应以恒定的速率进入网络。

漏斗算法的基本原理如图 5-9（b）所示。该算法需要一个计数器，在计数器中保持发送的数据的累计量。计数器相当于以速率 1 泄漏的漏斗，单位时间内以恒定速率减少一个单位，直到最小值零。I 是分组的大小，每个分组到达后，计数器增加 I，漏斗的大小 L，任何使计数器超过其最大值的到达分组被定义为不符合分组，直接拒绝。实际上，这种策略将用户产生的非平稳的分组流变成了一个平稳的分组流，从而平滑了用户数据分组的突发性，进而大大降低了拥塞的机会。该算法是由 Turner（1986）提出来的，被称为漏斗算法。

漏斗算法有两种实现方式：一种是针对分组长度固定的情况（如 ATM 信元）；另一种是针对分组长度可变的情况。当分组长度固定时，每隔一个固定的时间间隔，漏斗算法会输出一个分组。当分组长度可变时，每隔一个固定的时间间隔，漏斗算法会输出固定数目的字

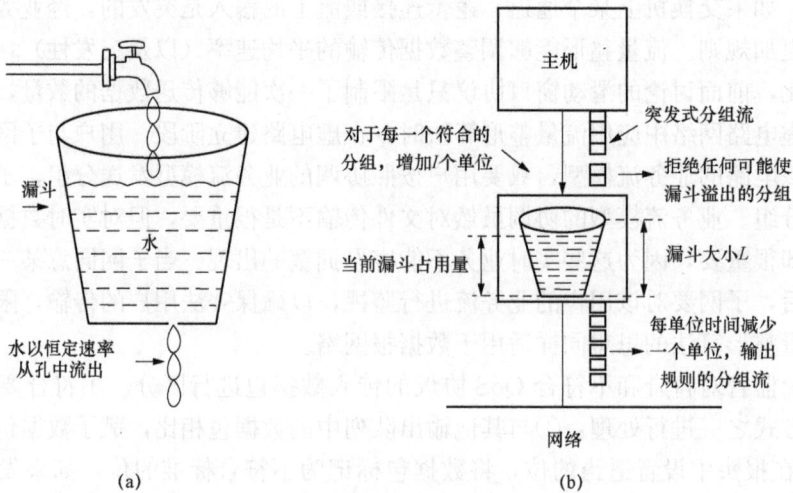

图 5-9　漏斗算法
(a) 一个装水的漏斗；(b) 一个分组的漏斗模型

节。如果漏斗算法每次可输出 1024 字节，则意味着每次可输出两个 512 字节的分组或 4 个 256 字节的分组。假设每次输出的最大字节数为 n，如果队列中的第一个分组长度 $l < n$，则该分组将被送入网络；如果队列中的第 2 个及后面若干个分组的长度之和小于 $n - l$，则这些分组都可以在这一次中发送。如果某一分组长度满足 $l > n$，$kn \leqslant l \leqslant (k+1) n$，则该分组必须用 $k+1$ 个时间间隔来传输，才能保证每个间隔输出的平均字节数小于规定的数值。

漏斗算法通过流量整形改变了分组进入网络的速率，使网络易于管理。当网络有可能进入拥塞状态时，网络控制节点可以通过调节各漏斗的输出速率，达到避免拥塞和控制拥塞的目的。

5.4.2　令牌漏斗算法

前面讨论的漏斗算法总是强迫节点的输出能够保持一个固定的平均速率，但有时我们希望输出的业务流也有一定突发性。通常，在很多应用环境中，当较大的突发业务到来时，希望输出可以相应的加快一些。尤其是当网络有空闲资源时，希望突发业务迅速通过，为后续业务腾出网络资源。因此，人们提出了令牌漏斗算法。令牌漏斗是一个广泛使用的流量管理工具。令牌漏斗方案中，接收方有期望的峰值和平均流量负载的值，它能使发送方实现流量监管。

在令牌漏斗算法中，漏斗中保留的不再是数据分组，而是令牌。系统每隔 ΔT 个时间单位产生一个令牌，并送入漏斗。当漏斗满时，产生的新令牌将被丢弃。

令牌漏斗流量规范由两个参数组成：令牌补充速率 R、漏斗大小 B。令牌速率 R 指定可维持数据速率的时间；即在相对较长的时间内，此流支持的平均数据速率为 R。漏斗大小 B 指定在短时间内数据速率可以超过 R 的量。具体情况如下：在任何时间段 T 内，发送的数据量都不能超过 $RT + B$。

图 5-10 说明了这个方案，并解释了漏斗的使用。漏斗表示一个计数器，它表示在任何时候都可以允许发送数据量。漏斗以 R 的速率（计数器每秒增加 R 次）填充令牌，直到漏斗容量（达到最大计数器值）。数据从用户那里到达，并被组装成数据包，然后排队等待传

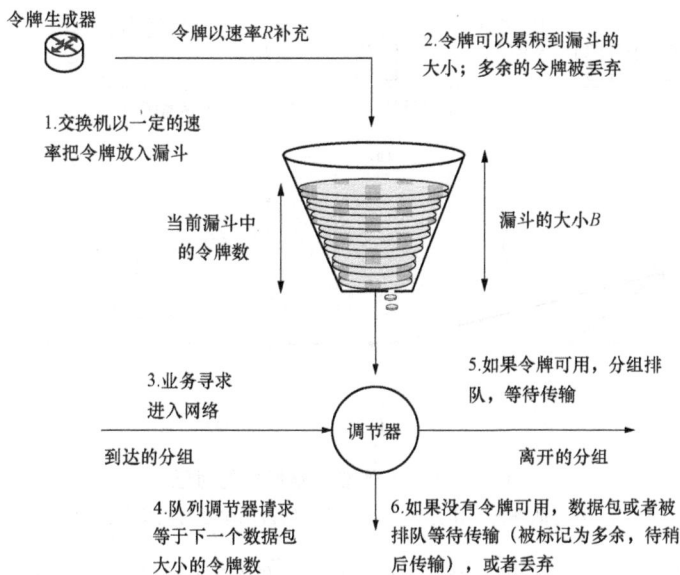

图 5-10　令牌漏斗方案

输。如果有足够的令牌来匹配包的大小，则可以传输一个分组，漏斗排出相应数量的令牌。如果可用令牌不足，则数据分组超过了此流的规范，对这类数据包的处理包括：

（1）对数据包进行排队，直到有足够的令牌可用，然后传输。

（2）将传输的包排队，直到有足够的令牌可用，但将包标记为超过阈值。

（3）丢弃该数据包。

最后一个选项通常不用于令牌漏斗。令牌漏斗通常用于流量整形，而不是流量监管。

QoS 保证和服务调度举例分析：

分组交换网络中的交换机和路由器使用缓冲区来吸收流量的短时波动。在缓冲区中等待的数据包可以以多种方式被调度，传输出去。在本节中，我们将讨论如何保证跨网络的数据包延迟小于给定的值。该技术利用了一个令牌漏斗整形器和加权公平排队调度方法。

设 B 为以字节为单位的漏斗的大小，r 为以字节/s 为单位的令牌速率。然后在时间段 T 内，可以送出流量整形器的最大流量为 $B+rT$ 字节，如图 5-11 所示。

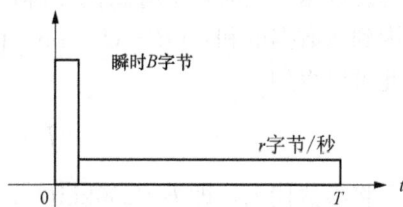

图 5-11　令牌漏斗允许的最大输出流量

假设将这个业务流量送给两个串联的排队系统，每个排队系统实际上是一个多路复用器。每个系统的传输速率为 R 字节/s（其中 $R > r$）。假设这两个排队系统是空的，不为任何其他流服务。

图 5-12（a）给出了排队系统的工作方式，图 5-12（b）给出了缓冲区占用率随时间变化的函数。其中 O_1 和 O_2 分别为排队系统 1 和排队系统 2 的缓冲区占用量。我们假设令牌漏斗允许 B 字节的突发送出，并在 $t=0$ 时刻出现在第一个排队系统，因此缓冲区在那一刻激增到 B 字节。在 $t=0$ 之后，令牌漏斗允许信息以 R 字节/s 的速率流向第一个排队系统，传输线以 R 字节/s 的速率送出。因此，漏斗占用率以 $R-r$ 字节/s 的速度下降。在排队系统 1

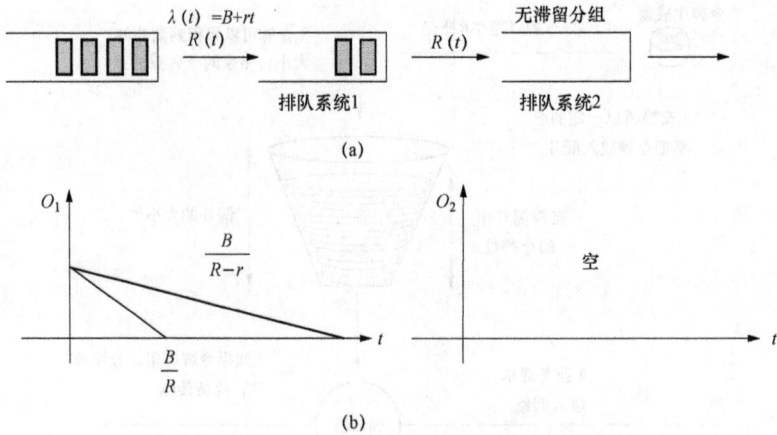

图 5-12 令牌漏斗整形后的时延

(a) 排队系统工作方式；(b) 缓冲区占用率随时间变化函数

处占用的缓冲区总是小于 B 字节。此外应当注意，给定时刻的缓冲区占用决定到达该时刻的字节所经历的延迟，因为占用正是到达的字节本身传输之前需要传输的字节数。因此，可以得出第一个多路复用器的最大延迟以 B/R 为界的结论。

现在考虑第二个排队系统。在时间 $t=0$，它开始以 R 字节/s 的速率从第一多路复用器接收字节。第二个排队系统也立即同样以 R 字节/s 的速率开始传输到达的字节。因此，在第二个排队中没有队列积累，并且字节流的排队延迟为零。因此，流出令牌漏斗桶整形器的信息将在排队系统链上经历不大于 B/R 的延迟。

下面通过举例说明对突发持续时间的限制。

【例 5.1】 有一个容量为 $B=25\text{kbit}$ 的令牌漏斗，在令牌漏斗中无积累的令牌时，令牌到达的速率允许用户以 $R=2\text{kbit/s}$ 的速率向网络输出数据。网络可传输的速率可达 25kbit/s。若当 1kbit 突发数据到达时，令牌池满，求业务流的输出速率及持续时间。

解： 设突发业务以最高速率输出的持续长度为 S 秒，最大的输出速率为 Mbit/s。由于在突发数据输出时，又有新的令牌产生，则在 S 秒内，可输出的业务量为漏斗的大小与 S 秒内到达数据的和：$(B+RS)$ bit。同时，在 S 秒内，以最高速率输出的突发字节数为 MS。因此可以得到

$$B+RS = MS \Rightarrow S = \frac{B}{M-R}$$

将参数代入，即 $B=250\text{kbit/s}$，$M=25\text{kbit/s}$，$R=2\text{kbit/s}$，可得以全速率输出突发的持续时间约为 10.87ms。

在剩余的时间内，到达的突发业务将以 2kbit/s 的速率输出，持续时间为

$$\frac{1\text{kbit} - S \times 25\text{kbit/s}}{2\text{kbit/s}} \approx 364.13\text{ms}$$

如果想使业务流更平滑，则可以在令牌漏斗之后再加一个漏斗。这个漏斗允许的分组传输速率应该比无令牌积累情况下允许的分组传输速率大，但要比网络最高可支持的速率低。

令牌漏斗和漏斗方案运行方式类似，但有一些差异。令牌漏斗以恒定的速率填充，直到漏斗的上限，并在漏斗不为空时以输入数据流指定的速率排空。以输入流指定的速率填充漏

斗，直到其容量。因此，对于令牌漏斗，当传入数据分组的速率上升时，系统的输出速度加快。实际上，令牌漏斗在某种程度上依赖于未充分使用的流或连接。

令牌漏斗是一种描述和管理流量的方法，它有三个优点：①通过令牌漏斗方案，可以轻松而准确地定义许多流量源。②令牌漏斗方案提供了对负载的简要描述，使服务能够轻松地确定资源需求。③令牌漏斗方案为监管功能提供了输入参数。

需要注意的是：令牌漏斗算法虽然允许业务流具有一定的突发性，但对其突发业务的持续时间有所限制，即该算法无法避免由于长时间的突发业务可能导致的网络拥塞。

5.5　分组交换网络的拥塞控制机制

不同的网络采用不同的拥塞控制机制，分组交换网中的拥塞控制机制包括以下几种：

（1）将来自拥塞节点的控制数据包发送到部分或所有源节点。这个抑制流的数据包将会停止或减慢从源传输数据的速率，从而限制网络中的数据包的总数。这种方法在拥塞期间增加了网络上的流量。

（2）利用依赖于路由的信息。如阿帕网（ARPANET）中，路由算法可以得到链路延迟信息，并提供给其他节点。这将影响路由决策，并可以影响新产生数据包的速率。由于这些延迟受到路由决策的影响，它们可能变化太快，无法有效地用于拥塞控制。

（3）使用端到端探测的数据包。这样的数据包可以用时间戳来测量两个特定端点之间的延迟，但增加了网络开销。

（4）允许分组交换节点在数据包经过时向其添加拥塞信息。这里有两种可能的方法：

1）一个节点可以将这些信息添加到与拥塞方向相反的数据包中，这些信息很快到达源节点，这可以减少进入网络的数据包流；

2）节点可以将这些信息添加到与拥塞相同方向的数据包中，目的地要么要求源调整负载，要么将信号返回到反向运行的数据包（或确认）中的源。

5.6　高　级　拥　塞　控　制

本节将更深入地探讨拥塞控制。标准 TCP 的策略是在拥塞发生时控制，而不是一开始就试图避免拥塞。事实上，TCP 会不断地增加发向网络的负载，当发生拥塞时，从该处减小负载。即 TCP 需要通过损失来找到连接的可用带宽。

一个好的替代方案是预测何时发生拥塞，然后降低主机发送数据的速率。这种策略称为拥塞避免。本节将描述了两种避免拥塞的不同方法。第一种是在路由器中添加少量的附加功能，以帮助终端节点预测拥塞，这种方法通常被称为活动队列管理（AQM）。第二种方法试图避免完全来自终端主机的拥塞，该方法在 TCP 中实现。

5.6.1　活动队列管理

这种方法需要对路由器进行改变。

路由器处于检测拥塞开始的理想位置，即可以检测它们逐渐变长的队列而发现拥塞。下面描述两种经典的机制，并最后简要讨论了发展的现状。

1. DEC 比特

该机制是为数字网络体系结构（DNA）开发的，也可以应用于 TCP 和 IP。其核心思想是把拥塞控制均匀地分配给路由器和终端节点。每个路由器监视其负载，并在即将发生拥塞时显式地通知终端节点。该通知通过数据包中的一个二进制拥塞位实现，因此被命名为 DEC 比特。然后，目标主机将该拥塞位复制到其反馈的 ACK 中。最后，源端会调整其发送速率，以避免拥塞。

2. 随机早期检测（RED）

该机制称为随机早期检测（RED），是由莎莉·弗洛伊德（Sally Floyd）和范·雅各布森（Van Jacobson）在 20 世纪 90 年代早期发明的。该机制类似于 DEC 比特方案，但有两个方面的不同。

（1）RED 不是显式地向源发送拥塞通知消息，而是通过删除其中一个数据包来隐式地通知拥塞源。RED 与 TCP 一起使用，通过超时来检测拥塞。路由器提前丢弃数据包，通知源终端更早地减少拥塞窗口。即路由器在完全耗尽缓冲空间之前丢弃几个数据包，使源终端变慢发送，以后不需要丢弃很多数据包。

（2）RED 决定何时丢弃一个包及它丢弃什么包。RED 算法定义了如何监控队列长度以及何时丢包的详细信息。

RED 是研究最广泛的主动队列管理（Active Queue Management，AQM）机制。

3. 显式拥塞通知

路由器发送一个更明确的拥塞信号，称为显式拥塞通知（ECN）。该方法在对 IP 和 TCP 的报头中被采用。

具体地说，该反馈是通过将 IP TOS 字段中的 2 位作为 ECN 位来实现的。源设置 1 位，表示它支持 ECN，即能够对拥塞通知做出反应。这被称为 ECT 位（ECN－Capable Transport）。当遇到拥塞时，另一位由路由器沿着端到端路径设置。这被称为 CE 位（遇到拥塞）。

除了 IP 头中的这 2 位（这是与传输无关的），ECN 还包括向 TCP 头添加两个可选标志。第一个是 ECE（ECN－Echo），从接收方向发送方通信，表明它已经接收到了一个具有 CE 位集的数据包。第二个是 CWR（拥塞窗口减少）从发送方向到接收方，表明它已经减少了拥塞窗口。

虽然 ECN 现在是 IP 报头的 TOS 字段中 8 位中的 2 位的标准解释，并且强烈建议支持 ECN，但它不是必需的。

5.6.2　基于源的方法

与依赖于路由器合作的拥塞避免方案不同，下面描述一种基于源的拥塞发生前的检测策略。其思想是观察到网络中某些路由器的队列正在形成的信号后，采取相应措施，以避免拥塞的发生。这里介绍三种方法。

1. TCP Vegas

该机制关注吞吐量的变化，具体地说是发送速率的变化。它将测量的吞吐量与预期的吞吐量进行比较。

TCP Vegas 测量和控制传输中的额外数据量。TCP Vegas 的目标是保持网络中合适的额外数据量。显然，如果一个源发送了太多的额外数据，它将导致长时间的延迟，并可能导致拥塞。TCP Vegas 的拥塞避免操作是基于网络中估计的额外数据量的变化，而不仅仅是基于被丢弃的数据包。

2. TCP BBR

BBR（瓶颈带宽和 RTT）是谷歌的研究人员开发的一种新的 TCP 拥塞控制算法。BBR 也是基于延迟的，通过检测缓冲区的增长，以避免拥塞和数据包丢失。BBR 和 Vegas 都使用最小 RTT 和最大 RTT，作为它们的主要控制信号。

BBR 还引入了新的机制来提高性能，包括数据分组间隔、带宽探测和 RTT 探测。分组间隔根据对可用带宽的估计来划分分组。这就消除了突发事件和不必要的排队，从而产生了更好的反馈信号。BBR 也会周期性地增加其速率，从而探测到可用的带宽。类似地，BBR 周期性地降低其速率，从而探索一个新的最小 RTT。RTT 探测机制试图实现自同步，即当存在多个 BBR 流时，它们各自的 RTT 探测同时发生。这为实际的非拥塞路径 RTT 提供了一个更准确的视图，它解决了基于延迟的拥塞控制机制的一个主要问题：对非拥塞路径 RTT 有准确的知识。

BBR 的一个主要问题是公平性。例如，一些实验表明 BBR 流之间的存在不公平性。BBR 的另一个主要问题是避免高重传率，在某些情况下，多达 10% 的数据包被重传。

3. DCTCP

在云数据中心中 TCP 拥塞控制算法与 ECN 协同工作，这个组合被称为 DCTCP，它代表数据中心 TCP。数据中心可以部署一个定制版本的 TCP，而不需要担心公平地处理其他 TCP 流。

DCTCP 通过估计遇到拥塞的字节的比例来适应 ECN。在主机上，DCTCP 根据该估计值缩放拥塞窗口。如果一个数据包真的丢失了，标准的 TCP 算法仍然会启动。该方法旨在通过浅缓冲交换机实现高突发、低延迟和高吞吐量。

DCTCP 面临的关键挑战是估计遇到拥塞的字节的比例。如果一个数据包到达，并且交换机看到队列长度（K）高于某个阈值，例如，$K >$（$RTT \times C$）$/7$，其中 C 是每秒数据包中的链路速率，那么交换机在 IP 报头中设置 CE 位。然后接收方为每个流维护一个布尔变量，将其表示 SeenCE，并响应每个接收到的包实现以下状态机：

（1）如果 CE 位被设置，并且 SeenCE = False，设置 SeenCE 为 True，并立即发送 ACK。

（2）如果未进行 CE 位设置，且 SeenCE = True，则设置 SeenCE 为 False 并立即发送 ACK。

（3）否则，请忽略 CE 位。最后，发送方计算在上一个观察窗口中遇到拥塞的字节的比例（通常选择近似为 RTT）。DCTCP 以与标准算法完全相同的方式增长拥塞窗口，并根据在最后一个观察窗口中遇到拥塞的字节数成比例减少了窗口。

5.7　小结与思考

通信网中的流量和拥塞控制对于网络的正常运行极为重要。本章说明了流量和拥塞控制的概念，拥塞控制的基本原理、拥塞控制的机制，阐述了窗口式流量和拥塞控制的原理及窗口式流控技术。本章进一步给出了流量管理的概念及涉及的技术，重点阐述了漏斗算法及令牌漏斗算法的基本原理。此外，本章说明了分组交换网络的拥塞控制机制及高级拥塞控制机制。通过高级拥塞控制机制可以预测何时会发生拥塞，进而采取措施以避免拥塞。

习　题

5.1　试述流量控制与拥塞控制的区别和联系。

5.2　试述拥塞控制的基本过程包含的主要步骤。

5.3　在可计数拥塞控制技术中，在网络中插入固定数量的许可证使传输中的帧总数保持恒定。这些许可证在帧中继网络中随机循环。每当一个帧处理程序想要传输一个用户刚刚提供给它的帧时，它必须首先捕获并销毁一个许可证。当帧由帧处理程序交付给目标用户时，该帧处理程序将重新颁发许可证。列出这种技术可能存在的问题。

5.4　简要说明了图 5-13 中所示的每种拥塞控制技术。

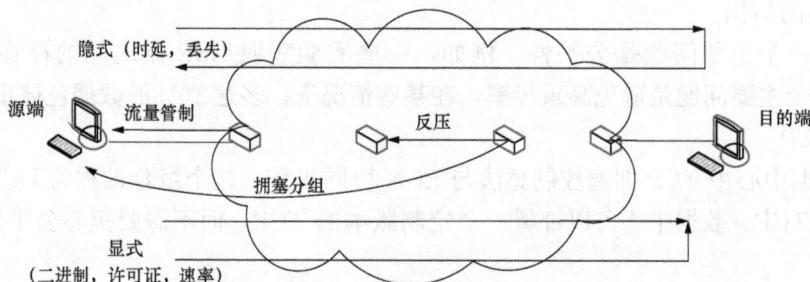

图 5-13　习题 5.4 图例

5.5　当通过分组交换节点的持续流量超过节点的容量时，节点必须丢弃数据包。缓冲区只延迟了拥塞问题，它们不能解决这个问题。考虑图 5-14 中的分组交换网络。五个工作站连接到网络的一个节点。该节点有一个到网络其他部分的单一链路，其容量为 $C=1.0$。发送者 i（i=1 到 5）发送的持续速率 r_i 分别为 0.1、0.2、0.3、0.4 和 0.5。显然，该节点已过载。为了处理拥塞，发送节点 i 以 p_i 的概率丢弃包。试求

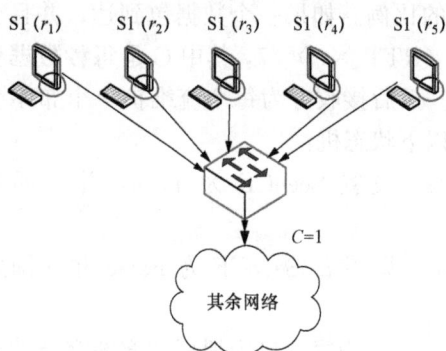

图 5-14　习题 5.5 图例

（1）给出 p_i、r_i 和 C 之间的关系，使未丢弃数据包的速率不超过 C。

（2）节点通过给 p_i 赋值来建立一个丢弃策略，从而满足（1）导出的关系。对于以下每一个策略，请验证关系是否满足，并从发送者的角度用文字描述策略。

1）$p_1=0.333$；$p_2=0.333$；$p_3=0.333$；$p_4=0.333$；$p_5=0.333$。

2）$p_1=0.091$；$p_2=0.182$；$p_3=0.273$；$p_4=0.364$；$p_5=0.455$。

3）$p_1=0.0$；$p_2=0.0$；$p_3=0.222$；$p_4=0.417$；$p_5=0.533$。

4）$p_1=0.0$；$p_2=0.0$；$p_3=0.0$；$p_4=0.0$；$p_5=1.0$。

5.6　ATM（可用比特率）中采用的拥塞控制方案是降低允许的数据率，相应公式如

下：新速率＝旧速率－旧速率×RDF，其中 RDF 是速率下降因子。试求：

（1）讨论发送方对各种 RDF 值的拥塞响应速度/速度。

（2）如果将等式改为新速率＝旧速率－旧速率×a，你认为反应会是更好还是更坏，为什么？

5.7　考虑到图 5-15 中所示的分组交换网络。C 是链路的容量，单位为帧/s。节点 A 为恒定负载 0.8 帧/s。节点 B 的负载为 λ 帧/s，朝向 B′。节点 S 有一个公共的缓冲区，它用于处理到 A′和 B′的流量。当缓冲区已满时，帧将被丢弃，然后再由源用户重新传输，S 的容量为 2。试求出总吞吐量（即 A－A′和 B－B′流量的总和）随 λ 的变化函数。λ＞1 时的 A－A′的流量占吞吐量的多少比例是多少？

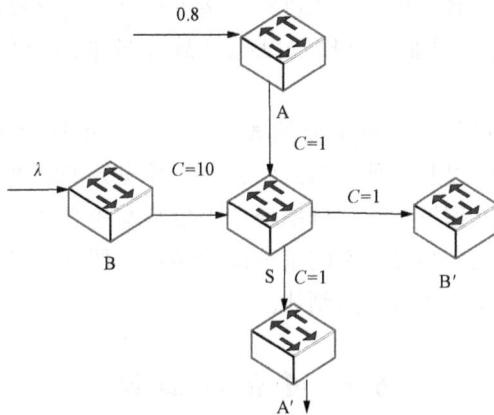

图 5-15　习题 5.7 图例

5.8　一个网络的承诺带宽为 5Mbit/s。主机以 15Mbit/s 的速率发送突发数据 3s，然后保持沉默 4s，然后以 6Mbit/s 的速率发送突发数据 3s。如果使用了漏斗技术，试求：

（1）每秒钟会有多少数据？

（2）如果漏斗大小为 2.862Mbit/s，所需链路的最小带宽是多少？

5.9　考虑一个容量为 1Mb 的令牌漏斗、一个容量为 2Mbit/s 的令牌补充速率和一个容量为 10Mbit/s 的输出网络链路。假设一个应用程序每 250ms 产生 0.5Mbit 的突发，持续 3s，并且最初的漏斗中装满了令牌，试求：

（1）最初可以维持的输出率是多少？

（2）这个漏斗能维持这个速度多久？

（3）3s 时间间隔内的输出多少？

第 6 章　通信网的可靠性

通信网络是通信系统的系统，通信网一般由许多子系统构成，其可靠性依赖于每个子系统的可靠性，同时也依赖于这些子系统组成网络的方式。每个子系统都不会无故障，即使每个子系统可靠度很高，但数量众多的子系统构成大系统网络的可靠性仍需重新估计，如果构成网络的方式不好，整体的可靠度就不会达到服务指标。各种各样子系统的故障会使网络性能下降，达不到网络预定的服务指标。通过对网络进行可靠性分析，可以对网络进行合理规划，选择合理的拓扑结构和增加冗余投资以弥补故障带来的影响，达到网络预定的服务指标。

概率论和数理统计是可靠性工程重要的数学基础。在可靠性工程中，产品寿命、可靠度、失效率等许多基本概念以及各种寿命试验、可靠性设计等解决可靠性问题的重要方法都与概率统计紧密相关。因此理解和掌握概率统计中最基本的概念、方法是学习和掌握可靠性技术的重要前提。本章首先介绍可靠性的基本概念和基本理论，然后讨论网络可靠性的理论基础，最后对通信网的可靠性进行重点阐述。

6.1　可 靠 性 概 论

6.1.1　可靠性的参数指标

设备（部件或系统）是否"可靠"通常并没有确切定义，需要因实际情况而定。一般情况下，可靠性与故障息息相关，常出故障显然不可靠。设备丧失规定功能可以称为失效或故障，二者是有区别的，设备不能执行规定功能的状态为故障，设备丧失完成规定功能的事件为失效。失效了必然有故障，有故障不一定就已经失效。工程中有带病运行的情况，这时候故障已经出现且在不断发展中，但尚未失效。在讨论具体问题时，往往难以明确加以区分，因此，我们暂且把"失效"和"故障"作为同义词。

显然，故障的出现具有随机性，同一产品不一定同时损坏，所以一般用概率的方法来描述。然而，一般情况下，如果某一设备的某一部件性能下降，但并没有损坏，已使设备不能正常运行；而在另一设备中，这种性能下降，并不影响设备的运行或影响不大。

一般用可靠度来衡量设备或系统的可靠性。可靠度是"系统在规定条件下和规定时间内完成规定功能的概率"。显然，规定的时间越短，系统完成规定功能的可能性越大；规定的时间越长，系统完成规定功能的可能性就越小。若以非负随机变量 X 表示系统的寿命，t 表示规定的时间，显然可见可靠度是时间 t 的函数，故也称为可靠度函数，记作 $R(t)$。系统寿命 X 相应的分布函数为

$$F(t) = p\{X \leqslant t\}, t \geqslant 0 \tag{6-1}$$

有了寿命分布 $F(t)$，就可以知道系统在时刻 t 以前都正常的概率，即

$$R(t) = p\{X > t\} = 1 - F(t) \tag{6-2}$$

令 $R(t)$ 等于系统运行了 t 时仍在正常工作的概率，则可定义系统在 t 时的可靠度为

$R(t)$。可见，$F(t)$ 也就是系统在 t 时的不可靠度，即 t 时系统失效的概率。可靠度和不可靠度都可用来描述系统的可靠性。显然，$R(0) = 1$，即起始运行时系统应为正常的，或立即失效的概率接近于零。

令 $f(t)$ 表示 X 的概率密度函数，系统的平均寿命为

$$E[X] = \int_0^\infty t \mathrm{d}F(t) = \int_0^\infty t f(t) \mathrm{d}t \qquad (6-3)$$

根据式（6-2），有

$$E[X] = \int_0^\infty t \mathrm{d}F(t) = \int_0^\infty \int_0^t \mathrm{d}u \mathrm{d}F(t) = \int_0^\infty \int_0^\infty \mathrm{d}F(t) \mathrm{d}u \int_0^\infty [1 - F(u)] \mathrm{d}u$$

所以

$$E[X] = \int_0^\infty R(t) \mathrm{d}t \qquad (6-4)$$

上面得到了系统寿命的分布函数 $F(t)$ 和概率密度函数 $f(t)$，设系统的寿命 X 为非负连续型随机变量，接下来定义失效率函数为

$$r(t) = \frac{f(t)}{1 - F(t)} \qquad (6-5)$$

对任意 t，$F(t) < 1$，失效率函数简称为失效率，即系统在 t 时失效的概率。

因此，系统在 t 时刻运行正常，在 $(t, t+\Delta t]$ 中失效的概率为

$$p\{X \leqslant t+\Delta t \mid X > t\} = \frac{F(t+\Delta t) - F(t)}{1 - F(t)} \approx \frac{f(t)\Delta t}{1 - F(t)} = r(t) \cdot \Delta t \qquad (6-6)$$

当 Δt 很小时，$r(t) \Delta t$ 表示在 t 时刻系统正常工作的条件下，在 $(t, t+\Delta t]$ 中失效的概率。

【例 6.1】　如果一个系统的寿命分布是参数 α 的负指数分布，求它的失效率函数。

解：

$$r(t) = \frac{f(t)}{1 - F(t)} = \frac{\alpha \cdot e^{-at}}{1 - (1 - e^{-at})} = \alpha$$

可见，负指数分布的失效率为常数，并且就是它的参数 α，同时容易证明反过来也正确。

对于负指数分布，任意 s，$t > 0$，由于 $p\{X > s+t \mid X > t\} = p\{X > s\}$，则负指数分布的残余分布与初始分布一致，负指数分布这个简单特点，使它在可靠性分析中具有重要意义。

典型的失效率函数如图 6-1 所示，呈现出浴盆形状，所以常称为浴盆曲线。

从图 6-1 可见，在 a 之前，$r(t)$ 呈下降趋势，这是早期的失效期，主要是由于设计错误、工艺缺陷、装配上的问题，或由于质量检验不严等原因引起的，由于这段时间中产品的失效率很高，所以工厂中实际采用筛选的办法剔除一批不合格产品，以减少出厂产品的早期失效。而 a 与 b 之间的 $r(t)$ 较低，基本保持常数，为正常工作阶段，这段时间是产品的最佳工作阶段。在 b 以后，$r(t)$ 呈现上升趋势，这是磨损失效期，由于

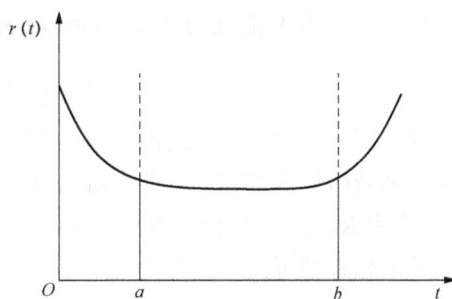

图 6-1　失效率函数曲线

老化、疲劳和磨损等，产品性能逐渐变劣。

除了负指数分布外，威布尔（Weibull）分布也常用来描述寿命分布。当非负随机变量 X 的概率密度为

$$f(t) = \lambda\alpha \cdot (\lambda t)^{\alpha-1} \mathrm{e}^{-(\lambda t)^{\alpha}} \quad t \geqslant 0, \alpha > 0, \lambda > 0 \qquad (6-7)$$

分布函数为

$$F(t) = 1 - \mathrm{e}^{-(\lambda t)^{\alpha}}, t \geqslant 0 \qquad (6-8)$$

则称 X 服从参数为 (α, λ) 的威布尔分布，记为 $W(\alpha, \lambda; t)$，其中 α 为形态参数，λ 为尺度参数。

实践中，威布尔分布是可靠性分析中广泛使用的连续型寿命分布，它可以用来描述许多系统，如疲劳失效、真空管失效和轴承失效等寿命分布。

在许多失效现象的研究中，产品的寿命是离散型的，如周期地检查产品性能我们才能发现失效的情形，此时产品的寿命可以认为是周期长度的非负整数倍，因此寿命是离散型的随机变量，对此同样可研究失效率函数，这里不作赘述。

6.1.2　不可修复系统的可靠度

研究可靠性的对象大致可分为两类：一类为不可修复系统；另一类为可修复系统。所谓不可修复就是该系统一旦启用，直到损坏或失效为止。这种系统只有两个状态：一为运行，另一为失效；而且只有运行状态向失效状态转移一种可能。一旦失效，就不会再回到运行状态。所谓可修复系统就是系统在出现故障后，经历一段时间修复又重新恢复使用，如此循环往复。

不可修复系统是最基本也是最简单的研究对象，其中既包括一般元器件，也包括某些部件或更大的系统。例如大型设备中的某些部件，一旦出现故障更趋向于整体更换。

一般用可靠度 $R(t)$ 和寿命 X 来衡量不可修复系统的可靠性。设系统的失效率函数为 $r(t)$，则在 t 时正常运行，到 $1+\Delta t$ 还在正常运行的概率必须在 $r(t)\,\Delta t$ 内不出故障，即

$$R(t + \Delta t) = R(t)[1 - r(t)\Delta t] \qquad (6-9)$$

令 $\Delta t \to 0$，上式变为

$$R'(t) = -r(t)R(t) \qquad (6-10)$$

这是可靠度的微分方程，在初始值 $R(0) = 1$ 时，可解得

$$R(t) = \mathrm{e}^{-\int_0^t r(x)\mathrm{d}x} \qquad (6-11)$$

若失效率函数 $r(t)$ 为常数，记为 α，则得

$$R(t) = \mathrm{e}^{-\alpha t} \qquad (6-12)$$

因此，寿命 X 服从参数为 α 的负指数分布，可得平均寿命为

$$E[X] = \int_0^{\infty} R(t)\mathrm{d}t = 1/\alpha \qquad (6-13)$$

在实际中，要确定系统的可靠度和失效率，可用实际测量来估计。设有 N_0 个系统同时开动，随着时间的推移，有些系统必将失效。到 t 时若尚余 $N(t)$ 个系统在运行，则 $N(t)/N_0$ 可作为 $R(t)$ 的估计值 $\hat{R}(t)$。若 N_0 足够大，这估计值将接近实际的 $R(t)$。进而，失效率函数的估计值可由下式求得

$$\hat{r}(t) = -\frac{\mathrm{d}}{\mathrm{d}t}\ln\hat{R}(t) = -\hat{R}'(t)/\hat{R}(t) \qquad (6-14)$$

如图 6-2 所示为某一类系统（或元件）的实测情况，描述了可靠度的估计值与时间 t 的关系，以及失效率函数的估计值与 t 的关系。从图中可见，在 $t=0$ 到 t_0 之间，无系统失效，相应的失效率为 0，可靠度为 1。在 $t=t_0$ 到 t_1 之间，系统失效的较多，通常称为多故障期，失效率逐渐下降，可靠度也急剧下降。实际上，这也是试用期或老化期，以便筛选合格的系统。在 $t=t_1$ 到 t_2 之间，系统失效的较少，失效率接近常量，该阶段可作为正常使用期。到 t_2 之后，失效的系统又开始增多，失效率上升，这是衰竭期。实际上系统这时已过了正常寿命，应予更换，以保证质量。

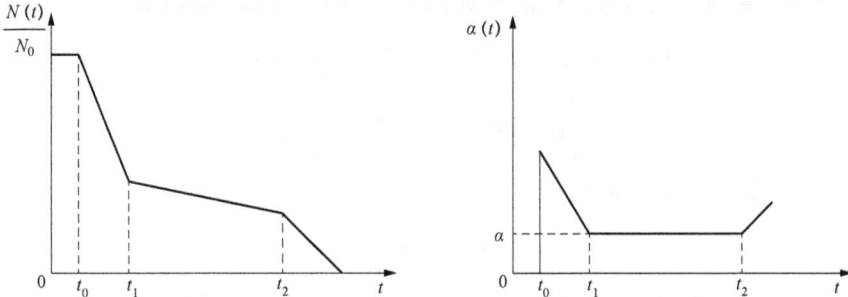

图 6-2 元件可靠度和失效率函数的实测曲线示意图

一般元件经过筛选后，已进入正常使用期，就可用常数 α 作为可靠性的参数。通常还可以 α 值来规定各种元件的等级，见表 6-1。

表 6-1 元件的等级 α 值规定

级别名称	α 值（1/h）	级别名称	α 值（1/h）
S 或 10	10^{-10}	R 或 6	10^{-6}
J 或 9	10^{-9}	W 或 5	10^{-5}
B 或 8	10^{-8}	Y 或亚 5	3×10^{-4}
Q 或 7	10^{-7}		

α 值再大或平均寿命更短就不入级，成为等外品。

理论上说，要正确估计 α 值，试验样品数 N_0 应趋于无限，时间 t 亦应无限长，至少要超过图 6-2 中的 t_2，这通常是不可能的。实际上只要 N_0 足够大，已可保证一定的精度；对于平均寿命较大的元件，如 S 级，长达 $10^{10}/h$，达到 t_2 也是不现实的。往往测试是在比较恶劣的条件下进行，这样可缩短试验时间，然后再对结果进行换算或校正。

6.1.3 可修复系统的可靠度

可修复系统的状态仍可规定为两个，即正常运行和出故障或失效，此时不但能从正常运行状态转移到失效状态，而且还能从失效状态转移到正常运行状态。假设系统正常工作时间为参数 α 的负指数分布，则系统的修复时间可以假设为参数 β 的负指数分布，也称为修复率 β。当在 t 时处于失效状态的条件下，在 t 到 $t+\Delta t$ 内修复的概率为 $\beta \Delta t$。修复也是有随机性的，一方面是，故障有各种类型，哪一种出现是随机的；另一方面是，维修人员找到故障所需时间也具有随机性。所以可以用概率来描述修复过程，修复率与设备复杂性、维修人员熟练度和 t 等诸因素都有关系，为了简化，以下假设失效率和修复率都是与时间 t 无关的常量。

下面根据 α 和 β 来列出可靠度 $R(t)$ 的微分方程。若 $R(t+\Delta t)$ 是在 $t+\Delta t$ 时系统正常运行的概率，有两种情况可到达运行状态：即 t 时在运行，t 到 $t+\Delta t$ 之间不出故障；以及 t 时已失效，t 到 $t+\Delta t$ 之间能修复。因此可以得到

$$R(t+\Delta t) = R(t)(1-\alpha\Delta t) + [1-R(t)]\beta\Delta t \qquad (6-15)$$

令 $\Delta t \to 0$，整理后得

$$R'(t) = \beta - (\alpha+\beta)R(t) \qquad (6-16)$$

当 α 和 β 为常量时，该微分方程很容易求解，其解与起始条件有关

$$\left.\begin{array}{ll} R(0)=1, & R(t) = \dfrac{\beta}{\alpha+\beta} + \dfrac{\alpha}{\alpha+\beta}e^{-(\alpha+\beta)t} \\[3mm] R(0)=0, & R(t) = \dfrac{\beta}{\alpha+\beta}[1 - e^{-(\alpha+\beta)t}] \end{array}\right\} \qquad (6-17)$$

当 $t \to \infty$ 时，上列两式均成为

$$R = \frac{\beta}{\alpha+\beta} \qquad (6-18)$$

这就是稳态下可修复系统的可靠度，它与 α 和 β 有关。在可修复系统中，该系统运行后，第 1 次出故障的时间 t 是随机的。当 α 为常量，这与以前不可修复系统中一样，t 的平均值也是

$$T_1 = 1/\alpha \qquad (6-19)$$

可称其为平均故障间隔时间（MTBF），因为它是两个相邻故障间的时间平均值。有时也称 MTBF 为设备的平均运行寿命，不同于不可修复系统中的寿命含义，这里 $R(t)$ 已不能称为寿命大于 t 的概率，$R(t)$ 只是表示在 t 时系统处于运行状态的概率。这种运行可以从 $t=0$ 起一直在正常运行；也可以是经过故障修复后的运行。所以 $-R'(t)$ 不再代表寿命的概率密度函数。

同理可定义

$$T_2 = 1/\beta \qquad (6-20)$$

称其为平均修复时间（MTTR）。通过上两式可以把式（6-18）改写为

$$R = \frac{T_1}{T_1 + T_2} = \frac{MTBF}{MTBF + MTTR} \qquad (6-21)$$

这里 R 称为运行率，即正常运行时间占总时间的比率。要确定 α 和 β 或 MTBF 和 MTTR，也需要进行实测。通过测量平均故障间隔时间和平均故障修复时间，根据式（6-21）可以得到稳态下可修复系统的可靠度。

实际中，当样机投入运行后，一旦出故障就修理，修复后再运行，这样就在运行和失效两种状态间转换，如下图 6-3 所示。

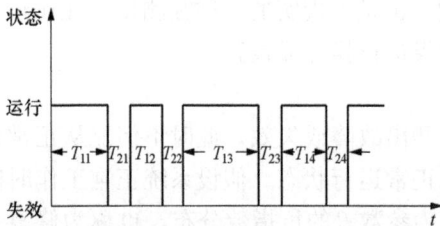

图 6-3　可修复系统的状态转换过程

由于故障间隔时间是随机的，其样值分别为 T_{11}，T_{12}，…，修复时间也是随机的，其样值分别为 T_{21}，T_{22}，…。当试验时间足够长，或周期数足够大时，可得 MTBF 和 MTTR 的估值如下

$$\left.\begin{array}{l} M\hat{T}BF = \dfrac{\sum_{r=1}^{N} T_{1r}}{N} \\[3mm] M\hat{T}TR = \dfrac{\sum_{r=1}^{N} T_{2r}}{N} \end{array}\right\} \tag{6-22}$$

则稳态可靠度为

$$R \approx \frac{\sum_{r=1}^{N} T_{1r}}{\sum_{r=1}^{N} T_{1r} + \sum_{r=1}^{N} T_{2r}} \tag{6-23}$$

与不可修复系统一样，要正确估计 α 和 β 或 MTBF 和 MTTR，从而计算正确的可靠度，试验时间应无限长。同样，在实际中可修复系统试验也需在比较恶劣的条件下进行，以缩短试验时间，然后再对结果进行换算修正。

在可修复系统中，通常是用稳态可靠度来考虑系统的可靠性。因为一个系统被称为可靠，就是在绝大部分时间内能正常运行，它代表系统的运行率。

要增大系统的可靠度，降低 α 或增加 MTBF 当然很重要，这就是设备出厂时的重要指标。但是，降低平均修复时间或增加 β 也会起重要作用，可以增加维修力量，提高维修人员素质，或进行故障诊断技术运用。

6.1.4　复杂系统的可靠度

复杂系统常可分解为较简单的子系统，如果已知子系统的失效率 α 和修复率 β，就可通过计算求解复杂系统的可靠度。复杂系统的运行有赖于子系统的正常运行，这种依赖关系与系统的结构有关。大致可以分为以下几种情况：

（1）串接系统：系统的运行是以各子系统全部运行为充分必要条件。换句话说，只要有一个子系统失效，本系统就不能正常运行或已失效。例如，电路中的串联电路，只要有一个串联元件断开，电路就已不通。

（2）并接系统：系统失效的充要条件是各子系统全部失效。换言之，只要有一个子系统能运行，本系统就能正常运行。

（3）串并混合系统：既有串接也有并接，即上述两种情况的混合。

（4）其他结构：如桥式、梯式等，即不能用简单的串并接来表示的情况。

如图 6-4 所示为以电路方式画出上述 4 种结构的复杂系统的分解形式，图中各子系统的可靠度分别标以 R_1、R_2 等。

假设各个子系统是相互独立的，即某一子系统是否正常运行，并不影响其他子系统的可靠度。倘若这个假设不成立，以下的计算应予以修正，再按实际情况加以分析。对于不可修复的子系统，图 6-4 中的各 R_i 就是前面章节介绍的 $R(t)$，对于可修复的子系统，R_i 表示其稳态可靠度或运行率。

下面对上述分解形式的各系统分别进行讨论。

1. 串接系统

在串接系统中，如果 n 个子系统中只要有一个子系统故障，整个系统就故障。因此，串接系统的可靠度是各个子系统的可靠度的乘积，即

$$R = \prod_{i=1}^{n} R_i \tag{6-24}$$

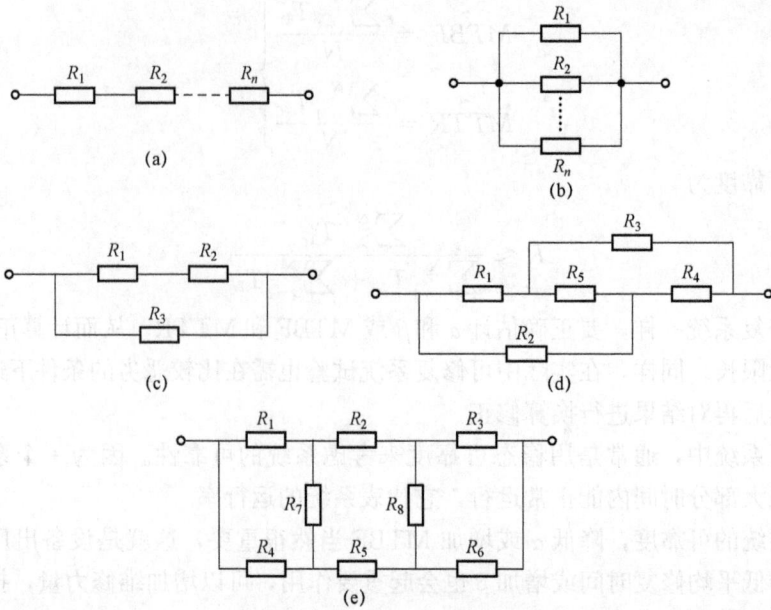

图 6-4　复杂系统的分解

(a) 串接系统；(b) 并接系统；(c) 串并混合系统；(d) 桥式系统；(e) 梯式系统

已知各子系统的可靠度总是小于 1 的，那么串接系统的可靠度必小于任一子系统的可靠度，因此串接系统愈多，可靠度也将愈小。

例如，一个系统是由 n 个不可修复的子系统组成的串接系统，各子系统均相同，失效率均为 α，或平均寿命均为 $1/\alpha$，则此系统的可靠度为

$$R(t) = e^{-n\alpha t}$$

其平均寿命将为 $\dfrac{1}{n\alpha}$，即缩短到 $1/n$。近代大规模集成电路中的元件数可达几百万个，这里仅假设为 10 万个，即 $n = 10^5$；另外假设各元件的寿命均为最高级可靠的 10^{10} h，那么该集成电路的平均寿命将只有 10^5 h。由此可见，在设计大系统时，应尽可能避免大量的串接系统存在，才能保证可靠性，这就是设计工作中的最简原理。

当各个不可修复子系统有不同失效率 a_i（$i = 1$，2，$\cdots$，n）时，同样可得全系统的可靠度为

$$R(t) = e^{-t\sum_{i=1}^{n} a_i} \tag{6-25}$$

平均寿命为

$$T = E(X) = \frac{1}{\sum_{i=1}^{n} a_i} \tag{6-26}$$

该串接系统的等效失效率为 $\alpha = 1/T = \sum_{i=1}^{n} a_i$。

如果各子系统的可靠度相差悬殊，则作为近似计算，高可靠度的 a_i 较小，可以忽略不计。也就是计算总的可靠度或平均寿命，通常可以只选几个薄弱环节，亦即几个低可靠度的子系统来计算，这样可简化计算工作。

对于可修复系统，若每个子系统的失效率为 a_i（$i=1$，2，$\cdots$，n），则由于独立性，总失效率将为 $\sum_{i=1}^{n} a_i$，这与不可修复系统没有区别，因此，全系统的平均故障间隔时间为

$$MTBF = \frac{1}{\sum_{i=1}^{n} a_i} = \frac{1}{\sum_{i=1}^{n} 1/(MTBF)_i} \tag{6-27}$$

利用式（6-21），可求得平均修复时间为

$$MTTR = MTBF \frac{1-R}{R}$$

再利用式（6-18）及式（6-24），得

$$MTTR = \frac{1}{\sum_{i=1}^{n} a_i} \frac{1 - \prod_{i=1}^{n} \frac{\beta_i}{\alpha_i + \beta_i}}{\prod_{i=1}^{n} \frac{\beta_i}{\alpha_i + \beta_i}} = \frac{\prod_{i=1}^{n} \left(1 + \frac{\alpha_i}{\beta_i}\right) - 1}{\prod_{i=1}^{n} \alpha_i} \tag{6-28}$$

实际上，n 个子系统串接形成一个系统，每个子系统为可修复系统，当一个可修复子系统失效后处于修理过程时，其他子系统也可停止运转，以节省失效子系统维修期间其他子系统运行的损耗和费用，但是这样一来，各子系统就不再相互独立，现在分析这种情况下的系统可靠度。

首先，分析平均故障间隔时间 $MTBF$。当出故障的子系统修复后，开启所有子系统，直到下一个子系统失效，这与以前的各子系统独立的情况一样，故平均故障间隔时间仍为

$$MTBF = \frac{1}{\sum_{i=1}^{n} a_i} = \frac{1}{\sum_{i=1}^{n} 1/(MTBF)_i}$$

然后，分析平均修复时间 $MTTR$。当所有子系统都正常而全系统在运行时，若第 i 个子系统失效，则平均修复时间将为 $1/\beta$。各子系统的失效概率与它的失效率成正比，所以第 i 个子系统失效的概率为

$$p_i = \frac{a_i}{\sum_{k=1}^{n} a_k}$$

通过加权平均，可得平均修复时间为

$$MTTR = \sum_{i=1}^{n} \frac{p_i}{\beta_i} = \frac{\sum_{i=1}^{n} \frac{\alpha_i}{\beta_i}}{\sum_{i=1}^{n} a_i}$$

所以系统的可靠度为

$$R' = \frac{MTBF}{MTBF + MTTR} = \frac{1}{1 + \sum_{i=1}^{n} \frac{\alpha_i}{\beta_i}} \tag{6-29}$$

思考：上述各子系统不相互独立与各子系统相互独立时的可靠度进行比较，二者大小关系如何？各子系统相互独立时的可靠度为

$$R = \prod_{i=1}^{n} \frac{\beta_i}{\alpha_i + \beta_i} = \frac{1}{\prod_{i=1}^{n}(1 + \frac{\alpha_i}{\beta_i})}$$

相比较，由于

$$\prod_{i=1}^{n}(1 + \frac{\alpha_i}{\beta_i}) > 1 + \sum_{i=1}^{n} \frac{\alpha_i}{\beta_i}$$

因此 $R' > R$。

可见，因为许多子系统停止了不必要的运行，提升了系统的可靠度。若子系统中有的可以修复，有的不可修复，只要相互独立，仍可按照式（6-24）计算可靠度。

关于串接系统的平均寿命，如果失效的子系统是不可修复的，则此时平均寿命与所有子系统都是不可修复时一样，如果失效的子系统是可修复的，全系统在该子系统修复后仍能运行，此时要停一个修复时间，所以再运行的时间已不是一般意义上的寿命。

2. 并接系统

在并接系统中，如果 n 个子系统只要有一个子系统正常，整个系统就正常。反过来，若全系统失效，必须所有子系统都失效，也就是全系统的不可靠度等于各子系统的不可靠度的乘积。因此，并接系统的不可靠度和可靠度分别为

$$F = \prod_{i=1}^{n} F_i = \prod_{i=1}^{n}(1 - R_i) \tag{6-30}$$

$$R = 1 - F = 1 - \prod_{i=1}^{n}(1 - R_i) \tag{6-31}$$

可见并接系统中的子系统越多，系统的可靠度越高。实质上这是采用备用系统的结果，备用系统越多，当然越不容易失效。

对于结构相同的并接系统，当各子系统为可修复或不可修复时，全系统的可靠度会不一样，下面我们分别进行分析。

（1）各子系统均为不可修复情况。当各子系统为不可修复时，全系统的可靠度为

$$R(t) = 1 - \prod_{i=1}^{n}[1 - R_i(t)] = 1 - \prod_{i=1}^{n}(1 - e^{-\alpha_i t}) \tag{6-32}$$

展开为

$$R(t) = \sum_{i=1}^{n} e^{-\alpha_i t} - \sum_{i \neq j} e^{-(\alpha_i + \alpha_j)t} + \sum_{i \neq j \neq k} e^{-(\alpha_i + \alpha_j + \alpha_k)t} - \cdots$$

则平均寿命为

$$T = E(X) = \int_0^\infty R(t) \mathrm{d}t = \int_0^\infty \left[1 - \prod_{i=1}^{n}(1 - e^{-\alpha_i t})\right] \mathrm{d}t$$

$$= \sum_{i=1}^{n} \frac{1}{\alpha_i} - \sum_{i \neq j} \frac{1}{\alpha_i + \alpha_j} + \sum_{i \neq j \neq k} \frac{1}{\alpha_i + \alpha_j + \alpha_k} - \cdots \tag{6-33}$$

接下来分析并联系统与各系统寿命的关系。若各子系统的失效率均为 α，上式变成

$$T = \frac{n}{a} - \frac{1}{2a}\binom{n}{2} + \frac{1}{3a}\binom{n}{3} - \cdots + (-1)^n \frac{1}{na}$$

计算某些 n 值的数值可得表6-2。

n	2	3	4	5	6
αT	1.5	1.83	2.08	2.28	2.45
$\dfrac{\alpha T}{n}$	0.75	0.62	0.52	0.46	0.41

表 6 - 2　　　　　　　　　　　　　　　　**并联系统寿命关系表**

从表 6-2 可以看出，随着子系统的增多，并联系统的平均寿命并不按正比例增大、效率是逐渐下降的，这是因为各子系统相互独立，从一开始均在一直工作，都在消耗各自的寿命。在实际中，这相当于热备份，一个坏了，另一个可立即填补，不会造成短时间的中断运行。

然而，上述方式对子系统的寿命会有损耗，要提高效率，可以采用冷备份或旁置方式，即备用系统只在运行中的子系统失效后才启动另一个。只有一个子系统在运行，其他都旁置着，这样一来，有 n 个子系统，平均寿命将增加到 n 倍，上述效率 $\dfrac{\alpha T}{n}$ 就成为 1。使用这种方式，各子系统当然已不是相互独立的。这样的备份方式，一般在转换时会有短时间的中断，相当于短时间的失效，因为启动一个旁置系统，往往需要一定的时间，在某些情况下是不允许的。

此时，可采用折中方式，即半热备份的方式。一个子系统在运行，另一个处于半工作状态，如预热而未加高压。这样一来，置换所需的中断时间就可减小至可以容忍。由于处于半热备份状态下，故障率一般比正常工作时要低，则可延长寿命。下面以一个例题来说明。

【例 6.2】　现有两个子系统并联工作情况，假设子系统 1 是在运行，故障率为 α_1，半热子系统 2 工作为备用时的故障率为 α_2，正常时的故障率为 α_3，且 $\alpha_3 > \alpha_2$。求全系统的可靠度和平均寿命。

解：该系统存在 4 种状态：（00）表示子系统 1 在运行，子系统 2 处于半热状态；（10）表示子系统 1 已损坏，子系统 2 在正常运行；（01）表示子系统 1 在运行，子系统 2 已损坏；以及（11）表示两个子系统均已损坏，亦即全系统失效。这些状态对应的状态转移如图 6-5 所示。

令各状态在 t 时的概率分别为 $p_{00}(t)$、$p_{01}(t)$、$p_{10}(t)$ 和 $p_{11}(t)$，则可得微分方程

$$\left.\begin{array}{l} p'_{00}(t) = -(\alpha_1 + \alpha_2)p_{00}(t) \\ p'_{01}(t) = \alpha_2 p_{00}(t) - \alpha_1 p_{01}(t) \\ p'_{10}(t) = \alpha_1 p_{00}(t) - \alpha_3 p_{10}(t) \\ p'_{11}(t) = \alpha_1 p_{01}(t) + \alpha_3 p_{10}(t) \end{array}\right\} \quad (6-34)$$

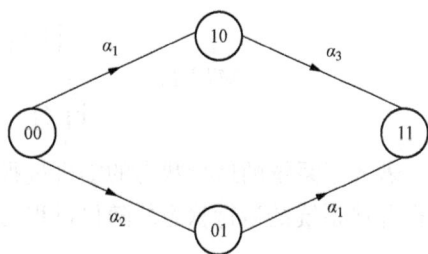

图 6 - 5　有半热备份的状态转移图

该系统是从状态（00）开始运转的，所以初始条件为 $p_{00}(0) = 1$，$p_{01}(0) = p_{10}(0) = p_{11}(0) = 0$。

由式（6-34）中的第一式和初始条件，可解得

$$p_{00}(t) = e^{-(\alpha_1 + \alpha_2)t}$$

代入式（6-34）中的第二、第三和第四式，并利用初始条件，可解出

$$p_{01}(t) = e^{-\alpha_1 t} - e^{-(\alpha_1 + \alpha_2)t}$$

$$p_{10}(t) = \left[e^{-\alpha_3 t} - e^{-(\alpha_1 + \alpha_2)t} \right] \frac{\alpha_1}{\alpha_1 + \alpha_2 - \alpha_3}$$

$$p_{11}(t) = 1 - e^{-\alpha_1 t} - \frac{\alpha_1}{\alpha_1 + \alpha_2 - \alpha_3} e^{-\alpha_3 t} + \frac{\alpha_1}{\alpha_1 + \alpha_2 - \alpha_3} e^{-(\alpha_1 + \alpha_2)t}$$

状态（11）就是全系统失效，所以可靠度为

$$R(t) = 1 - p_{11}(t) = e^{-\alpha_1 t} + \frac{\alpha_1}{\alpha_1 + \alpha_2 - \alpha_3} e^{-\alpha_3 t} - \frac{\alpha_1}{\alpha_1 + \alpha_2 - \alpha_3} e^{-(\alpha_1 + \alpha_2)t} \tag{6-35}$$

则平均寿命为

$$T = \int_0^\infty R(t) \mathrm{d}t = \frac{1}{\alpha_1} + \frac{\alpha_1}{\alpha_3(\alpha_1 + \alpha_2)} \tag{6-36}$$

接下来讨论上述结论中的一些特殊情况。

令 $\alpha_2 = 0$，就成为前面所述的旁置方式，其平均寿命为

$$T_1 = \frac{1}{\alpha_1} + \frac{1}{\alpha_3}$$

令 $\alpha_3 = \alpha_2$，就成为前面所述的热备份方式，其平均寿命为

$$T_2 = \frac{1}{\alpha_1} + \frac{1}{\alpha_3} - \frac{1}{\alpha_1 + \alpha_3}$$

显然

$$T_1 > T > T_2$$

也就是半热备份方式的平均寿命短于旁置方式而长于热备份方式。

（2）各子系统均为可修复情况。当各子系统为可修复系统时，此时可从全系统失效状态开始，即各子系统均在进行修复，它们的修复率分别为 β_i（$i = 1, 2, \cdots, n$），则平均修复时间为

$$MTTR = \frac{1}{\sum\limits_{i=1}^{n} \beta_i} \tag{6-37}$$

再根据式（6-21）和式（6-31），可得平均故障间隔时间为

$$MTBF = \frac{1 - \prod\limits_{i=1}^{n}(1 - R_i)}{\prod\limits_{i=1}^{n}(1 - R_i)} MTTR = \frac{\prod\limits_{i=1}^{n}(1 + \alpha_i/\beta_i) - 1}{\sum\limits_{i=1}^{n} \beta_i} \tag{6-38}$$

若各子系统的运行状态的随机过程为 $g_i(t)$，且令失效时 $g_i(t) = 1$，运行时 $g_i(t) = 0$，可得并接系统的运行状态的随机过程为

$$g(t) = \prod_{i=1}^{n} g_i(t) \tag{6-39}$$

同样，以 $g(t) = 1$ 代表失效，$g(t) = 0$ 代表运行。

以上均设各子系统相互独立，即各子系统有故障时，就立即进行修复，当子系统之间不是相互独立时，需要根据实际情况进行修正。下面举例进行说明。

【例6.3】 假设在实际系统中，由于维修力量有限，当一个子系统出故障后尚未修复而另一个子系统又出故障时，第2个出故障的子系统往往需要前一个子系统修复以后才能开始

进行修复。设并接系统由两个子系统组成，即 $n=2$，此时求上述系统的可靠度。

解：考虑到子系统之间不是相互独立的，这时需要另行分析，不能直接套用前面独立性假设下得到的计算公式。

设两个子系统的故障率都是 α，修复率都是 β，并规定当两个子系统均出故障时，先修复第 1 个子系统。令（00）、（01）、（10）和（11）是系统的 4 种状态。状态的第 1 位指示第 1 个子系统的运行状态，第 2 位指示第 2 个子系统的运行状态。"0" 代表运行，"1" 代表失效，则状态转移如图 6-6 所示。由图可以看出，从（11）状态只能转移到（01）状态，而不会转移到（10）状态，因为已规定优先修复第 1 个子系统，可列稳态方程如下

$$\left.\begin{aligned} 2\alpha p_{00} &= \beta(p_{10} + p_{01}) \\ (\alpha + \beta)p_{10} &= \alpha p_{00} \\ (\alpha + \beta)p_{01} &= \alpha p_{00} + \beta p_{11} \\ \beta p_{11} &= \alpha(p_{01} + p_{10}) \end{aligned}\right\} \tag{6-40}$$

另由归一条件

$$p_{00} + p_{10} + p_{01} + p_{11} = 1$$

可解得

$$p_{11} = \frac{2\alpha^2}{2\alpha^2 + 2\alpha\beta + \beta^2}$$

这就是系统的不可靠度，所以可靠度为

$$R = 1 - p_{11} = \frac{(2\alpha + \beta)\beta}{2\alpha^2 + 2\alpha\beta + \beta^2} \tag{6-41}$$

讨论：倘若修复力量无限制，两个子系统可以同时修理，则它们相互独立，由式（6-41）可得可靠度为

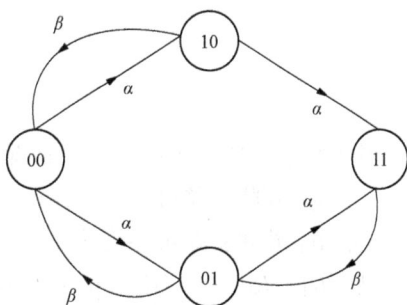

图 6-6　并接可修复系统的状态转移图

$$R' = 1 - \left(1 - \frac{\beta}{\alpha + \beta}\right)^2 = \frac{(2\alpha + \beta)\beta}{\alpha^2 + 2\alpha\beta + \beta^2}$$

而

$$R = \frac{\beta}{\alpha + \beta}$$

显然有 $R < R'$。

这就是限制修复力量的代价。其实当 $\alpha \ll \beta$ 时，亦即子系统都是高可靠时，R 与 R' 的差别是不大的。

3. 串并混合系统及其他结构

在上述串接系统和并接系统的可靠度和相关参数计算的基础上，串并混合系统和其他结构的系统也可以用上述结果进行推广。

图 6-4（c）中串并混合系统的上面一个分支是串接的，那么它的可靠度为 $R_1 R_2$，不可靠度为 $1 - R_1 R_2$。再与下面的分支并接，则不可靠度将为

$$F = (1 - R_1 R_2)(1 - R_3)$$

或全系统的可靠度为

$$R = 1 - F = R_1 R_2 + R_3 - R_1 R_2 R_3$$

从这个例子可以得到串并混合系统的一般计算方法，即串接支路用一个等效系统来代替，再把并接支路用一个等效系统来代替，依次进行下去，最后可求得全系统的可靠度或不

可靠度。假定各子系统相互独立，上述方法可以简记为"串接时是可靠度相乘，并接时是不可靠度相乘，且可靠度和不可靠度之和必为1"。

对于图 6 - 4（d）中的桥式系统，可分别考虑桥的两种状态。当桥上的子系统运行时，其概率为 R_5，此时相当于短路，则图 6 - 4（d）转化成图 6 - 7（a）所示；反之，当桥上的子系统失效时，其概率为 $1-R_5$，相当于开路，则图 6 - 4（d）转化为图 6 - 7（b）所示。图 6 - 7（a）和（b）均为串并混合系统，可分别求得可靠度，再乘上桥的对应状态的概率，即得全系统的可靠度。具体计算过程如下，其中 $R_1//R_2$ 表示 R_1 与 R_2 并联构成的支路，R_1-R_2 表示 R_1 与 R_2 串联构成的支路。

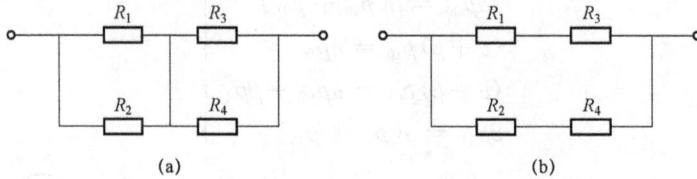

图 6 - 7　桥式连接的化简
(a) R_5；(b) $1-R_5$

对于状态 1 桥上子系统运行情况：

$R_1//R_2$ 并联支路可靠度为 $1-F_1F_2=1-(1-R_1)(1-R_2)$；

$R_3//R_4$ 并联支路可靠度为 $1-F_3F_4=1-(1-R_3)(1-R_4)$；

则 $(R_1//R_2)-(R_3//R_4)$ 串联的可靠度为：$(1-F_1F_2)(1-F_3F_4)$。

对于状态 2 桥上子系统失效情况：

R_1-R_3 串联支路可靠度为：R_1R_3，不可靠度为：$1-R_1R_3$；

R_2-R_4 串联支路可靠度为：R_2R_4，不可靠度为：$1-R_2R_4$；

$(R_1-R_3)//(R_2-R_4)$ 并联的可靠度为 $1-(1-R_1R_3)(1-R_2R_4)$。

再各自乘上桥的状态概率，得到全系统的可靠度为

$$R = R_5(1-F_1F_2)(1-F_3F_4)+(1-R_5)[1-(1-R_1R_3)(1-R_2R_4)]$$
$$= R_5(R_1+R_2-R_1R_2)(R_3+R_4-R_3R_4)+(1-R_5)(R_1R_3+R_2R_4-R_1R_2R_3R_4)$$

对于图 6 - 4（e）中更复杂的梯式系统，也可同样处理，只是所分状态数更多。这里有两个桥，可靠度分别为 R_7 和 R_8。可分为 4 种状态，概率分别为 R_7R_8，$R_7(1-R_8)$，$(1-R_7)R_8$ 和 $(1-R_7)(1-R_8)$。把各状态转化成图 6 - 8 中的（a）、（b）、（c）和（d）图，这些图又成为串并混合系统。类似于上述求解过程，可求得全系统的可靠度为

$$R = R_7R_8(R_1+R_4-R_1R_4)(R_2+R_5-R_2R_5)(R_3+R_6-R_3R_6)$$
$$+R_7(1-R_8)(R_1+R_4-R_1R_4)(R_2R_3+R_5R_6-R_2R_3R_5R_6)$$
$$+R_8(1-R_7)(R_1R_2+R_4R_5-R_1R_2R_4R_5)(R_3+R_6-R_3R_6)$$
$$+(1-R_7)(1-R_8)(R_1R_2R_3+R_4R_5R_6-R_1R_2R_3R_4R_5R_6)$$

总之，更复杂的结构一般也可用同样的方法简化成串并混合系统来计算。

6.1.5　可靠性设计

从以上的可靠性计算中可看出可靠性设计的基本原则，总结如下：

（1）避免串接的子系统过多。这包括尽量简化系统构成，减少元器件和部件的数目。接

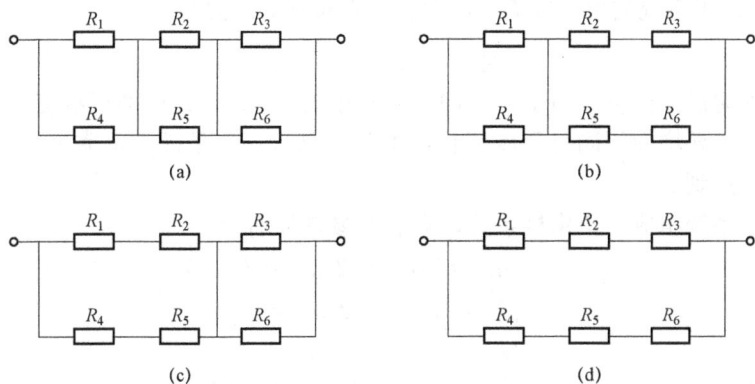

图 6-8　梯式连接的化简

(a) R_7R_8；(b) $R_7(1-R_8)$；(c) $(1-R_7)R_8$；(d) $(1-R_7)(1-R_8)$

口尽量标准化以减少转换设备，后者也是不可靠度的来源。在电路转接网中，应尽量减少转接次数等。

（2）必要时采用备份以形成并接系统。除了直接采用旁置、半热和热备份方式外，也可采用变相的备用设施。例如，在通信网中，若把呼损认为是不可靠的因素之一，采用迂回路由，甚至利用大群化效应等，实质上也等效于增加了备用电路。对一个大系统中的薄弱环节（即可靠度较低的部分）或核心部分（如主控模块）采用备份更显得重要。

（3）尽量减少各子系统或部件的故障率 α。这包括元器件的选择、老化和筛选，生产和安装工艺的提高，也包括精心设计和测试。

（4）尽量增加修复率 β。这就是增加维护力量，提高维护人员素质，采用故障诊断技术以便成块置换等。

所有上述提高可靠性的措施都是要付出代价的。例如，简化系统可能会影响性能，多用备份要增加投资，减少 α 和增加 β 也是要增加费用的。最佳可靠性设计就是对这些矛盾因素取得妥协，或者说应合理分配各子系统的可靠度，以使在保证总可靠度的前提下，付出最少的费用。

一般而论，若有 n 个子系统组成的一个系统，各子系统的可靠度分别为 R_1，R_2，$\cdots$，R_n，所需的费用分别为 x_1，x_2，$\cdots$，x_n，这些费用与可靠度有关，即

$$R_i = R_i(x_i), i = 1, 2, \cdots, n \tag{6-42}$$

则全系统的可靠度将为这些 R_i 的函数，即

$$R = f(R_1, R_2, \cdots, R_n) \tag{6-43}$$

总费用为

$$X = \sum_{i=1}^{n} x_i \tag{6-44}$$

最佳设计就是保证 R 达到要求的情况下，以总费用 X 最小的准则来分配各子系统的 R_i。这样的问题，一般可用拉格朗日乘子法求解，即

$$\frac{\partial(X + \lambda R)}{\partial R_i} = 0$$

其中，λ 为松弛变量。

【例 6. 4】 设子系统的可靠度 R_i 与代价 x_i 之间有下列关系

$$R_i = c_i(1 - e^{-\frac{x_i - b_i}{a_i}})$$

其中，b_i 称为最低代价。当 $x_i = b_i$ 时，可靠度 $R_i = 0$。a_i 是增加可靠度所付出代价的增长率，其值越大，要增加相同可靠度所付出的代价越大。c_i 是最大可靠度，要在代价 x_i 趋于无限大时才能达到。

假设 3 个子系统组成一个串接系统，它们的参量分别为

$$\begin{cases} a_1 = 1, a_2 = 2, a_3 = 3 \\ b_1 = 1, b_2 = 2, b_3 = 3 \\ c_1 = c_2 = c_3 = 1 \end{cases}$$

要求总可靠度为 0. 9，求最小代价和相应的各子系统可靠度 R_i。

解：

由子系统可靠度与代价关系式解出 x_i，即

$$x_i = -a_i \ln\left(1 - \frac{R_i}{c_i}\right) + b_i$$

将各参量数值代入，可得总代价为

$$X = x_1 + x_2 + x_3 = 6 - \ln(1 - R_1) - 2\ln(1 - R_2) - 3\ln(1 - R_3)$$

限制条件为

$$R = R_1 R_2 R_3 = 0. 9$$

用拉格朗日乘子法来求，可得

$$\begin{cases} \dfrac{1}{1 - R_1} + \lambda R_2 R_3 = 0 \\ \dfrac{2}{1 - R_2} + \lambda R_1 R_3 = 0 \\ \dfrac{3}{1 - R_3} + \lambda R_1 R_2 = 0 \end{cases}$$

应用限制条件得

$$\begin{cases} \dfrac{1}{1 - R_1} + \dfrac{0. 9}{R_1}\lambda = 0 \\ \dfrac{2}{1 - R_2} + \dfrac{0. 9}{R_2}\lambda = 0 \\ \dfrac{3}{1 - R_3} + \dfrac{0. 9}{R_3}\lambda = 0 \end{cases}$$

则

$$\begin{cases} R_1 = \dfrac{0. 9\lambda}{0. 9\lambda - 1} \\ R_2 = \dfrac{0. 9\lambda}{0. 9\lambda - 2} \\ R_3 = \dfrac{0. 9\lambda}{0. 9\lambda - 3} \end{cases}$$

再次应用限制条件求 λ，即

$$R_1 R_2 R_3 = \frac{(0. 9\lambda)^3}{(0. 9\lambda - 1)(0. 9\lambda - 2)(0. 9\lambda - 3)} = 0. 9$$

解之，舍去不能用的根，得 $\lambda = -56$。

因此

$$R_1 = 0.983$$
$$R_2 = 0.965$$
$$R_3 = 0.949$$

总代价为 $X = 25.7$。

若能简化设计，取消可靠度最高的子系统 1，则等效于 $x_1 = 0$，$R_1 = 1$，即不花代价而得最大可靠度，显然是值得的。仍用上述方法，可求得 $R_2 = 0.958$，$R_3 = 0.939$，总代价 $X = 20.7$，显然是得益的。若能取消可靠度较低的子系统 3，好处将更显著。

在上例中，$c_i = 1$ 说明只要付出代价，就可达到任意高的可靠度。然而，一般情况下，由于技术上的限制，一般 $c_i < 1$。此时若需提高可靠度接近 c_i 或大于 c_i，就需要使用并接系统。是否需要备份或用几个备份最合适，也可用类似方法求得。

在实际问题中，子系统可靠度与代价间的关系式是最难确定的，这有赖于大量经验数据进行分析总结，而且仍不易精确。

6.2　网络可靠性基础

网络的可靠性研究经历了一个从简单到复杂的发展过程：从最初的设备可靠性发展到网络的可靠性，进而发展到网络的完成性。简单来说，网络的可靠性研究涉及抗毁性、生存性、可用性（或有效性）和完成性 4 个方面。

（1）网络的抗毁性是指在拓扑结构完全确定的网络中，在理想的破坏方案作用下，网络能够保持连通的能力。对于一个抽象网络，网络的抗毁性是指至少需要破坏几个节点或几条链路才能中断部分节点之间的联系，即指出破坏一个网络的困难程度。抗毁性指标是确定的，仅仅和网络的拓扑结构有关，常用的指标有连接度和黏聚度。

抗毁性只是从图论的角度出发，把具体网络抽象为纯图，在假定节点和链路可靠的前提下，把评估网络的连通度作为可靠性指标。

（2）网络的生存性是指对于节点或链路具有一定失效概率的网络在随机性破坏作用下，能够保持网络连通的概率。

生存性是基于概率论和图论的知识提出来的，描述了随机性破坏以及网络拓扑结构对网络可靠性的影响。生存性指标是概率性的，它不仅和网络的拓扑结构有关，也和网络部件的故障概率、外部故障以及维修策略等有关。常用的指标是连通概率，是指在规定的时间内网络一直保持连通的概率。针对分析的范围不同，其可靠度的意义也有所不同，主要包括端端可靠度、k 端可靠度和全端可靠度。其中，端端可靠度是人们关心较多的指标。端端可靠度是指网络中任意两个节点之间存在一条连通路径的概率。k 端可靠度是指网络保持 k 个端点之间连通的概率，即网络中包含 k 个节点的子集中各节点均处于工作状态，且各节点之间至少存在一条路径的概率。全端可靠度是衡量整个网络在部件故障情况下的生存能力。

上述可靠性研究主要考虑网络部件失效使得网络拓扑结构变化，从而对网络连通性产生影响，然而网络部件容量、网络传输时延或网络路由策略等影响通信业务完成的因素也应在网络可靠性研究中予以考虑，即涉及网络可用性（有效性）和网络完成性。

（3）网络的可用性是描述网络在外部资源可用的条件下，在规定时间内的任何时刻，能执行所需功能的能力。该指标可以从两个方向加以理解：其一是针对构成网络的设备提出的，它不仅反映了设备的可靠性，还与其维修性、保障性有关；其二是指在部分设备故障的条件下，网络能执行所需功能的能力。把可用性作为网络的可靠性指标表现在设备的可靠性及其对网络整体的影响上。

（4）网络的完成性描述网络在部件故障条件下，满足通信业务性能要求的程度，这是基于网络业务性能的可靠性测度。完成性包括网络的吞吐量、传输时延等。较早提出的完成性指标是加权端端连通概率，即把网络的端信息流量对相应的端端连通概率加权，并求全网的平均值，该指标可用于比较具有不同拓扑结构和不同流量分布的通信网可靠性，但并未涉及网络的具体业务性能。因此，后来提出的与网络具体业务性能相关的完成性指标，包括基于网络吞吐量的完成性指标，基于传输时延的完成性指标等，分别反映了用户对网络吞吐量和时延的要求。应该说，网络的完成性更面向业务性能，面向网络用户，也反映了网络的服务性能，是通信网络可靠性测度的较高层次。

6.2.1 网络可靠性定义

根据网络的特点和功能，可以将网络可靠性定义为：网络在规定条件下和规定时间内，完成其规定连通和流通功能的能力。规定条件包括网络使用时的环境条件和工作条件、环境条件通常是指网络所在的空间，对网络工作状态有影响的物理、化学、生物以及其随时间的变化规律，其中涉及的主要因素包括温度、湿度、振动、冲击、辐射等。环境条件的不同，将直接影响到网络中各种硬件的可靠性水平。工作条件包括网络使用时的应力条件、维护方法、使用时对操作人员的技术等级要求等。工作条件的不同，除影响到网络中硬件、软件的可靠性外，还对网络结构、运行机制的可靠性有所影响。

规定时间是指网络规定的任务时间、随着网络任务时间的增加，网络出现故障的概率将增加，而网络的可靠性将是下降的，因此，讨论网络的可靠性离不开规定的任务时间、一般地，网络的规定时间可以日历时间计，也可以工作时间计。

规定连通和流通功能是指网络规定了必须具备的连通、流通功能的技术指标、所要求网络功能的技术指标的高低，直接影响到网络可靠性指标的高低。例如，要求网络80％的节点能满足连通、流通功能要求，与要求90％的节点满足同样要求，所得出的可靠性指标是大不一样的。因此，在分析评价网络的可靠性时，必须首先明确要求网络完成的连通和流通功能是什么，其技术指标要求是什么，才能给出明确的网络故障判据。

网络一般由若干不同的子系统构成，子系统的故障一般对网络整体的可靠性会造成一定影响。引起网络失效的原因多种多样，只有明确故障来源，才能准确地理解网络故障的特性，最终找出控制网络故障的有效措施。对于计算机网络，故障类型包括断路、瞬时断路、时延、丢包和错误等，造成故障的原因包括硬件、软件、结构、运行机制、环境条件、使用模式等。

网络故障的分类可以按照多种方式进行，例如按故障原因、产品层次、故障程度、主从关系等进行分类。根据网络故障的形成原因，可以分为过应力型故障和损耗型故障；根据故障发生的产品层次，可以分为节点硬件故障、节点性能下降型故障、设备级故障、应用层软故障和网络级故障；根据网络故障引发的网络性能改的衰退程度，可以分为硬故障和软故障；根据故障发生的主从关系，可以分为源故障和级联故障。

网络科学由于其广泛交叉性和复杂性，涉及众多学科的知识和理论基础，特别是数学、统计物理学、计算机与信息科学等。其中数学涉及的基础知识包括随机图理论、概率论与随机过程分析、马尔可夫过程与马尔可夫链方法、随机微分方程解法、组合分析方法、拓扑学、优化理论、常微分和偏微分方程解法等。复杂网络涉及的相关理论方法更是包括图论、非线性科学、复杂性科学、数值计算方法、系统科学和随机过程分析等。

6.2.2　网络可靠性度量参数体系

不同的网络对象对应的参数体系具有很大的差异，但是从总体来说，构建的网络可靠性参数体系要能够同时反映下述几个方面。

（1）不同功能要求。网络可靠性的定义包括了两项功能：连通和流通。流通功能又包含了及时传输、完整传输以及正确传输的含义。因此，为了同时反映网络不同功能要求的可靠性，可将网络可靠性参数划分为连通可靠性、流通可靠性两类。其中，连通可靠性关注的是网络的功能层次，判断网络能否实现对应的功能；流通可靠性关注的是网络性能，判断网络实现对应功能的好与坏，流通可靠性又划分为及时可靠性、完整可靠性以及正确可靠性三类。

（2）不同度量范围。对于网络整体的可靠性水平，可用 k/N 端的可靠性进行度量，考察网络中 k 个终端间的可靠性水平。这 k 个终端包含在一个端点子集 N 中（$N \subseteq V$，V 是网络中所有端点的集合；$2 \leqslant k \leqslant n$，$n$ 是端点子集 N 的端点数），通过对端点子集 N 的选择可以反映网络中不同优先级、不同区域、不同层次端点间的可靠性水平。

对于网络群体的可靠性水平，可用 $M-k/N$ 端的可靠性进行度量，反映网络端点子集 M（$M \subset V$）对网络可靠性的群体感知，是端点子集 M 中 m 个端点的个体可靠性参数的函数（m 是端点子集 M 的端点数）。

对于网络个体可靠性水平，可用 $1-k/N$ 端的可靠性进行度量，反映单个网络端点对网络可靠性的个别感知。其中，考察的一端是网络中某个固定的端点 s，考察的另一端是网络中的 k 个端点，这 k 个端点是包含在一个端点子集 N 中（$N \subset V$，且 $s \notin N$）。

（3）不同度量角度。在网络可靠性参数中应既有概率维参数，又有时间维参数。为了度量网络任务可靠性水平，可将网络可靠性参数划分为包括任务可靠度和平均严重故障间隔时间两类。

在不同的实际网络可靠性研究中考察的方面可能不一致，对于通信网络，主要考察的是通信能否完成、完成的程度（数据包丢失数量、误码多少和时间延迟长短等）。通信网常用的可靠性参数定义及计算方法如下：

1. 全端可靠度

全端可靠度是指通信网中任意两个节点均能正常通信，用下式计算网络全端可靠度 R (G, p_v, p_e)

$$R(G, p_v, p_e) = p_v^v \sum_{j=v-1}^{e} f_j p_e^j (1-p_e)^{e-j}$$

式中，G 表示网络，p_v 表示节点的可靠度；p_e 表示链路的可靠度；f_j 表示网络的连通向量；v 表示节点数；e 表示链路数。

2. 端对端可靠度

端对端可靠度是指从源端 s 通过网络顺利到达终点 t 的概率。如果通信网中一个节点对

之间有 m 条最小路径 P_1，P_2，…，P_m，那么网络端到端的可靠度为

$$R_{st} = P_r\{从 s 到 t 至少有一条最小路径\} = P_r\{P_1 \bigcup P_2 \bigcup \cdots \bigcup P_m\}$$

3. 任务可靠度

任务可靠度是指任务可靠性的概率度量。

4. 一次通信任务可靠度

一次通信任务可靠度是指通信网的节点之间或某两个用户之间，在一次通信时间内的可靠度。对所关心的极其重要的一次通信任务，该项参数及指标是有意义的。

6.2.3 网络可靠性建模

为了定量分析网络性能，评价网络的可靠性，为改进网络设计提供支持，首先需要建立网络的可靠性模型。

可靠性模型包括可靠性框图和可靠性数学模型两部分。可靠性框图应与研究对象的工作原理图及功能框图相协调，原理图则表示对象各单元之间的物理关系，而功能框图表示对象中各单元之间的功能关系。可靠性框图简明扼要、直观地描述了网络对象为完成任务而形成的各种组合，例如串联模型、并联模型、非工作储备模型和桥联模型等。

可靠性数学模型是从数学上建立可靠性框图与时间、事件和故障率数据的关系。这种模型的"解"就是所预计的产品可靠性。因此，可靠性数学模型应能根据可靠性试验和其他有关试验信息、产品配置、任务参数和使用限制等的变化进行及时修改；可靠性数学模型的输入和输出应与产品分析模型的输入和输出关系相一致。

根据建模考虑的层次不同，可以将网络可靠性模型分为：基于图论的网络拓扑可靠性模型、基于排队论的可靠性模型、马尔可夫模型、基于 Petri 网的可靠性模型、基于网络性能的网络可靠性模型等。

不同领域的网络关注的性能参数有所不同，比如在计算机网、通信网络中关注更多的是通信时延、丢包数量等性能参数，在交通网络中主要关注的是行程时间、网络容量等性能参数，在电网中考虑的是网络节点发生故障后的抗毁性等，显然，不同网络性能对网络可靠性和业务可用性方面的影响也不尽相同。

建立网络模型，需要选择适于表示待研究系统的抽象机制。网络模型是以图形为基础的模型，如 Petri 网络模型，主要用于网络协议的确定和检验，证明协议的正确程度。网络模型是程序性的模型，即协议被规定为一个用编程式的语言写成的交互程序的集合，要求网络协议具有算法性质，通过设计编程语言能清晰表达所需要的算法，用于网络协议的确定和检验。网络模型是"加工车间"式的模型，如排队网络模型和马尔可夫链模型，主要用一组源要素，如通信链路、缓冲器、控制器、集中器和计算机单元（如处理器、磁盘和寄存器等），以及一组需要使用这些源的加工作业（如数据确认、轮询信息、要执行的规程等）来表示，加工作业在源之间循环，并竞相利用这些源。这类模型用于分析待建系统的性能，即分析源在系统作业流中被征用所发挥的效能。下面简要介绍其中的几种网络可靠性模型。

1. 基于排队论的可靠性模型

排队和排队网络模型属于"加工车间"型模型，排队网络也是计算机网络最自然、最直截了当的模型。该模型中，网络中的信息流用排队网络的服务来表示，其中传输设施（链路或集中器）被当成服务中心，缓冲器被当成待区域，信息为了传输而在等待区域排队。信息到达实际网络的过程（作业进入网络）特征用到达之间的时间概率分布来表示，不同的传

输时间（由于信息长度不同所致）用服务时间分布来表示，作业通过实际网络的路由用被说明的路由链路来模拟。这些路由表明了作业在网络中的每一次排队中，在一级或多级等待区域之间流动的方式。

2. 马尔可夫链模型

排队网络模型对计算机网和其协议建模十分有用，但对集中器、交换机、随机存储器、环形网络及其协议等并不适用，这时性能模型常常被确定为马尔可夫链模型。通信网交换系统占用状态属于时间和状态都离散的马尔可夫过程，即马尔可夫链。一个马尔可夫链包含若干状态 $i=1, 2, \cdots, N$（代表要模拟的系统状态）和一个转换矩阵 P，该矩阵要满足从一个状态 i 进入另一个状态 j 的概率 P_{ij}，而和系统原来的状态无关。建立马尔可夫链模型的主要目的是确定系统处于各个状态的稳态概率，而系统性能度量正是由这些概率值得到。

3. 基于 Petri 网的可靠性模型

Petri 网是一种系统描述和分析的工具，其本身是一个网状结构信息流模型，可以对系统进行数学和图形的描述、分析。作为一种数学工具，它可以建立系统状态方程、代数方程以及系统行为的模型，可以对其进行量化计算和验算。作为一种图形处理工具，在建立模型过程中既直观又形象，便于表带和建模。Petri 网在模型描述时，对具有并发、异步、分布及并行特征的系统具有很好的适用性；可以较好地描述系统的时间特性、不确定性（指人为因素等）和系统的随机特性；可以使用标记来模拟和仿真系统的动态行为。

通过深入分析所构造出的 Petri 网模型，能够揭示出被模拟系统在结构和动态行为方面的许多重要信息。抽象地说，Petri 网是由系统状态节点、事件迁移节点和迁移方向连接成的二元有向图。如果将系统输入位置节点和输出位置节点所形成的集合设为 P，转移节点集合为 T，所有转移方向有向弧集合为 F，则 Petri 网模型可采用三元素组 (P, T, F) 表示。如果将 Petri 网的定义加以扩展，就可以用来描述通信网内各实体和动态过程。

6.2.4　网络可靠性计算与评估

1. 网络可靠性计算

网络可靠性计算方法可以分为解析算法和仿真算法两类。解析算法是通过给定网络中各个节点和链路的可靠度或故障率，采用状态枚举法、容斥原理法、不交积和法、因子分解法、图变换法、定界法等，计算网络连通可靠度。例如，状态枚举法假设网络元件存在正常与故障两种状态，通过枚举出网络正常的所有元件状态而计算相应的可靠度；因子分解法选择网络中的一个元件，按照其可靠与不可靠逐步进行分解，从而迭代获得网络可靠度。由于网络的复杂性和随机性，一般很难给出网络流通可靠性参数的解析计算模型，该方法仅适用于连通可靠性参数的计算。随着计算机技术的发展，研究人员逐渐开始关注以计算机和应用软件为工具的可靠性仿真算法。

由于网络使用会受到元件故障、网络流变化、路由策略等因素的影响，网络的复杂性和随机性给反映网络使用的可靠性分析带来了很大的困难，难以建立流通可靠性的理论模型。仿真算法是当前乃至未来网络系统可靠性评估的主要途径，通过构建网络系统可靠性模型，构建业务、故障、维修以及其他随机性参数模型，真实模拟网络中的各种动力学行为，统计分析相应的可靠性参数。当前关于通信网系统可靠性仿真方法按照网络建模方式大致分为蒙特卡洛仿真和状态机仿真两大类。

蒙特卡洛仿真方法的主要思想是通过对实际问题的分析构造随机事件，使得它的某种概率统计量就是问题的解，对该随机事件进行抽样并计算出问题的结果，这是一种应用随机抽样获得数学或物理问题解的概率统计方法。蒙特卡洛仿真主要利用当前通用的通信网性能仿真平台和工具，如 OPNET、NS2、OMNEST 等，依据实际网络拓扑结构、通信协议以及业务流程等，模拟构造通信系统的可靠性评估网络模型，通过输入网络流量、故障分布以及维修等随机参数，通过蒙特卡洛仿真统计得到相关可靠性参数。

状态机仿真针对通信网中的复杂离散事件，将网络的动态行为通过状态机进行描述，通过统计相关状态参数分析系统可靠性水平，常见的是基于 Petri 网的网络可靠性建模仿真方法。Petri 网是进行离散事件动态系统建模与仿真分析的有力工具，它可以清晰自然地描述系统中的各种逻辑关系，以及常见的同步、资源共享、竞争、冲突等现象。

上述方法在实现难易程度、精确度、成本和适用网络方面各有优缺点，因此，在对一个网络的可靠性进行分析评价时，应该根据网络的规模，综合考虑成本限制、精确度要求等，选择合适的方法。

2. 网络可靠性评估

从工程实现方式上，网络可靠性评估方法主要分为如下几种。

（1）基于图论、概率论等理论的数学解析方法，数学解析方法主要解决了基于网络拓扑和网络部件故障下的网络连通性问题，包括精确计算和近似计算两种算法。

（2）基于随机事件的计算机仿真计算方法，仿真方法通过构建网络模型、业务模型、故障及维修事件模型，可对网络连通可靠性和网络性能可靠性进行仿真，主要采用蒙特卡洛仿真方法，部分研究也将 Petri 网理论引入网络可靠性仿真研究中。

（3）基于真实试验网络的现场可靠性统计试验验证方法，试验验证方法构建真实试验网络，施加任务剖面，基于传输需求评估网络性能可靠性。

以上三种方法各有优劣，一般工程实践中采用多种方法相结合的形式。

综合评价方法研究主要是解决单一参数无法综合衡量网络可靠性，单一评估方法的结论可信度差的问题。此外，通过采用层析分析法、模糊综合评价法、人工神经网络法等也可得到网络可靠性的综合评价结论。

任务剖面技术是网络系统可靠性评估的关键技术之一。由于网络系统的网络规模、拓扑结构、用户规模、通信需求、管理方式、使用地域等多种因素导致任务剖面复杂多变。任务剖面技术研究就是要建立一套从实际环境下提取典型任务剖面的方法，确立网络任务剖面架构，并研究相对应的任务剖面加载技术，其核心是确定网络系统的业务剖面，包括业务种类、频度、分布、流向、流量等研究内容。

根据评估时关注的网络层次不同，可以将网络可靠性评估分为：

（1）网络连通可靠性评估，指的是仅考虑网络拓扑结构，将"网络实现连通功能的概率"作为可靠性度量。

（2）网络容量可靠性评估，它在考虑网络是否连通的基础上，还考虑了网络中链路和节点的容量，将"存在满足一定流量需求的连通路径的概率"作为可靠性度量。

（3）网络性能可靠性评估，关注的是网络性能的动态变化对可靠性的影响，多以"某些功能参数不超过其规定阈值的概率"作为可靠性的度量。

以业务为中心的网络可靠性综合评估，综合考虑了网络的连通可靠性、容量可靠性和性能可靠性，将"网络对某业务的支持能力"作为业务可靠性的度量。

6.2.5　网络可靠性设计

通信网可靠性设计需考虑冗余设计、故障管理与预防、数据管理、节点及链路可信性、环境、抗毁能力、安全等因素。应重点考虑以下方面：

（1）冗余设计。重点考虑关键设备和链路的冗余。

（2）网络保护机制。例如，路由协议、热备份协议、路由绑定协议、自动保护切换协议等都是常用的网络保护机制。

（3）容错设计。即进行网络健壮性设计，使之在出现某些错误或故障时，仍能正常工作或部分工作。

（4）拥塞控制。通过分析或可靠性仿真试验找出网络流量的"瓶颈"，并采取有效的拥塞控制策略。

（5）在线维护保障设计。即在不中断网络运行的前提下，实现网络的维护和保障，常用的方法有硬件的热插拔更换和软件的在线升级等。

（6）仿真辅助设计。通过网络可信性仿真试验方式，进行网络完成性、抗毁性、可用性、恢复性、可靠性方面的辅助分析和设计。

通信网络冗余设计主要考虑链路冗余、主干设备冗余、供电冗余、服务器冗余四个方面。

一种简单的链路冗余设计方案，是给主链路增加一条备用链路。以 ISDN 为例，增加另外一条拨号备用线，采用 DDR 的方式，一旦主链路中断，通过拨号 ISDN 就可以启用备用线恢复网络连接。另一种方法是采用网状或带冗余的星状拓扑结构。

主干设备冗余的典型案例是网络核心交换机的冗余，为了避免较大规模网络因为交换机故障瘫痪，可以采用双核心交换机热备份结构。另一种主干设备冗余的例子是路由器的冗余。一般通过虚拟路由冗余协议实现。

可靠性设计包括网络拓扑设计和业务性能设计。可靠性设计一直注重物理层的设计，考虑物理网和系统的可靠性。这些措施积极利用"容错"和"避错"的思想，按照功能上分散和物理上分散的原则采取的，以提高网络抗灾害和抗过负荷的能力。

制定通信网的可靠性设计准则时，应重点考虑以下方面：

（1）抗毁性设计。例如增加关键网元的冗余度，进行基于网络拓扑的链路冗余设计；采用模块化结构，使模块具有检测、报告自身故障的能力；进行网络互通性设计，提高网络内部用户之间的互通能力，以及与其他网络用户的通信能力等。

（2）故障管理设计。建立故障探测、故障诊断、故障隔离、故障恢复、故障移除、故障告警、故障预测及预防机制。

（3）数据管理设计。采用定期备份、镜像技术、加密技术、重要数据冗余等技术，保证网络数据的可靠性和安全性。

（4）充分考虑环境对网络可信性的影响，进行耐环境设计。

（5）通过路由协议、自动倒换保护协议、热备份协议等建立网络保护机制。

（6）通过分析找到网络流量的"瓶颈"，采取有效措施实现拥塞控制。

（7）建立针对通信网硬件、软件、固件、人员操作故障的应对策略。

（8）进行网络人员操作防差错设计，减少人员误操作和操作流程错误对网络可信性的影响。

6.3　通信网的可靠性

以上简述了可靠性理论的基本概念、计算方法和网络可靠性基础，现在将把上述理论与通信网的可靠性结合起来，对通信网的可靠性定义、联结性、端局和线路故障下的可靠度、局间通信可靠度、综合可靠度等进行具体阐述。

6.3.1　通信网的可靠性定义

对于通信网来说，首先必须明确规定什么是可靠，或者用数学语言来定义可靠集或失效集。通常所用的可靠集定义大致分为 3 种，各有其特定的含义和不同的应用场合。

第一种定义是从全网出发。根据前面联结图的定义，通信网也可用点和线组成联结图，任何两端之间至少存在一条通信路径，一旦边失效或端失效，联结图就可能成为不联结的，从而对于整体网络来说不能起到任何两端间均可通信的作用，从而说明网已失效。当然这种失效不能排除某些端间尚能通信。这样理解失效时，可靠集就可定义为

$$U = \{任何未消失的端之间均有径\} \qquad (6-45)$$

或失效集为

$$V = \{某两个未失效端之间无径\} \qquad (6-46)$$

【例 6.5】　如图 6-9 所示，有 4 个端 A、B、C、D，5 条边 a、b、c、d、e，求该图的可靠集。

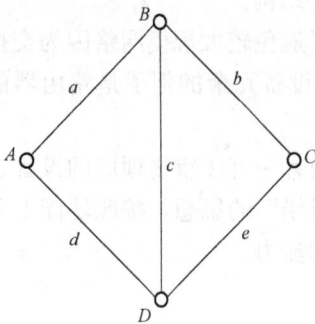

图 6-9　网的可靠集举例

分析：显然，去掉图中任一边或任一端，图还是联结的，留下的端之间仍能通信。但当边 a 和 d 同时失效，未失效的端 A 已无法与其他端通信，网就失效。同样，当端 B 和 D 同时失效，A 和 C 端间已无法通信，网也失效。此外，若 A、B 和 C 端同时失效，留下的只有一个 D 端，它当然也无法与别的端通信，这种情况也认为网已失效。

解：根据上述分析，由式（6-45）可写出图中网的可靠集为

$$U = \{\phi; A; B; C; D; a; b; c; d; e; Ac; Ab; Ae; Cc; Ca; Cd; AC\}$$

其中，ϕ 表示所有边和端均正常；A 表示 A 端失效，这隐含着 a 和 d 可能失效，因为一个端失效，与之相关联的边也不起作用；a 表示 a 失效；Ac 表示 A 端与 c 边同时失效，当然也隐含 a 和 d 可能失效；AC 表示端 A 和 C 同时失效等。有了可靠集，就可计算可靠度。

第二种定义是着眼于网内某些端的可靠集定义。只要这些端点之间能互相通信，就算网络正常。最简单的情况是只考虑两个端，并假定这两个端不会失效。此时可定义可靠集为

$$U = \{某两个端之间能正常通信\} \qquad (6-47)$$

所谓正常通信，除了相互联通的径外，还可固定某些性能指标。例如，电路转接中的呼损应小于规定值，转接次数小于规定值，信息转接中的平均时延应低于规定值等。这样就形成了综合可靠度，为了简化计算，通常可把综合指标合并成另一个可靠度参量，如用实际通过量和呼叫量之比作为可靠度。

第三种定义是从随机图出发。当网的端数和边数都很大时，用确定性的算法来计算可靠

度，几乎成为不可能。因为不论可靠集和不可靠集，其中元素均将以端和边数的指数增加。此时可设代表网的图并不是确定的，任两端之间有边与否是以概率规定，这样可得某些解析结果。随机图概念下的可靠集定义为

$$U = \{ \text{尚联结的端数大于某规定值} \} \tag{6-48}$$

这就是说，在大灾害情况下，网内尚有一定数量的交换节点之间能够通信，表征网的抗灾害能力。这种定义下的可靠度愈大，网络的抗灾害能力愈大。

6.3.2　通信网的联结性

从整个网络出发，定义可靠集或失效集来研究通信网的可靠性是一种常用方法，从本质上来看，是需要衡量网络是否联结，即图论中的联结性。考虑连通无向图 $G = (V, E)$，$|V| = n$，$|E| = m$，则联结度 α 与结合度 β 反映了图的可靠性大小，二者分别定义如下：

去掉某些端使图成为不联结，其中所有割端集中最小集的元数，记为图的联结度 α，可以定义为

$$\alpha = \min |X| \tag{6-49}$$

其中 X 为图的割端集，即去掉 X 中的端后，图就失去了联结性，或已被分成若干部分。绝对值符号代表这个集合中元素的个数。

去掉某些边使图成为不联结，其中所有割集中最小集的元数，记为图的结合度 β，可以定义为

$$\beta = \min |Y| \tag{6-50}$$

其中 Y 为图的割边集，即去掉 Y 中的边后，图就失去了联结性，或已被分成若干部分。

在实际情况中，同时去掉部分边和端，也能使图失去联结性或分成若干部分。因此，除了上面两个基本的度量，还可以定义混合联结度 γ，即

$$\gamma = \min |Z| \tag{6-51}$$

其中 Z 为图的混合割集，即 Z 中可以有边，也可以有端，去掉这些边和端，图就失去了联结性，或已被分成若干部分。

为了更加细致地描述图的可靠性，引入 3 个辅助指标，包括最小割端集的数目记为 C_α，最小割边集的数目记为 B_β，最小混合割集的数目记为 A_γ。下面通过举例加深对三个辅助指标的理解，为后续通信网可靠度计算提供帮助。

【例 6.6】　如下图 6-10 中三个图，分别计算它们的各种可靠性指标。

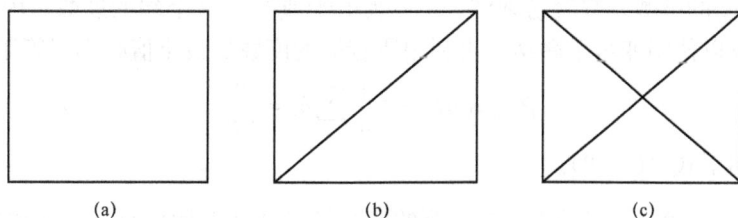

图 6-10　辅助指标例图

解： 对于图 6-10（a），有 $\alpha = \beta = \gamma = 2$，很容易得到 $C_\alpha = 2$，$B_\beta = 6$，对于最小混合割集，其中包含三类元素，即双端故障、双边故障、单端单边故障，各自数量分别为 2、6、8，则 $A_\gamma = 16$。

对于图 6-10（b），有 $\alpha=\beta=\gamma=2$，很容易得到 $C_\alpha=1$，$B_\beta=2$，对于最小混合割集，其中包含三类元素，即双端故障、双边故障、单端单边故障，各自数量分别为 1、2、4，则 $A_\gamma=7$。

对于图 6-10（c），有 $\alpha=\beta=\gamma=3$，很容易得到 $C_\alpha=4$，$B_\beta=4$，对于最小混合割集，其中包含三类元素，即双端单边故障、双边单端故障、三边故障，各自数量分别为 6、12、8，则 $A_\gamma=26$。

本例中的各种可靠性指标的计算依据定义即可完成。

对于无向图，图的联结度、结合度、混合联结度三个参量具有下列关系

$$\gamma=\alpha\leqslant\beta\leqslant\frac{2m}{n} \tag{6-52}$$

现将式（6-52）简要证明如下。

证明：

图 G 中任取两端 v_s 和 v_t，令 X_{st} 是使 v_s 和 v_t 分开的最小割端集，Y_{st} 是最小割边集，以及 Z_{st} 是最小混合割集。则

$$|Z_{st}|=|X_{st}|\leqslant|Y_{st}|$$

因为一条割边总可用一个割端来代替，当与边有关联的端去掉后，这条边也已失去作用。反之，割端不能用边来代替。由此可知

$$|X_{st}|\leqslant|Y_{st}|$$

至于混合割集，若其中有边，同样可用端代替，有

$$|Z_{st}|\geqslant|X_{st}|$$

但是混合割集中，并不排除所有元素都是端，因此又有

$$|Z_{st}|\leqslant|X_{st}|$$

所以得

$$|Z_{st}|=|X_{st}|$$

由以上关系式，可知

$$r=\min_{st}|Z_{st}|=\min_{st}|X_{st}|=\alpha$$
$$\alpha=\min_{st}|X_{st}|\leqslant\min_{st}|Y_{st}|=\beta$$

最后来证明式（6-52）的最后一个不等式。

令 δ_i 是端 v_i 的度数。很容易理解，β 必然小于或等于每个端的度数，因为至多去掉该端所有的边就可以使图变得不联结。再利用所有端的度数的最小值必小于等于平均值，可得

$$\beta\leqslant\min_i\delta_i\leqslant\frac{1}{n}\sum_i\delta_i=\frac{2m}{n}$$

这样就已经证明了式（6-52）。

从关系式（6-52）可以看出，要求图的联结性好或通信网可靠，常希望 $\frac{2m}{n}$ 大一些，边数愈多，任两端之间的径才能愈多，边数最小的联结图是树，此时 $m=n-1$，则

$$\frac{2m}{n}=2-\frac{2}{n}<2$$
$$\alpha=\beta=\gamma=1$$

这就是说，树中的任两端之间只有一条径，去掉一条边或一个端，必使图成为不联结

的。例如，电话网可以是一种星形结构的树，所需边数最少，通常设置一个交换点，其他所有端都与其相连。这个交换点的度数是 $n-1$，其他端的度数均为 1。这种结构的联结性最差，也就是可靠性最差。要提高可靠性，就必须增大 α 和 β，也就意味着增加边数 m。

$\frac{2m}{n}$ 可称为网的冗余度，其值愈大，径愈多，超过联结的最低要求愈大。在一定的冗余度下，如何提高 α 和 β 是一个网结构问题。一般希望式（6-52）能化为等式可能是最合理的，因为冗余度愈大，代价愈高，而 α 和 β 愈大，可靠性愈好，因此，二者相等应是最佳情况。从证明式（6-52）的过程中可看出，当各端的度数 δ_i 相等时，它的平均值将等于最小值，可使 β 等于 $\frac{2m}{n}$。这是必要条件，并不是充分条件，因为 β 可能小于 $\min_i \delta_i$。各 δ_i 相等的图称为均匀图，如图 6-11 所示。

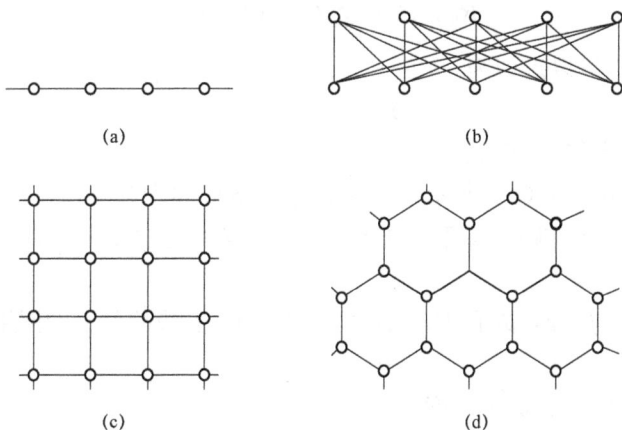

图 6-11　均匀图的网

有关 α、β 和 γ 的计算方法这里不再赘述。

6.3.3　端局和线路故障下通信网的可靠度

通信网可以用端和边组成的图来表示，即假设网络用无向图 $G=(V,E)$ 表示，$|V|=n$，$|E|=m$，则图的联结性就是网的可靠性。端是交换局，边是传输线路，两者的故障可以破坏网的联结性。倘若这些故障的发生和以后的修复是相互独立的，那么就可从这些交换局和线路的可靠度来计算网的联结概率，也就是网的可靠度。从原理上来说，这种计算是直截了当的。可以把各端和边都规定有正常和失效两种状态，可得一个 2^{m+n} 元的状态空间，把这些元素分成两个集合，一个是可靠集，即图仍是联结的，正常的端之间仍是相互连通的。另一个是失效集，即图已成为不联结的几部分或只留下一个正常端。选择一个集合来计算它的概率，就得到网的可靠度或不可靠度。但是，当 m 和 n 很大时，这样的计算将非常繁琐，甚至不好计算。而且这还是在各故障相互独立的假设下进行，而实际上某个边或端的故障还能影响到其他边或端的运行，因此实际计算是非常复杂的。下面讨论各边可靠度相等，各端可靠度也相等的情况，提出近似计算公式，作为估计实际网的可靠度的参考。

1. 边故障下通信网的可靠度

假设网络中仅有边故障，所有端均正常，各边的不可靠度为 p，则通信网的可靠度可以通过遍历可靠集合中的所有元素来求得，但是一般该式不易求解，因此可以从网的不可靠度出发，得到较简单的近似式。假设 B_i 是具有 i 条边的割边集数目，由于图的结合度 β 是最小的割边集的元数，所以 $i \geqslant \beta$，这样可把可靠度写成

$$R_e = 1 - \sum_{i=\beta}^{m} B_i p^i (1-p)^{m-i} \qquad\qquad (6\text{-}53)$$

通常 $p \ll 1$，近似计算时可忽略其高次幂，上式可近似为

$$R_e \approx 1 - B_\beta p^\beta \qquad\qquad (6\text{-}54)$$

其中 B_β 是最小割边集的个数。

2. 端故障下通信网的可靠度

假设网络中仅有端故障，所有边均正常，各端的不可靠度均为 q，假设 C_i 是具有 i 个端的割端集数目。α 是图的联结度，所以 $i \geqslant \alpha$。类似地，则通信网的可靠度为

$$R_n = 1 - \sum_{i=\alpha}^{n} C_i q^i (1-q)^{n-i} \qquad\qquad (6\text{-}55)$$

当 $q \ll 1$ 时，上式可以近似为

$$R_n \approx 1 - C_\alpha q^\alpha \qquad\qquad (6\text{-}56)$$

其中 C_α 是最小割端集的个数。

【例 6.7】 如图 6-10（a）所示，如果各边的不可靠度为 p，各端的不可靠度均为 q，且 $p \ll 1$，$q \ll 1$，且各边、端故障概率独立，请计算仅有边故障和仅有端故障下的网络近似可靠度。

解： 经过计算 $\alpha = \beta = 2$，并且 $B_\beta = 6$，$C_\alpha = 2$，则只有边故障下的网络近似可靠度为

$$R_e \approx 1 - 6p^2$$

只有端故障下的网络近似可靠度为

$$R_n \approx 1 - 2q^2$$

3. 混合故障下通信网的可靠度

当端和边都可能出故障时，可以直接把各种状态列出来计算可靠度，也可以利用上面算得的可靠度 R_e 和 R_n，求其上界 R_U 和下界 R_L。

只有边故障而使图不联结的概率是 $1-R_e$，只有端故障而使网不联结的概率是 $1-R_n$，因为还存在两种故障使网不联结的可能，实际网络不联结的概率必大于 $1-R_e$ 或 $1-R_n$。因此网络可靠度将小于这两种情形的较小者，即可靠度 R 的上界为

$$R_U = \min(R_e, R_n) \qquad\qquad (6\text{-}57)$$

另一方面，在边和端都可能出故障的情况下，图仍联结的状态集可分为 4 类。第 1 类是边和端都无故障，这个集的概率是 $(1-p)^m (1-q)^n$。第 2 类是边至少有一个故障，端无故障，这个集的概率是

$$R_e (1-q)^n - (1-p)^m (1-q)^n$$

第 3 类是端至少有一个故障，边无故障，这个集的概率是

$$R_n (1-p)^m - (1-p)^m (1-q)^n$$

第 4 类是端和边都有故障，这个集的概率必为非负。由于这 4 种集是互斥的，所以图仍联结的概率应为 4 种集的概率之和，所以可靠度 R 的下界应为

$$R_L = R_e (1-q)^n + R_n (1-p)^m - (1-p)^m (1-q)^n \qquad\qquad (6\text{-}58)$$

即

$$R_L \leqslant R \leqslant R_U$$

除此之外，也可以类似于上面近似计算过程，直接把不可靠集各种状态列出来计算网络不可靠度，进而得到可靠度近似计算公式为

$$R_{n.e} \approx 1 - \sum p^s q^t \qquad (6\text{-}59)$$

其中 $s \geqslant 0$，$t \geqslant 0$，$s+t=\gamma$，求和的项遍历所有 A_γ 个混合割集。

【例 6.7（续）】　继续上面例题，来计算两种故障都可能存在时的网络可靠度。

解:　将前面求得的 R_e 和 R_n 代入式（6-57），得上界为

$$R_U \approx \min[(1-6p^2),(1-2q^2)]$$

代入式（6-58），得下界为

$$R_L \approx (1-6p^2)(1-q)^4 + (1-2q^2)(1-p)^4 - (1-p)^4(1-q)^4$$
$$\approx 1-6p^2-2q^2-16pq$$

利用近似计算公式（6-59）计算，可以计算得到图的混合联结度 $\gamma=2$，最小混合割集的数目 $A_\gamma=16$，计算混合故障下网络的近似可靠度为

$$R \approx 1-2q^2-6p^2-8pq$$

可见上面结果中近似可靠度位于上下界之间，即有如下关系 $R_L < R < R_U$。

更一般情况下，如果集合 $X \subset V$，考虑集合 X 所含网络的可靠性，此时网络可靠集＝{X 中没有失效的端之间有路径}，关于可靠度的近似计算对前面三种故障情况进行修正即可。该情况的特例为 X 中仅包含两个端点，即 $X=\{s,t\}$，此时考虑的是两个端点之间的可靠性。考虑图 G 的两个端 s 和 t，所谓 s 和 t 之间的可靠度是指 s 和 t 之间有路径相通的概率。这个概率的近似计算可以用上述类似方法得到。

6.3.4　局间通信网的可靠度

以上是从全网的角度来计算可靠度，一般地，全网可靠度计算较为困难，倘若任意两端间的可靠度已知，全网的可靠性也能有所说明。因此，这里讨论两端间通信的可靠度问题，计算只考虑联结与否的端间通信的可靠度，下一节再从呼损、时延等质量指标来统一研究综合可靠度。

在一个通信网中，两端之间可能有几条径，只有这些径都不能通信时，才使端间通信中断。因此，两端间通信的可靠度表示两端间至少有一条路径相通的概率。当这些径都无共端时，可用以前介绍的复杂系统分解成并串系统的方法，直接计算两端之间的联结概率。

例如，图 6-9 所示的网中，令各端的可靠度分别为 R_A、R_B、R_C 和 R_D，各边的可靠度分别为 R_a、R_b、R_c、R_d 和 R_e，则 B 和 D 端间的联结是由 1 条直通边 c、2 条迂回径 BAD 和 BCD 构成。他们是 3 条无共端的径，所以 B 和 D 端间的可靠度很容易算为

$$R = 1 - [1-R_c][1-R_A R_a R_d][1-R_C R_b R_e]$$

当联结 2 个端的各条径是有共端的，或者不但有共端，而且也有共径的，情况就要复杂一些，仍可用以前解析式连接的系统那样，采用各种状态下的并串系统来解。在网内的端出故障，相当于与它关联的边也失去作用，所以在分解时应注意到这一点。

下面仍以图 6-9 为例，计算 A 端与 C 端之间的可靠度。此时，桥路 c 失效是一种状态，其概率为 $1-R_c$，该网就成为串并混合系统，如图 6-12（b）所示，桥路正常的概率为 R_c，具体还可细分为 3 种状态，即: B 和 D 端均正常; B 端正常，D 端失效; D 端正常，B 端失效。这 3 种状态下的串并等效系统分别如图 6-12（c）、（d）、（e）所示。3 种状态的概率分别为 $R_c R_B R_D$，$R_c R_B(1-R_D)$ 和 $R_c(1-R_B)R_D$。至于 B 和 D 端均失效时，AC 间的联结

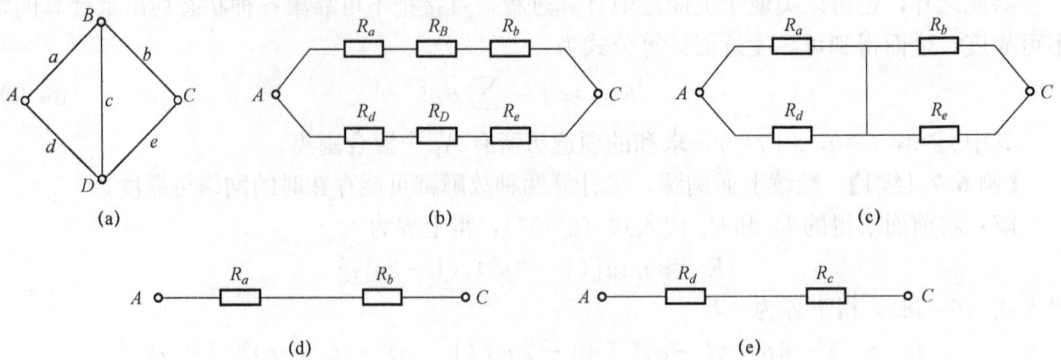

图 6-12　桥式连接的分解

(a) 图 6-9原图；(b) $1-R_c$；(c) $R_cR_BR_D$；(d) R_cR_B $(1-R_D)$；(e) R_c $(1-R_B)$ R_D

已破坏，就不用再考虑了。根据上述分解，结合图 6-12，就不难算得 A 端和 C 端间的通信可靠度为

$$R = (1-R_c)[1-(1-R_aR_BR_b)(1-R_dR_DR_e)]+R_cR_BR_D[1-(1-R_a)(1-R_d)]$$
$$[1-(1-R_b)(1-R_e)]+R_cR_B(1-R_D)R_aR_b+R_c(1-R_B)R_DR_dR_e$$

计算两端间的通信可靠度的另一个思路是从两端间路径的可靠集进行分析，直接计算可靠度。假设两端间有 n 条路由，则 n 条路由的所有排列组合就构成了可靠集，每条路由的可靠度与边的可靠度和端的可靠度都有关系，此外还需要注意去除共端和共径的影响。

但是，当网络较大时，上面的计算就不现实。因为两端间的路由数可能会很大，不过如果限定了两端间的某些路由，上面的计算方法还是有效的。

6.3.5　综合可靠度

以上讨论可靠度时，均认为系统只有两种状态：正常运行或失效。在实际问题中，往往还有中间状态。例如，系统尚能运行，但性能已下降到不可容忍，那算不算失效呢？或者性能下降到何种程度算失效？这就要求定义更广泛意义上的可靠度。

当考虑到运行性能或其他要求时，可能有几个参量必须考虑，这些参量有些是离散随机变量，有些可能是连续变量。对于这样的问题，可根据这些变量来定义综合可靠度。通常是根据可靠性的要求来定义可靠集和不可靠集，然后求取综合可靠度。另一种比较简单定义综合可靠度的方法是加权平均。首先分别计算每个影响因素的可靠度，记为 R_i，然后用适当的加权系数 C_i 求加权和而得综合可靠度为

$$R = \sum_{i=1}^{n} C_iR_i \qquad\qquad (6-60)$$

其中 $0<C_i<1$，$\sum_{i=1}^{n}C_i=1$ 是加权系数。C_i 实际是用来表明每个 R_i 在综合可靠性中的地位和作用的，但在实际中很难做准确。

1. 端间通信的综合可靠度

在电路转接网中，当某一呼叫由于线路无空闲而被拒绝，通信就不能进行，与线路有物理性故障无差异，因此可取呼损作为可靠性的指标。

设有 n 条独立的线路联结两个端，两端间的呼叫量为 α，求端间通信的综合可靠度，也就是综合考虑线路的物理性故障和呼损时的可靠度。

首先讨论不可修复系统，设这 n 条线路的故障率均为 α/年，则 t 年内它的可靠度，也就是仍能使用的概率是 $e^{-\alpha t}$。令 x 是 t 年内损坏的线路数，y 是在通信中已被占用的线路数，则可靠集显然为 $\{x+y<n\}$。

x 和 y 都是随机变量，它们的概率是已知的，即

$$P_r(x) = \binom{n}{x} e^{-\alpha(n-x)t} \cdot (1-e^{-\alpha t})^x$$

$$P_r(y\,|\,x) = \frac{\dfrac{a^y}{y!}}{\displaystyle\sum_{r=0}^{n-x} \dfrac{a^r}{r!}}$$

所以可靠度为

$$
\begin{aligned}
R(t) &= \sum_{x+y<n} \binom{n}{x} e^{-\alpha(n-x)t} \cdot (1-e^{-\alpha t})^x \frac{\dfrac{a^y}{y!}}{\displaystyle\sum_{r=0}^{n-x} \dfrac{a^r}{r!}} = P_r(xy) \\
&= \sum_{x=0}^{n-1} \binom{n}{x} e^{-\alpha(n-x)t} \cdot (1-e^{-\alpha t})^x \frac{\displaystyle\sum_{y=0}^{n-x-1} \dfrac{a^y}{y!}}{\displaystyle\sum_{r=0}^{n-x} \dfrac{a^r}{r!}}
\end{aligned}
$$

(6-61)

式 (6-61) 中，根据可靠性要求，由 $x+y<n$ 可推得 y：$0 \sim n-x-1$，由 $x<n$ 可推得 x：$0 \sim (n-1)$。进而，不可靠度为

$$
\begin{aligned}
F(t) &= 1-R(t) = \sum_{x+y=n} \binom{n}{x} e^{-\alpha(n-x)t} \cdot (1-e^{-\alpha t})^x \frac{\dfrac{a^y}{y!}}{\displaystyle\sum_{r=0}^{n-x} \dfrac{a^r}{r!}} \\
&= \sum_{x=0}^{n} \binom{n}{x} e^{-\alpha(n-x)t} \cdot (1-e^{-\alpha t})^x \frac{\dfrac{a^{n-x}}{(n-x)!}}{\displaystyle\sum_{r=0}^{n-x} \dfrac{a^r}{r!}}
\end{aligned}
$$

(6-62)

以上两个公式都可用来计算端间通信的综合可靠度，也可用来进行设计。例如，规定 10 年（$T=10$）内阻塞应小于 0.01，问如何选择 n 和 α？也就是在一定的故障率 α 下，要有几条线路才能保证可靠度大于 0.99？

以呼叫量 a 为 0.2 为例，对不同的 n，可画出不可靠度对 αT 的曲线，如图 6-13 所示。可以看出，要使 $F<0.01$，当 αT 为 0.1 时，或线路的平均寿命 $\dfrac{1}{\alpha}$ 为 100 年时，$n=3$ 就可以了。当 αT 为 0.2 或平均寿命 $\dfrac{1}{\alpha}$ 为 50 年时，就需要 4 条线路。α 愈大，所需要的线路数就愈多，这实际上是一个指标分配问题。

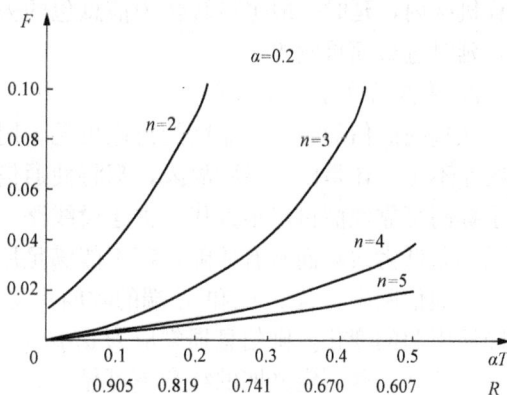

图 6-13 综合可靠度曲线

要使线路可靠，或 α 小，造价就会增加；要增加线路条数，也是如此，造价也会增加；如何选择 α 和 n 就是一个优化问题。

现在再来讨论采用可修复系统的情况。此时，每条线路的稳态可靠度为 $R=\beta/(\alpha+\beta)$，而在式（6-61）和式（6-62）中，把 $e^{-\alpha}$ 替换成 R 后，就成为计算可修复系统的可靠度和不可靠度，即可靠度为

$$R_1 = \sum_{x=0}^{n-1}\binom{n}{x}R^{n-x}\cdot(1-R)^x \; \frac{\sum\limits_{y=0}^{n-x-1}\dfrac{a^y}{y!}}{\sum\limits_{r=0}^{n-x}\dfrac{a^r}{r!}}$$

不可靠度为

$$F_1 = 1-R_1 = \sum_{x=0}^{n}\binom{n}{x}R^{n-x}\cdot(1-R)^x \; \frac{\dfrac{a^{n-x}}{(n-x)!}}{\sum\limits_{r=0}^{n-x}\dfrac{a^r}{r!}}$$

这在图 6-13 中另画了一个横坐标 R，可用来设计线路。若仍用 3 条线路，以前的 $\alpha T=0.1$ 相当于每条线路的可靠度 $R=e^{-0.1}=0.905$。这时线路的故障率 α 可以相当大，如 0.05，则要求

$$0.905 = \frac{\beta}{0.05+\beta}$$

$$1/\beta = 2.1 \text{ 年}$$

这就是要求平均修复时间为 2.1 年，这是很容易达到的，此时所要求的线路平均寿命已只有 20 年了（即 $\frac{1}{\alpha}$）。若用 2 条线路，则即使线路完全可靠，在 0.4 的呼叫量下，单是呼损已使可靠度只有 0.95，当然是不好的。

采用修复系统，一方面要增加维修力量，另一方面也要看条件是否许可，如卫星线路、海底电缆等，维修均有一定困难。是否采用可修复系统，一般也是一个经济上的优化问题。

综合可靠度当然不一定要用呼损，其他指标如时延等，也可作为需综合的性能。不过在计算机网内，延时一般也可转化为信息包的丢失，相当于呼损，如排队过长在寄存器中的溢出，延时过长而重发等。

2. 通信网的综合可靠度

从端间通信的综合可靠度的讨论可见，用呼损作为不可靠度的度量是合理的，不论是由于线路不足，还是由于线路故障，都将使通信无法进行，从用户来看，两者差别不大。倘若为了提高可靠性而付出很大代价去建设线路，但路数太少而常有呼损，或者为了减少呼损而建设多条低劣线路而常有故障，都不能满足用户的要求，所以，两者应综合考虑。

在通信网中，若 v_i 端和 v_j 端的呼叫量是 a_{ij}，呼损是 p_{ij}，其中 p_{ij} 包括线路或交换站的故障所引起的变化，则信息损失应为 $a_{ij}p_{ij}$。全网的信息损失总量，可以作为网的不可靠度指标。这样，就可定义网的综合不可靠度为

$$F = \frac{\sum\limits_{i,j}a_{ij}p_{ij}}{\sum\limits_{i,j}a_{ij}} \tag{6-63}$$

或综合可靠度为

$$R = 1 - \frac{\sum\limits_{i,j} a_{ij} p_{ij}}{\sum\limits_{i,j} a_{ij}} \tag{6-64}$$

如果网络用无向图 $G=(V,E)$ 表示，$|V|=n$，$|E|=m$，各个端和边的故障独立，考虑网络中的故障因素，网络将有 2^{n+m} 种状态。设在状态 S_k（$k=0,1,2,\cdots,2^{n+m}-1$）下，v_i 端和 v_j 端之间的呼损为 $p_{ij}^{(k)}$，若网络处于状态 S_k 的概率为 p_k，则网络综合可靠度为

$$R = 1 - \frac{\sum\limits_{k=0}^{2^{n+m}-1} p_k \sum\limits_{i,j} a_{ij} p_{ij}^{(k)}}{\sum\limits_{i,j} a_{ij}} \tag{6-65}$$

通常 a_{ij} 是给定的，p_k 可以根据网络中端和边的可靠度求得，因此该式关键是求 $2^{n+m} \cdot \binom{n}{2}$ 个 $p_{ij}^{(k)}$。

一般情况下，网络中同时出现两个故障未修复的概率很小，以致可以忽略不计。在这样的假设下，故障状态只有 $m+n+1$ 个，其中 1 个是无故障状态，m 个是有一条边有故障的状态，而 n 个是有一个端有故障的状态，这将大大简化计算，此时 $p_{ij}^{(k)}$ 的个数已下降到 $(m+n+1)\cdot\binom{n}{2}$ 个。

若 R_{ns} 是第 s 个端的可靠度，R_{et} 是第 t 条边的可靠度，则可得无故障概率、第 s 个端出故障的概率以及第 t 条边出故障的概率分别为

$$\left.\begin{aligned}p_0 &= \prod_{s=1}^{n} R_{ns} \cdot \prod_{t=1}^{m} R_{et}\\ p_{ns} &= \frac{1-R_{ns}}{R_{ns}} p_0 \\ p_{et} &= \frac{1-R_{et}}{R_{et}} p_0\end{aligned}\right\} \tag{6-66}$$

有 2 个以上故障的状态的概率为

$$Q = 1 - p_0 - \sum_{s=1}^{n} p_{ns} - \sum_{t=1}^{m} p_{et} \tag{6-67}$$

为了简化计算，可设在 2 个以上故障时，所有呼叫量都形成信息损失，这可使计算结果保守一些，即实际可靠度会略大一些。Q 一般很小，尤其是在不十分大的网络中，这种近似是可行的。

综上所述，可得网的综合可靠度为

$$R = 1 - Q - \frac{1}{\sum\limits_{i,j} a_{ij}}\left[\sum_{s=1}^{n} p_{ns} \sum_{i,j} a_{ij} p_{ij}^{(s)} + \sum_{t=1}^{m} p_{et} \sum_{i,j} a_{ij} p_{ij}^{(t)}\right] \tag{6-68}$$

下面以二级转接网为例进行综合可靠度计算。

如图 6-14 中，v_n 是一个无阻塞的二级交换点，其可靠度为 R_{nn}。v_i（$i=1,2,\cdots,n-1$）是无阻塞的一级交换点，可靠度为 R_{ni}，各与 v_n 有 m_i 条中继线，各中继线的可靠度分

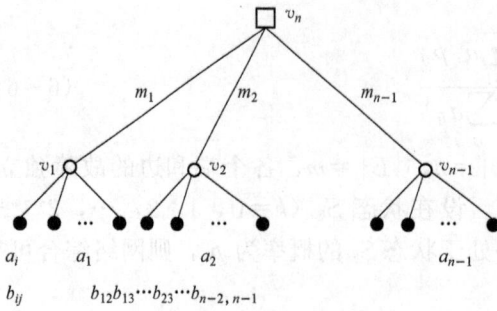

图 6-14　二级转接网

别为 R_{ei}。R_{ei} 是整体的可靠度，即一旦出故障，m_i 条信道都不能通信。各 v_i 所接的用户线中，有两种呼叫：一为局内呼叫，总呼叫量为 a_i；另一为局间呼叫，呼叫量为 b_{ij}，$j=1$，2，…，$n-1$，且 $j\neq i$。设用户线的故障可忽略不计，因为当用户线较多时，损坏一条，基本不影响总呼叫量。

根据以上假设，可求得各种故障状态下的呼损。当网络中无任何故障时，第 i 条中继线 e_i 上的呼损为

$$p_i = \frac{\left(\sum\limits_{\substack{j=1\\j\neq 1}}^{n-1} b_{ij}\right)^{m_i}\Big/m_i!}{\sum\limits_{r=0}^{m_i}\dfrac{\left(\sum\limits_{\substack{j=1\\j\neq 1}}^{n-1} b_{ij}\right)^r}{r!}}$$

e_i 对 b_{ij} 造成的呼损为

$$p_{ij}^{(0)} = 1-(1-p_i)(1-p_j)$$

其中，$(1-p_i)$ 为 e_i 无呼损的概率，$(1-p_j)$ 为 e_j 无呼损的概率，$(1-p_i)(1-p_j)$ 为 v_i 和 v_j 间无呼损的概率。此时的信息损失为

$$L_0 = \sum_{i=1}^{n-1}\sum_{\substack{j=1\\j\neq 1}}^{n-1} b_{ij}p_{ij}^{(0)}$$

当 v_n 发生故障时，所有局间呼叫量 b_{ij} 均损失掉，而所有局内呼叫量均正常。则信息损失为

$$L_n = \sum_{i=1}^{n-1}\sum_{\substack{j=1\\j\neq 1}}^{n-1} b_{ij}$$

当第 i 条中继线有故障时，所有与 e_i 有关的局间呼叫均损失掉，而与 e_i 无关的局间呼叫量 b_{jk} 的呼损将为

$$p_{jk}^{(i)} = 1-[1-p_j^{(i)}][1-p_k^{(i)}]$$

其中，$p_j^{(i)}$ 为当边 e_i 失效时，边 e_j 上的呼损，其计算式为

$$p_j^{(i)} = \frac{\left(\sum\limits_{\substack{k=1\\k\neq i,j}}^{n-1} b_{jk}\right)^{m_j}}{\sum\limits_{r=0}^{m_j}\dfrac{\left(\sum\limits_{\substack{k=1\\k\neq i,j}}^{n-1} b_{jk}\right)^r}{r!}}$$

此时的信息损失为

$$L_i = \sum_{\substack{j=1\\j\neq i}}^{n-1} b_{ij} + \sum_{\substack{j=1\\j\neq i}}^{n-1}\sum_{\substack{k=1\\j\neq i,j}}^{n-1} b_{jk}\cdot p_{jk}^{(i)} = \sum_{\substack{j=1\\j\neq i}}^{n-1}\left[b_{ij} + \sum_{\substack{k=1\\k\neq i,j}}^{n-1} b_{jk}\cdot p_{jk}^{(i)}\right] = \sum_{\substack{j=1\\j\neq i}}^{n-1} b_{ij} + \sum_{\substack{j,k=1\\j\neq i\neq j}}^{n-1} b_{jk}\cdot p_{jk}^{(i)}$$

当 v_i 有故障时，该局内呼叫量 a_i 均损失掉，所有与 v_i 有关的局间呼叫量 b_{ij} 均损失掉，与 v_i 无关的局间呼损仍为

$$p_{jk}^{(i)} = 1 - [1 - p_j^{(i)}][1 - p_k^{(i)}]$$

此时的信息损失为

$$L'_i = a_i + \sum_{\substack{j=1 \\ j \neq i}}^{n-1} b_{ij} + \sum_{\substack{j=1 \\ j \neq i}}^{n-1} \sum_{\substack{j=1 \\ j \neq i,j}}^{n-1} b_{jk} \cdot p_{jk}^{(i)}$$

图 6-14 中所对应的网络拓扑为树，树的边数 m 与端数 n 的关系为 $m = n-1$，用式（6-66）和式（6-67），可由各部件的可靠度求得各故障状态的概率 p_0，p_{ns}，p_{et} 和 Q，即

$$p_0 = \prod_{s=1}^{n} R_{ns} \cdot \prod_{t=1}^{n-1} R_{et}$$

$$p_{ns} = \frac{1 - R_{ns}}{R_{ns}} p_0$$

$$p_{et} = \frac{1 - R_{et}}{R_{et}} p_0$$

$$Q = 1 - p_0 - \sum_{s=1}^{n} p_{ns} - \sum_{t=1}^{n-1} p_{et}$$

把以上各式代入式（6-68），即得网的综合可靠度为

$$R = p_0 \left(1 - \frac{L_0}{A}\right) + \sum_{s=1}^{n-1} p_{ns} \left(1 - \frac{L'_s}{A}\right) + \sum_{t=1}^{n-1} p_{et} \left(1 - \frac{L_t}{A}\right) + p_m \left(1 - \frac{L_n}{A}\right)$$

其中，L_0 为网络中无任何故障时的信息损失，L'_s 为端 v_s 出故障时的信息损失，L_t 是边 e_t 出故障时的信息损失，L_n 是二级交换节点 v_n 出故障时的信息损失。A 是全网总呼叫量，即

$$A = \sum_{i=1}^{n-1} a_i + \sum_{i=1}^{n-1} \sum_{\substack{j=1 \\ j \neq i}} b_{ij}$$

而 p_0 其实就是只考虑网的联结性时的可靠度。所以只看第 1 项，综合可靠度要比联结性的可靠度低，因为有信息损失 L_0 存在。但是从另一方面看，网内有一个故障时，部分业务仍在运行，不能说网已失效；这就是上式中后面几项，因而综合可靠度可能会比联结性的可靠度高。从实际效果来说，综合可靠度将比只考虑联结性的可靠度更合理一些。

从计算也可以看出，即使在简化了的情况下，计算也是很繁杂的，尤其是在有迂回路由时将会更困难，可以根据实际情况做进一步近似。

6.4　小 结 与 思 考

本章讨论的是通信网的可靠性，首先介绍系统的可靠度和寿命等参数指标，然后重点讨论不可修复系统和可修复系统的可靠度计算方法，进而分析复杂系统的可靠度并对可靠性设计原则进行介绍。在网络可靠性部分，对网络可靠性的定义、度量参数体系、建模、计算与评估以及设计原则进行简要介绍。在上述基础上，最后对通信网的可靠性进行重点阐述，包括可靠性定义、联结性、端局和线路故障下的可靠度、局间通信可靠度和综合可靠度等。

通过对网络进行可靠性分析，可以对网络进行合理规划，选择合理的拓扑结构和增加冗

余投资。随着对网络服务指标的要求越来越高，网络可靠性的参数指标也将不断完善，综合可靠度将越来越受重视。

习 题

6.1 已知不可修复系统中每个子系统的寿命为 T_i，求图 6-15 所示串联系统的可靠度和寿命。

6.2 信号机灯泡使用时数在 1000h 以上概率为 0.2，求信号机三个灯泡在使用 1000h 后最多有一个坏了的概率。

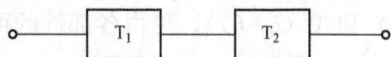

图 6-15 习题 6.1

6.3 某产品先后通过 A、B、C 三种机器加工，这些机器的偶然故障及人为原因将影响产品质量，产品是否合格只有在生产全过程结束时才能检查出来。根据统计资料，三种产品的合格率分别为 30%，40% 和 20%。假设机器独立运转，求该产品的合格率。

6.4 某设备失效服从指数分布，其平均故障时间为 4000h，试求其连续使用 500h 的可靠度。如要求该设备连续运行的可靠度为 95%，问可期望其运行时间为多少？

6.5 图 6-16 为一个无向可靠框图，各单元的可靠度分别为 R_A，R_B，R_C，R_D，R_E，R_F，求系统的可靠度。如各单元的可靠度相同，系统的可靠度又为多少？

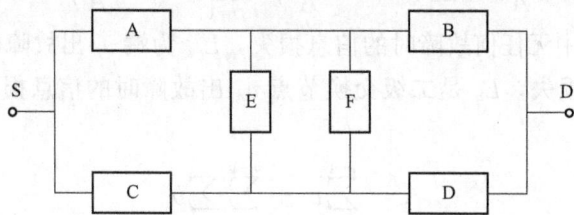

图 6-16 习题 6.5

6.6 一个有向可靠性框图如图 6-17 所示，求系统可靠度。如变成无向可靠性框图，其系统可靠度又是多少？

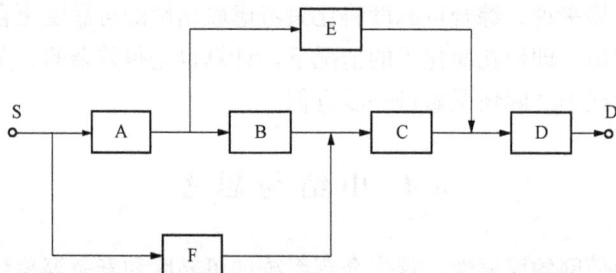

图 6-17 习题 6.6

6.7 两个子系统并联形成一个系统，每个子系统都是可修复系统，且失效率 α 和修复率 β 均为常数，若在系统故障时只能修复一个子系统，求系统的可靠度 R。

6.8 假设有 n 个可修复子系统相互独立，可靠度均为 R，任取两个子系统并接运行，某个子系统故障后用一个正常的子系统替补，故障系统在修复后继续排队候补，求系统的可靠度。

6.9　假设网络 $G=(V, E)$ 中各个端、边的故障独立，任意边 (u, v) 正常的概率为 $r_{u,v}$，任意端 u 正常的概率为 r_u，在网络中任取两个端点 s 和 t，求连接这两个端点的最大可靠度道路。

6.10　考虑一个有 8 个端的环，如果端故障概率为 q，边故障概率为 p，且 $q\ll 1$，$p\ll 1$，边端故障概率独立，请计算在各种情况下的近似可靠度。

6.11　由 n 个元件构成的一个系统，各元件的平均寿命都是 T。当一个元件失效就使得系统失效的情况下，已知系统的平均寿命将下降至 T/n，如果采取容错措施，当 m 个以上元件失效才使系统失效，求证此系统的平均寿命为：

$$T_m = T\sum_{r=0}^{m} \frac{1}{n-r}$$

可见比未采取措施前提高至少 m 倍。当 $m=n-1$ 时，该系统实际上即是 n 个元件的并接系统，试证上式即转化成并接系统的寿命公式。

6.12　有 n 个不可修复系统，它们的平均寿命都是 T。先取两个作为并接，即互为热备份运行；当有一个损坏时，启用第三个作为热备份；再损坏一个时启用第四个，一直下去，直到 n 个系统均损坏。忽略启用冷备份期间另一系统损坏的可能性，试计算这样运行下的平均寿命，并与全冷备份和全热备份时的平均寿命相比较。

6.13　一个复杂系统有 n 级梯形结构组成如图 6-18 所示，其中有 n 个子系统作为桥，$2(n+1)$ 个子系统作为梯边，它们都是可靠度为 R 的可修复系统，求这个复杂系统的可靠度递推公式，假定所有子系统都互相独立。

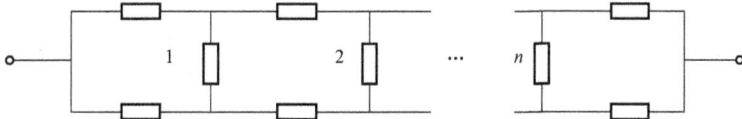

图 6-18　习题 6.13

6.14　有一个故障率为 α 的系统，为了考虑是否使之成为可修复系统而配备维修力量，分别计算两类系统的可靠度；试证明作为不可修复系统在时间 T 以内的可靠度大于作为可修复系统的稳态可靠度的条件是：

$$\beta T < 0.995 \quad \alpha T = 0.01$$

6.15　有一故障率为 α，修复率为的系统 β，已知此系统的费用是 $C=A\alpha^{-r}+B\beta^s$，其中 A，B，r，s 为已知的非负常量，求可靠度为 0.99 时的最小费用。

6.16　用流量法求图 6-19 中的二分网的联结度 α 和结合度 β，只考虑端故障，且各端的可靠度均为 R，求 1 端和 10 端间的联结概率。

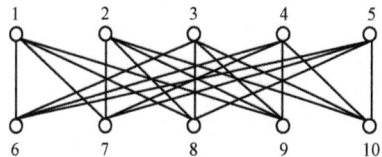

图 6-19　习题 6.16

6.17　有一网络结构如图 6-20 所示：

(1) 验证网络是否为保证网。

(2) 求联结度 α 和结合度 β。

(3) 若每边的可靠度都是 Re，每端的可靠度 Rn，分别求线路故障下网络的可靠度和端局故障下网络的可靠度。

(4) 求 v_1 和 v_2 间联结的概率。

(5) 要使 α 和 β 都为 2，如何添加一条边来满足。

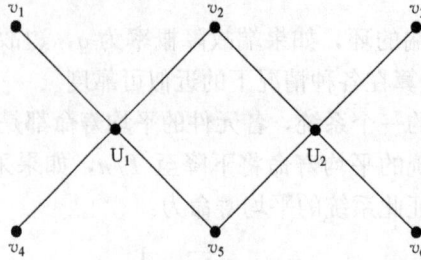

图 6-20 习题 6.17

6.18 有一个四端全联结的网络，各边的容量都为 1，可靠度均为 0.999，若网络内部只有两个端之间有业务，呼叫量为 0.1erl，不可靠集定义为转接次数大于 1，或呼损大于 0.01，设所有端均不出故障，求此两端之间通信的综合可靠度。

6.19 有 m 条边 n 个端的随机图有 $C_{\frac{n(n-1)}{2}}^{m}$ 种，即每条边可在任两端之间，在这些图中，有多少在某两端 v_i 和 v_j 间有边？已知某边的一端是 v_i，另一端是 v_j 的占多少？若 $m=n-1$，联结图占总数的比例？

第 7 章　多址接入技术

第 4 章利用排队论对通信网结构和业务进行分析，主要针对电路转接或信息转接网结构，各用户都集中接到一个交换站，所有信息在那里排队或被拒绝或被转接出去。多址接入是另一种网结构和处理信息的方式，其所有用户接到一个公共信道，如卫星通信中的卫星转发器、计算机通信中的总线网等。采用公共信道共享的方式，称为多址接入（Multi－Access）方式，简称 MA 方式或 MA 系统。

本章首先讨论了多址接入技术的重要作用，并以排队论的观点进行分析，接着将多址接入技术归纳为三大类：固定多址接入、随机多址接入和基于预约的多址接入技术，分别进行阐述。

7.1　多址接入技术概述

多址接入技术在现代通信中起着非常重要的作用。如图 7－1 所示，在卫星通信、移动通信、局域网、分组无线电网络等通信网络中，当多个用户通过一个公共信道与其他用户进行通信时，就必须采用某种多址技术。所谓多址接入技术就是在一个网络中，解决多个用户如何高效共享一个物理链路资源的技术。

通常，公共信道是被多路用户所共享的，所以其共同点就是要设法避免多个用户同时使用公共信道，避免冲突而产生的相互干扰问题，如图 7－2 所示为公共信道的等效模型。从排队论的观点出发，公共信道可以看成一个多进单出的排队系统（即该系统有

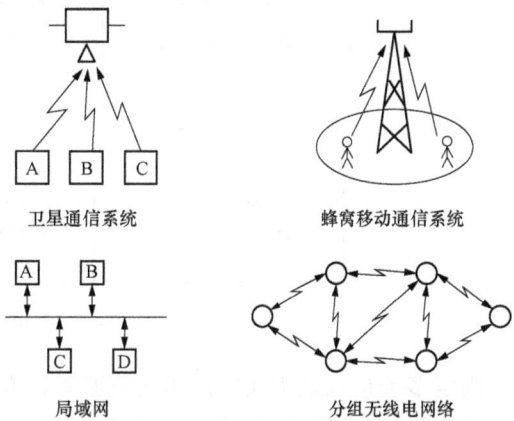

卫星通信系统　　蜂窝移动通信系统

局域网　　分组无线电网络

图 7－1　典型的共享链路

多个输入而仅仅有一个输出）。每一个用户都可以独立地产生分组，而信道则相当于服务员，它要为各个队列服务。由于各个排队队列是相互独立的，各用户无法知道其他队列的情况，服务员也不知道各个队列的情况，所以增加了系统的复杂性。

如果我们可以通过某种措施，使各个用户产生的分组在进入信道之前排列成一个总的队列，然后由信道来服务，则可以有效地避免分组在信道上的碰撞，大大提高信道的利用率，图 7－3 所示为理想多址接入技术的等效模型。

网络中的各个终端设备通过通信子网来访问网络中的资源。当多个终端同时访问同一资源（如共享的通信信道）时，就可能会产生信息碰撞，导致通信失败。为了有效地进行通信，就需要有某种机制来决定资源的使用权，这就是网络的多址接入问题。可以将多址接入技术归纳为三大类：固定多址接入、随机多址接入和基于预约的多址接入，如图 7－4 所示。

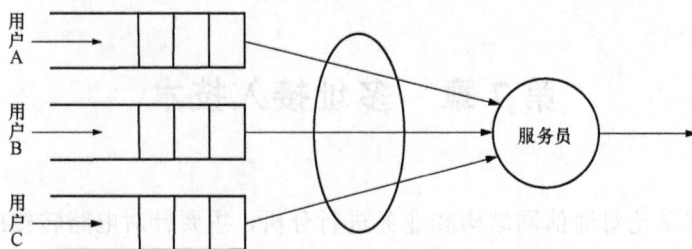

图 7-2　公共信道的等效模型

图 7-3　理想多址接入技术的等效模型

图 7-4　多址接入技术的分类

固定多址接入是指在用户接入信道时，专门为其分配一定的信道资源（如频率、时隙、码字或空间），用户独享该资源，直到通信结束。

随机多址接入是指用户可以随时接入信道，并且可能不会顾及其他用户是否在传输。当信道中同时有多个用户接入时，在信道资源的使用上就会发生冲突（碰撞）。因此，对于有竞争的多址接入技术来说，如何解决冲突，从而使所有碰撞用户都可以成功进行传输是一个非常重要的问题。

基于预约的多址接入，是指在数据分组传输之前，先进行资源预约。一旦预约到资源（如频率、时隙），则在该资源内可进行无冲突的传输。

现已提出多种多址接入技术，这些技术具有各自不同的设计目标，可以适应不同的应用场合。

为了能够有效分析各种多址接入技术，必须根据应用环境做一些假设。在讨论每种多址接入技术时，应该考虑下列问题：网络的连通特性、同步特性、反馈和应答机制以及数据产生模型。

（1）网络的连通特性。通常我们将网络按照连通模式分为：单跳、两跳及多跳网络。

1）单跳网络：网络中所有节点都可以接收到其他节点发送的数据。

2）两跳网络：网络中部分节点之间不能直接通信，需要经过一次中继。

3）多跳网络：网络中源节点和目的节点之间的通信可能要经过多次中继，多跳网络可以是有线网络，也可以是无线网络。

在本章的讨论中，我们主要讨论对称的信道，即任意两个在通信距离内的节点都可以和对方进行有效通信。

（2）同步特性。通常用户是可以在任意时刻接入信道，但也可以以时隙为基础接入信道。在基于时隙的系统中，用户只有在时隙的起点才能接入信道。在这种系统中，要求全网有一个统一的时钟，同时将时间轴划分若干相等的时间段，称之为时隙。系统中所有数据都必须在时隙的起点开始传输。

（3）反馈和应答机制。反馈信道是用户获知信道状态的途径。在本章的讨论中，我们都假设用户（节点）可以获得信道的反馈信息，即信道是空闲、碰撞还是进行了一次成功传输。

（4）数据产生模型。所有的用户都按照泊松过程独立产生数据。

7.2　固定多址接入技术

固定分配多址接入是指在用户接入信道时，专门为其分配一定的信道资源（如频率、时隙、码字或空间），用户独享该资源，直到通信结束。固定多址接入的优点在于可以保证每个用户之间的"公平性"（每个用户都分配了固定的资源）以及数据的平均时延。典型的固定多址接入技术有：频分多址接入 FDMA（Frequency Division Multiple Access）、时分多址接入 TDMA（Time Division Multiple Access）、码分多址接入 CDMA（Code Division Multiple Access）、正交频分多址接入 OFDMA（Orthogonal Frequency Division Multiple Access）、非正交多址接入 NOMA（Non - orthogonal Multiple Access）等。

7.2.1　频分多址接入

频分多址接入 FDMA 把通信系统的总频段划分成若干个等间隔的频道（或称信道），并将这些频道分配给不同的用户使用，每个频道在同一时间只能供给一个用户使用，这些频道之间互不交叠，如图 7 - 5 所示。FDMA 的最大优点是相互之间不会产生干扰。

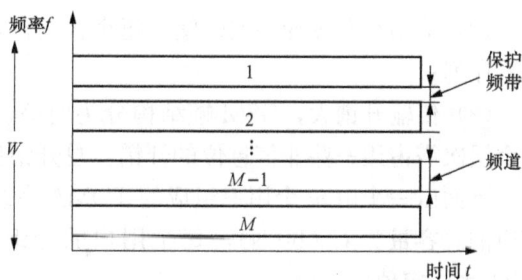

图 7 - 5　频分多址接入 FDMA

频分多址接入 FDMA 适宜用户数较少且数量大致固定、每个用户的业务量都较大（比如电话交换网）的场合。不适宜网络中用户数较多且数量经常变化，或者通信量具有突发性的场合。

第一代移动通信系统（1G）主要采用频分多址接入 FDMA，最典型的有北美 800MHz 的 AMPS 体制，欧洲与我国 900MHz 的 TACS 体制。主要技术特点有：

（1）每个信道传送一路电话，带宽较窄，TACS 为 25kHz，AMPS 为 30kHz。

（2）当系统为移动台分配了信道，移动台与基站之间会连续不断收、发信号。由于收发信机同时工作，为了收发隔离，必须使用双工器。

（3）公用设备成本高，FDMA 采用每载波（信道）单路方式，一个基站 30 个信道，则每基站需要 30 套收发信机设备，不能公用。

频分多址接入 FDMA 最显著的两个问题是：

（1）当网络中的实际用户数少于已经划分的频道数时，许多宝贵的频道资源就白白浪费了。

（2）当网络中的频道已经分配完后，即使这时已分配到频道的用户没有进行通信，其他一些用户也会因为没有分配到频道而不能通信。

7.2.2　时分多址接入

时分多址接入 TDMA 将时间分割成周期性的帧，每一帧再分割成若干个时隙（无论帧或时隙都是互不重叠的），然后根据一定的时隙分配原则，使每个用户只能在指定的时隙内发送。用户在每一帧中可以占用一个时隙，如果用户在已分配的时隙上没有数据传输，则这段时间将被浪费，如图 7-6 所示。

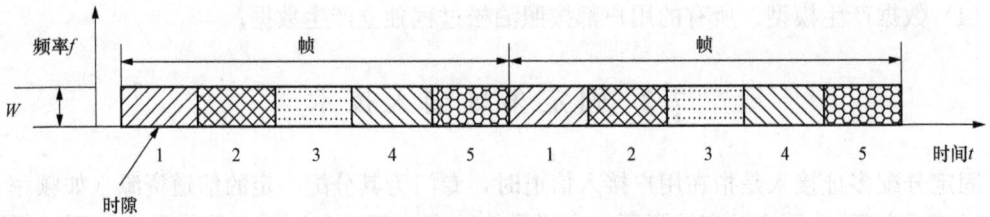

图 7-6　时分多址接入 TDMA

第二代移动通信系统（2G）主要采用时分多址接入 TDMA，最典型的有北美 D-AMPS 与欧洲和我国 GSM-900，DCS-1800 及日本的 PDC。主要技术特点有：

（1）每载波 8 个时隙信道，每个信道可提供一个数字语音用户，因此每个载波最多可提供 8 个用户；

（2）采用突发脉冲序列传输，每个移动台发射是不连续的，只有在规定的时隙内才发送脉冲序列；

（3）传输开销大，GSM 帧结构分为时隙、TDMA 帧、复帧、超帧和超高帧 5 个层次，每个层次需占用一些非信息位的开销，总开销比较大。

下面以一个由 m 个用户组成的 TDMA 系统为例进行性能分析。如图 7-7 所示，设共享信道的总容量为 C（bit/s），每个用户的分组到达率为 λ（分组/s），分组的长度 $L=1/\mu$（bit）为固定值。

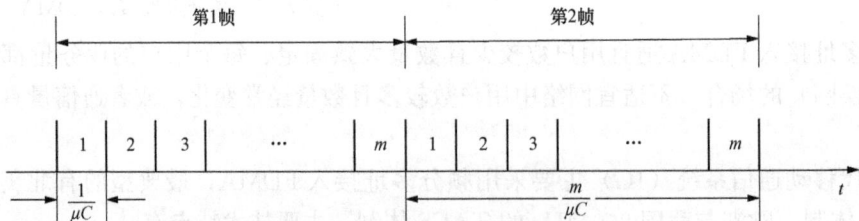

图 7-7　帧的时隙分配

因为每时隙等长且固定，所以系统构成了 m 个独立的 $M/D/1$ 排队模型，如图 7-8 所示。

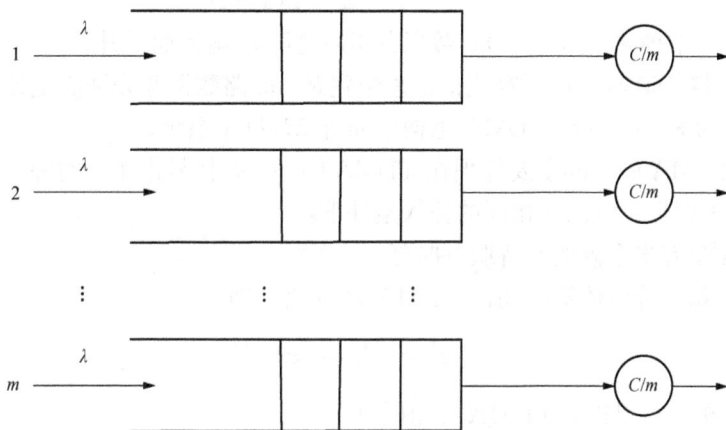

图 7-8　m 个独立的 $M/D/1$ 排队模型

下面以任意一个用户的分组为例，分析系统的时延性能。如图 7-9 所示，令用户 TD-MA 系统的分组平均时延由三部分组成：

（1）分组的传输时延（服务时间）为

$$\tau = \frac{L}{C} = \frac{1}{\mu C} \tag{7-1}$$

（2）分组的排队时延 W。由 $M/D/1$ 排队系统分析可知，分组在队列中的排队时延为

$$W = \frac{\rho L}{2(1-\rho)C_0} \tag{7-2}$$

其中，$C_0 = \dfrac{C}{m}$ 是等效的信道容量，带入式（7-2），可得

$$W = \frac{\rho m \tau}{2(1-\rho)} \tag{7-3}$$

其中 $\rho = \dfrac{Lm\lambda}{C} = m\lambda\tau$。

定义系统的归一化最大吞吐量（系统效率）S 为在单位时间内系统实际传输业务量与信道允许的最大业务量之比，m 个用户总的平均数据到达率为 $m\lambda$，而信道允许的最大业务量为 μC，因此有

$$S = \frac{m\lambda}{\mu C} = m\lambda\tau = \rho \tag{7-4}$$

将 S 代入式（7-3），可得

$$W = \frac{mS\tau}{2(1-S)} \tag{7-5}$$

（3）等待帧内服务时隙的时延，对于泊松到达，在稳态下该时延为半个帧长 $\dfrac{m\tau}{2}$。

以上三部分求和可以得到分组的平均时延

$$T = \tau + \frac{m\tau}{2} + \frac{mS\tau}{2(1-S)} \tag{7-6}$$

对其归一化可以得到归一化时延

$$D = \frac{T}{\tau} = 1 + \frac{m}{2} + \frac{mS}{2(1-S)} \qquad (7\text{-}7)$$

显然，不管 S 取值多少（$S \leqslant 1$），数据分组时延随 m 增大而上升。

FDMA 中，将信道容量 C 折算成信道总带宽 R。m 路数据源分别固定使用 1 个子信道，每个子信道带宽为 R/m，这样 FDMA 也构成 m 个 $M/D/1$ 系统。

FDMA 与 TDMA 的不同主要体现在 TDMA 的每 1 路信号占 1 个时隙，而 FDMA 的每 1 路信号占 1 个子频带。所以在相同的输入条件下：

（1）FDMA 没有半个帧的等待服务时延。

（2）FDMA 每个分组传输时间比 TDMA 大 m 倍，即

$$\tau' = \frac{m}{\mu C} = m\tau \qquad (7\text{-}8)$$

通过上述分析，可以得到 FDMA 分组时延

$$T = m\tau + \frac{mS\tau}{2(1-S)} \qquad (7\text{-}9)$$

对其归一化可以得到归一化时延

$$D = \frac{T}{\tau} = m\left[1 + \frac{S}{2(1-S)}\right] = \frac{m(2-S)}{2(1-S)} \qquad (7\text{-}10)$$

由 TDMA 和 FDMA 的归一化时延，可求得两者归一化时延差为

$$D_{\text{FDMA}} - D_{\text{TDMA}} = \frac{m}{2} - 1 \qquad (7\text{-}11)$$

则可以得到以下结论：当 $m \geqslant 2$ 时，FDMA 系统的分组时延总是大于 TDMA 系统的一个固定值 $\left(\frac{m}{2} - 1\right)$，与网络负荷无关，见图 7-9。

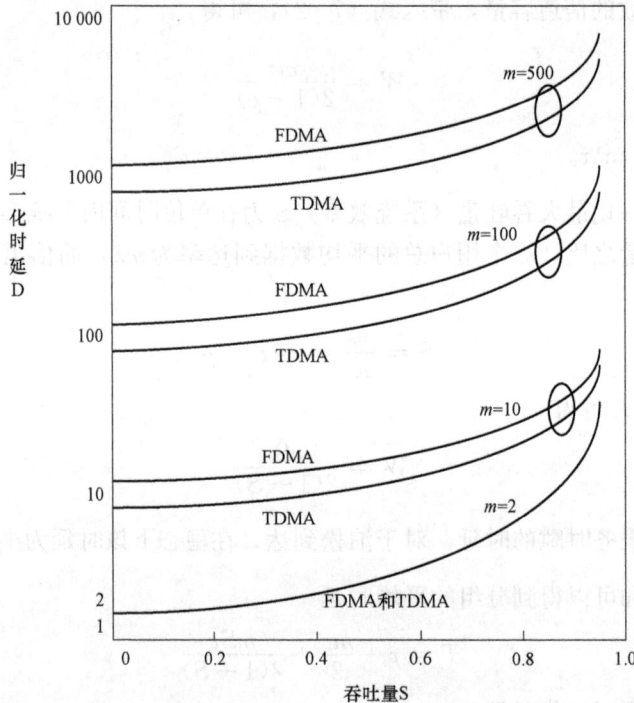

图 7-9 TDMA 和 FDMA 的时延—吞吐量特性

7.2.3　码分多址接入

码分多址接入 CDMA 为每个用户分配了各自特定的地址码，利用公共信道来传输信息。地址码相互具有准正交性，以区别地址，而在频率、时间和空间上都可能重叠。也就是说，每一个用户有自己的地址码，这个地址码用于区别每一个用户，地址码彼此之间是互相独立的，也就是互相不影响的，但是由于技术等种种原因，采用的地址码不可能做到完全正交，即完全独立，相互不影响，所以称为准正交，由于有地址码区分用户，所以对频率、时间和空间没有限制，在这些方面他们可以重叠。

接收端必须有完全一致的本地地址码，用来对接收的信号进行相关检测。其他使用不同码型的信号因为和接收机本地产生的码型不同而不能被解调。第三代移动通信系统（3G）主要采用码分多址接入 CDMA，在码分多址蜂窝通信系统中，用户之间的信息传输也是由基站进行转发和控制的。为了实现双工通信，正向传输和反向传输各使用一个频率，即通常所谓的频分双工。无论正向传输或反向传输，除了传输业务信息外，还必须传送相应的控制信息。为了传送不同的信息，需要设置相应的信道。但是，CDMA 通信系统既不分频道又不分时隙，无论传送何种信息的信道都靠采用不同的码型来区分。类似的信道属于逻辑信道。这些逻辑信道无论从频域或时域来看都是相互重叠的，或者说它们均占有相同的频段和时间。

CDMA 数字蜂窝移动通信系统的各种信道的选择，可用正交 Walsh 函数来实现。正交 Walsh 函数可以构成正交 Walsh 码，作为地址码实现码分多址 CDMA。

7.2.4　正交频分多址接入

正交频分多址接入 OFDMA 是 OFDM 技术的演进，是 OFDM 和 FDMA 技术的结合。在利用 OFDM 对信道进行子载波化后，在部分子载波上加载传输数据。这里要注意，OFDM 是一种调制方式，而 OFDMA 是一种多址接入技术，用户通过 OFDMA 共享频带资源，接入系统，OFDMA 技术被广泛应用于第四代移动通信系统（4G）中。

OFDM 子载波可以按集中式和分布式两种方式组合成子信道。集中式将若干连续子载波分配给 1 个子信道（用户），这种方式下系统可以通过频域调度选择较优的子信道（用户）进行传输，从而获得多用户分集增益。另外，集中方式也可以降低信道估计的难度。但这种方式获得的频率分集增益较小，用户平均性能略差。分布式系统将分配给 1 个子信道的子载波分散到整个带宽，各子载波交替排列，从而获得频率分集增益。但这种方式下信道估计较为复杂，也无法采用频域调度，抗频偏能力也较差。

设计中应根据实际情况在上述两种方式中灵活进行选择。当信道估计准确性较高于终端低速移动时，可以采用集中式分配，获得多用户分集增益。当信道估计准确性不高于终端快速移动时，可以采用分布式分配，获得单用户频率分集增益。

OFDMA 技术可以分为子信道 OFDMA 和跳频 OFDMA。

子信道 OFDMA 将整个系统的带宽分成若干子信道，每个子信道包括若干子载波，分配给一个用户（也可以一个用户占用多个子信道）。子信道 OFDMA 对子信道（用户）的子载波分配相对固定，即某个用户在相当长的时长内使用指定的子载波组（这个时长由频域调度的周期而定）。这种 OFDMA 系统足以实现小区内的多址，但实现小区间多址却有一定的问题。因为如果各小区根据本小区的信道变化情况进行调度，各小区使用的子载波资源难免冲突，随之导致小区间干扰。如果要避免这样的干扰，则需要在相邻小区间进行协调（联合调度），但这种协调可能需要网络层的信令交换的支持，对网络结构的影响较大。

OFDMA 分配给一个用户的子载波资源快速变化，每个时隙，此用户在所有子载若干子载波使用，同一时隙中，各用户选用不同的子载波组。这种子载波的选择通频信道条件而定，而是随机抽取。在下一个时隙，无论信道是否发生变化，各用户都一组子载波发送，但用户使用的子载波仍不冲突。跳频的周期可能比子信道 OFDMA 的调度周期短得多，最短可为 OFDM 符号长度。这样，在小区内部，各用户仍然正交，并可利用频域分集增益。在小区之间不需进行协调，使用的子载波可能冲突，但快速跳频机制可以将这些干扰在时域和频域分散开来，即可将干扰白化为噪声，大大降低干扰的危害。在负载不是很重的系统中，跳频 OFDMA 可以简单而有效地抑制小区间干扰。

7.2.5 非正交多址接入

在之前的蜂窝通信系统中，主要采用正交多址接入技术，可以在低复杂度的情况下轻松分离出不同用户信号所携带的信息。但是，正交多址接入技术的一个缺陷是支持的用户数量受到可用正交资源数量的限制。此外，尽管使用了正交的时频码资源，信号经过信道时，由于时延、频偏和多普勒频移，其正交性总是不可避免地被破坏。因此，如果仍然局限于正交多址接入技术，则无法在有限的资源内接入更多的用户，就无法达到 5G 的频谱效率和大规模连接要求。

非正交多址接入（NOMA）技术以不同功率将多个信息流在时域/频域/码域重叠的信道上传输，在相同无线资源上为多个用户同时提供无线业务。注意 NOMA 指的是非正交多址接入，而不是非正交频分，即 NOMA 的子信道传输依然采用正交频分复用（OFDM）技术，子信道之间是正交的，互不干扰，但是 1 个子信道上不再只分配给 1 个用户，而是多个用户共享，同一子信道上不同用户之间是非正交传输（即非正交多址），这样就会产生用户间干扰问题，所以在接收端要采用串行干扰删除技术进行多用户检测。在发送端，对同一子信道上的不同用户采用功率复用技术进行发送，不同的用户的信号功率按照相关的算法进行分配，这样到达接收端每个用户的信号功率都不一样。串行干扰删除接收机再根据不同户用信号功率大小按照一定的顺序进行干扰消除，实现正确解调，同时也达到了区分用户的目的。NOMA 技术被广泛应用于第五代移动通信系统（5G）中。

7.3 随机多址接入技术

随机多址接入技术又称为有竞争的多址接入技术。各节点在网络中的地位是相同的，通过竞争获得信道的使用权。随机多址接入技术可分为完全随机多址接入（ALOHA）技术和载波侦听型多址接入技术。分析随机多址接入技术，主要关注稳态情况下系统的通过率和时延性能以及系统的稳定性。

7.3.1 ALOHA 技术

ALOHA 技术是 70 年代夏威夷大学建立的在多个数据终端到计算中心之间的通信网络中使用的技术，基本思想是：若一个空闲的节点有一个分组到达，则立即发送该分组，并期望不会和其他节点发生碰撞。

1. 纯 ALOHA 技术

纯 ALOHA 技术是最基本的 ALOHA 技术，其基本思想是：只要有新的分组到达，就立即被发送并期望不与别的分组发生碰撞。一旦分组发生碰撞，则随机退避一段时间后进行重传。

如果从数据分组开始发送的时间起点到其传输结束的这段时间内，没有其他数据分组发送，则该分组就不会和其他分组发生碰撞。

如图 7-10 所示为纯 ALOHA 技术工作原理图。在什么情况下图中阴影部分表示的数据分组（在 t_0+t 时刻产生的分组）可以不受任何干扰地发送呢？

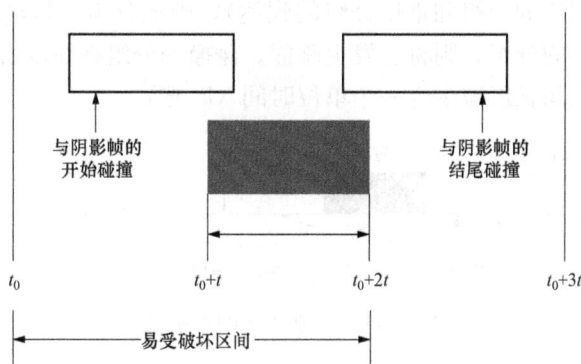

图 7-10　纯 ALOHA 技术工作原理图

假设系统中所有分组的长度相等，传输数据分组所需的时间定义为系统的单位时间，为了简化描述，令该值等于 t（下面的分析中令 t 等于 1）。

我们将时间区间 $[t_0，t_0+2t]$ 称为阴影分组（在 t_0+t 时刻产生的分组）的易受破坏区间。很显然，在纯 ALOHA 技术中，只有在数据分组的易受破坏区间内没有其他分组到达，则该分组可以成功传输。

为了分析方便，设重传分组和新到达分组合成的分组流是到达率为 G 的 Poisson 到达过程。则在纯 ALOHA 系统中，一个分组成功传输的概率，就是在其产生时刻前一个时间单位内没有分组发送，并且在该分组产生时刻的后一个时间单位内仅有一个分组（即该分组本身）发送的概率。

根据泊松公式，在单位时间内，产生 k 个分组的概率为

$$p(k) = \frac{e^{-G}G^k}{k!} \tag{7-12}$$

则根据上面的分析，我们可以得到在纯 ALOHA 系统中，分组成功传输的概率：

$$
\begin{aligned}
P_{succ} &= P\{在两个时间单位里没有其他分组发送的概率\}\\
&= [p(0)]^2\\
&= \frac{G^0 e^{-2G}}{0!}\\
&= e^{-2G} \tag{7-13}
\end{aligned}
$$

系统的通过率（单位时间内一个分组成功传输的概率）

$$S = G \cdot P_{succ} = G \cdot e^{-2G} \tag{7-14}$$

对上式求最大值，可得系统的最大通过率为 $1/2e \approx 0.184$，此时对应的 $G=0.5$，可见，效率很低。

2. 时隙 AOHA 技术

在纯 ALOHA 技术中，节点只要有分组就发送，易受破坏区间为两个单位时间。如果

缩小易受破坏区间，就可以减少分组碰撞的概率，提高系统的利用率。基于这一出发点，提出了时隙 ALOHA 技术。

时隙 ALOHA 系统将时间轴划分为若干个时隙，所有节点同步，各节点只能在时隙的开始时刻才能够发送分组，时隙宽度等于一个分组的传输时间。当一个分组在某时隙到达后，它将在下一时隙开始传输，并期望不会与其他节点发生碰撞。如果在某时隙内，仅有一个分组到达（包括新到达的分组和重传分组的到达），则该分组会传输成功。如果在某时隙内到达两个或两个以上的分组，则将会发生碰撞。碰撞的分组将在以后的时隙中重传。很显然，此时的易受破坏区间长度减少为一个单位时间（时隙）。

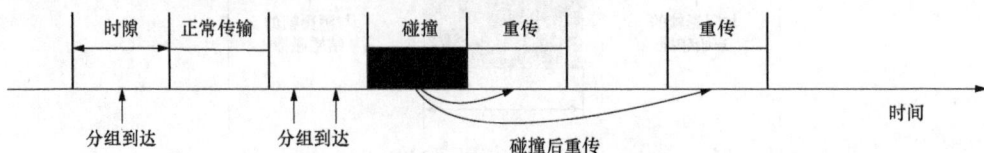

图 7-11 时隙 ALOHA 系统

近似地认为重传分组的到达过程和新分组的到达过程之和是到达率为 G 的 Poisson 过程。时隙 ALOHA 技术的分组传输成功率为在单位时间内没有其他分组发送的概率，即

$$P_{\text{succ}} = p(0) = \mathrm{e}^{-G} \tag{7-15}$$

如果分组的长度为一个时隙宽度，则系统的通过率就是指在一个时隙内成功传输所占的比例（或有一个分组成功传输的概率）

$$S = G P_{\text{succ}} = G \mathrm{e}^{-G} \tag{7-16}$$

对上式求最大值，可得系统的最大通过率为 $1/\mathrm{e} \approx 0.368$，对应的 $G = 1$。

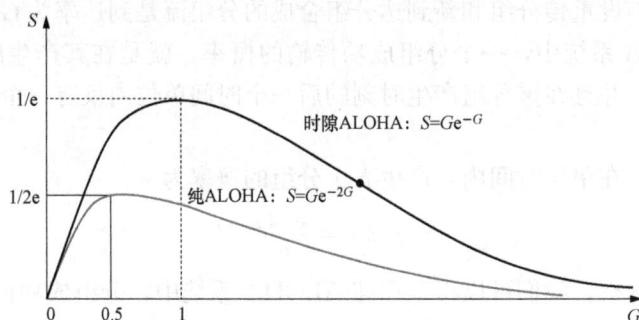

图 7-12 ALOHA 通过率曲线

上图为 ALOHA 的通过率曲线。很明显，时隙 ALOHA 的最大通过率是纯 ALOHA 最大通过率的 2 倍。

【例 7.1】 若干个终端用纯 ALOHA 随机接入技术与远端主机通信，信道速率为 2.4kbit/s。每个终端平均每 3min 发送一个帧，帧长为 200bit，问系统中最多可容纳多少个终端？若采用时隙 ALOHA 技术，其结果又如何？

解 设可容纳的终端数为 N。每个终端发送数据的速率是 $\dfrac{200}{3 \times 60} \approx 1.1$kbit/s。

由于纯 ALOHA 系统的最大系统通过率为 $1/2\mathrm{e}$，则有

$$N = \frac{2400 \times \frac{1}{2e}}{1.1} \approx 396$$

若采用时隙 ALOHA 技术,最大通过率为 $\frac{1}{e}$,则有

$$N = \frac{2400 \times \frac{1}{e}}{1.1} \approx 793$$

7.3.2　载波侦听型多址接入技术

1. 载波侦听多址技术 (CSMA)

载波侦听多址接入技术是从 ALOHA 技术演变出的一种改进型技术,它采用了附加的硬件装置,每个节点都能够检测(侦听)到信道上有无分组在传输。其基本思想是:如果一个节点有分组要传输,它首先检测信道是否空闲,如果信道有其他分组在传输,则该节点可以等到信道空闲后再传输。这样可以减少要发送的分组与正在传输的分组之间的碰撞,提高系统的利用率。

CSMA 技术可细分为几种不同的实现形式,有非坚持型 (Non - persistent) CSMA、1-坚持型 CSMA 和 p-坚持型 CSMA。

(1) 非坚持型 CSMA 是指当分组到达时,若信道空闲,则立即发送分组;若信道处于忙状态,则分组的发送将被延迟,且节点不再跟踪信道的状态(即节点暂时不检测信道),延迟结束后节点再次检测信道状态,并重复上述过程,如此循环,直到将该分组发送成功为止。

(2) 1-坚持型 CSMA 是指当分组到达时,若信道空闲,则立即发送分组;若信道处于忙状态,则该节点一直坚持检测信道状态,直至检测到信道空闲后,立即发送该分组。

(3) p-坚持型 CSMA 用于时分信道。当分组到达时,如果信道空闲,那么以概率 p 发送数据,以概论 1-p 推迟到下一个时隙;若信道处于忙状态,则该节点一直坚持检测信道状态,直至检测到信道空闲后,以概率 p 发送数据,以概论 1-p 推迟到下一个时隙。

由于电信号在介质中的传播时延,在不同的观察点上监测到同一信道的出现或消失的时刻是不相同的。因此,在 CSMA 多址技术中,影响系统性能的主要参数是(信道)载波的检测时延 τ。它包括两部分:发送节点到检测节点的传播时延和物理层检测时延(即检测节点开始检测到检测节点给出信道是忙或闲所需的时间)。

设信道速率为 C bit/s,分组长度为 L bit,则归一化的载波侦听(检测)时延为

$$\beta = \frac{\tau}{\frac{L}{C}} = \tau \cdot \frac{C}{L} \tag{7-17}$$

2. 有碰撞检测的载波侦听多址技术 (CSMA/CD)

前面讨论的 CSMA 技术由于在发送之前进行载波监听,所以减少了冲突的机会。但由于传播时延的存在,冲突还是不可避免的。只要发生冲突,信道就被浪费一段时间。CSMA/CD 比 CSMA 又增加了一个功能,这就是边发送边监听。只要监听到信道上发生了冲突,则冲突的节点就必须停止发送。这样,信道就很快空闲下来,因而提高了信道的利用率。这种边发送边监听的功能称为冲突检测。

CSMA/CD 的工作过程如下:当一个节点有分组到达时,它首先侦听信道,看信道是否

空闲。如果信道空闲，则立即发送分组；如果信道忙，则连续侦听信道，直至信道空闲后立即发送分组。该节点在发送分组的同时，监测信道 δ 秒，以便确定本节点的分组是否与其他节点发生碰撞。

如果没有发生碰撞，则该节点会无冲突地占用该总线，直至传输结束。如果发生碰撞，则该节点停止发送，随机时延一段时间后重复上述过程。（在实际应用时，发送节点在检测到碰撞以后，还要产生一个阻塞信号来阻塞信道，以防止其他节点没有检测到碰撞而继续传输）。

总的来说，CSMA/CD 比 CSMA 的控制规则增加了如下 3 点：

（1）"边发边听"—— 任一发送节点在发送数据帧期间要保持侦听信道的碰撞情况。一旦检测到碰撞发生，应立即中止发送，而不管目前正在发送的帧是否发完。保证尽快确知碰撞发生和尽早关闭碰撞发生后的无用发送，这有利于提高信道利用率。

（2）"强化干扰"——发送节点在检测到碰撞并停止发送后，立即改为发送一小段"强化干扰信号"，以增强碰撞检测效果。可以提高网络中所有节点对于碰撞检测的可信度，保证了分布式控制的一致性。

（3）"碰撞检测窗口"——任一发送节点若能完整地发完一个数据帧，则停顿一段时间（两倍的最大传播时延）并监听信道情况。若在此期间未发生碰撞，则可认为该数据帧已经发送成功。此时间区间称为"碰撞检测窗口"。有利于提高一个数据帧发送成功的可信度。如果接收节点在此窗口内发送应答帧（ACK 或 NAK）的话，则可保证应答传输成功。

1）有碰撞避免的载波侦听型多址技术（CSMA/CA）。CSMA/CA 是有冲突避免（Collision Avoidance）的载波侦听型多址接入技术。它是对 CSMA 的另一种改进方法。通常在无线系统中，一台无线设备不能在相同的频率（信道）上同时进行接收和发送，因而不能采用碰撞检测技术，只能通过冲突避免的方法来减少冲突的可能性。在 IEEE802.11 无线局域网（WLAN）的标准中，就采用了 CSMA/CA 技术。它不仅支持全连通的网络拓扑，同时支持部分连通的网络拓扑。

2）CSMA/CA 的工作过程如下：

一个节点在发送数据帧之前先对信道进行预约。

假定 A 要向 B 发送数据帧，发送节点 A 先发送一个请求发送帧 RTS（request to send）来预约信道，所有收到 RTS 的节点将暂缓发送。

真正的接收节点 B 在收到 RTS 后，发送一个允许发送的应答帧 CTS（clear to send，作用是表明接收节点 B 可以接收发送节点 A 的帧，并且禁止 B 的邻节点发送，从而避免了 B 的邻节点的发送对 A 到 B 的数据传输的影响）。

接收端收到数据帧后，将用 CRC 来检验数据是否正确，正确则响应 ACK 帧。发送方收到 ACK 就可以进行下一个数据帧的发送，若没有则一直重传至规定重发次数为止（采用二进制指数退避算法来确定随机的推迟时间）。

在 RTS 和 CTS 中均包括要发送分组的长度，因此各节点可以计算出相应的退避时间，称为 NAV（Network Allocation Vector）。

3）CSMA/CD 与 CSMA/CA 的相同点是接入信道之前都需要进行监听，当发现信道空闲后，才能进行接入。

不同点主要有以下方面：

（1）传输介质不同：CSMA/CD 用于有线局域网，而 CSMA/CA 用于无线局域网。

（2）载波检测方式不同：因传输介质不同，CSMA/CD 与 CSMA/CA 的检测方式也不同。CSMA/CD 通过电缆中电压的变化来检测，当数据发生碰撞时，电缆中的电压就会随着发生变化；而 CSMA/CA 主要采用能量检测（ED）、载波检测（CS）和能量载波混合检测三种检测信道空闲的方式。

（3）CSMA/CD 可以检测冲突，但无法避免；CSMA/CA 不能检测冲突，但是可以尽量避免冲突。二者出现冲突后都会进行有上限的重传。

7.4　基于预约的多址接入技术

在前面介绍的几种随机多址接入技术中，我们可以发现它们的关键都是如何最大限度地减少发送冲突，从而尽量提高信道利用率和系统吞吐率。而基于预约的多址接入技术侧重于最大限度地减少或消除随机因素，避免发送竞争所带来的对信道资源的无秩序竞争，使系统能按各节点的业务需求合理地分配信道资源。

预约方式要求在网络节点之间交换预约控制信息。依据这些信息，各网络节点可以执行同一个控制算法，进行分布式控制操作的协调。预约信息的传输需要占用信道资源。因此，预约信息的多少决定了开销的多少。依据开销形式的不同，预约方式分为隐式预约方式和显式预约方式。

在随机多址接入中，当数据分组发生碰撞时，整个分组都被破坏。如果分组较长，则信道的利用率较低。当数据分组较长时，我们可以在数据分组传输之前，以一定的准则，发送一个很短的预约分组，为数据分组预约一定的系统资源。如果预约分组成功传输，则该数据分组在预约到的系统资源（频率、时隙等）中无冲突地传输。由于预约分组所浪费的信道容量很少，因而提高了系统效率。

1989 年，D. J. Goodman 等人提出了分组预约多址接入 PRMA（Packet Reservation Multiple Access）技术，以时分多址为基础，结合话音的统计模型，利用人们在通话过程中的空闲期来增加系统容量。PRMA 是将时间轴分为时隙，若干个时隙组成一帧。每一帧中的时隙被分为两类：一类是被预约的时隙，另一类是可用的空闲时隙。时隙的类别是根据在时隙末尾接收到的基站应答信息来确定的。每个移动台在话音突发开始时，采用 ALOHA 协议来竞争可用的空闲时隙。若移动台竞争成功，则它就预定了后续帧中相同的时隙。在后续帧中，它将不会与其他移动台的分组发生碰撞。当一个话音突发传输结束后，该移动台将释放预约的时隙，使该时隙从预约状态变成可用状态。释放的方法就是在预约的时隙内不传输任何信息，基站检测到该空闲时隙后，就会指明该时隙为可用时隙。

7.5　小结与思考

本章讨论的是多址接入技术，主要解决多用户共享信道的问题。首先对多址接入技术进行了简单概述，包括多址接入技术的作用，典型的共享链路等，并从排队论的角度得出公共信道和理想多址接入技术的等效模型，并把多址接入技术归纳为固定多址接入、随机多址接入和基于预约的多址接入三大类。在固定多址接入技术中讨论了 FDMA 和 TDMA 的特点并分析其性能，简要介绍了 CDMA、OFDMA 和 NOMA 的基本原理。在随机多址接入技术中，讨论了最基本的纯 ALOHA 和时隙 ALOHA，并针对其通过率不高的原因，研究了 CSMA，它可以有效减少想接入信道的分组对正在传输的分组的影响。在 CSMA 的基础上，还讨论了 CSMA/CD 和 CSMA/CA。最后讨论了基于预约的多址接入技术，当要传输的分组较长时，可以用一个很短的分组进行预约，如果预约成功，则该分组将无冲突地进行传输。

从基本多址接入技术出发，可以混合或改进出多种多址接入技术，基本思想就是预约、冲突分组和固定分配相结合。随着各种通信网络的不断发展，很多应用场景和用户需求都发生了根本性的变化，对多址接入技术也提出了新的挑战。

习 题

7.1　列举三个固定多址接入技术，并阐述其优缺点。

7.2　阐述 CSMA/CD 的基本原理。

7.3　简述纯 ALOHA 和时隙 ALOHA 的工作流程。

7.4　分析 CSMA/CD 与 CSMA/CA 的异同点。

7.5　列举 CSMA 的三种不同实现形式。

7.6　以移动通信系统发展史为线，简述所采用多址接入技术的发展变化。

第8章 路 由 算 法

通信网络中两用户之间进行通信，必然要经过多个中间节点，甚至经过多个不同的子网，如何为用户的消息或分组选择最佳的传输路径，从而使得用户的消息或分组在一个子网内或跨越多个网络时能快速、可靠地传送到对方，就成为必须要解决的问题。路由器通过为分组转发和为各个分组选择适当的传输路径，很好地解决了上述问题，其中的路由算法也成为关键的理论之一。本章从路由器的基本结构和转发原理出发，进而讨论常用路由算法原理，重点介绍了最短路由算法，最后给出了 Internet 网中使用的路由算法。

8.1 概　　　述

一个基本的通信网络通常由用户通信终端、物理传输链路（通道）和网络节点组成，其中，电信网络的节点为交换设备，互连网络中的节点为路由器，如图 8-1 所示，主要功能是将多个用户的信息复接到骨干链路上以分离出用户的信息。

当前使用的覆盖全国的通信网，通常由多种不同类型的网络互连互通构成。同样，计算机网络也是通过路由器将多种异构的网络互连起来，如图 8-2 所示。

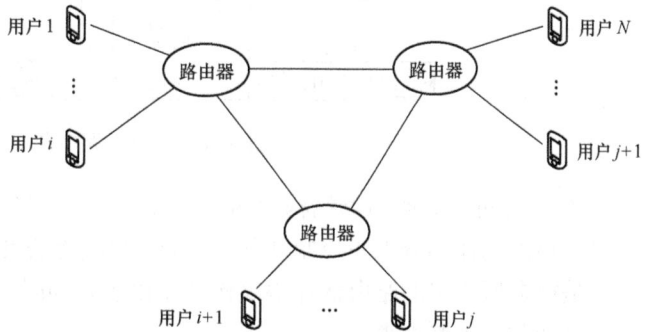

图 8-1　引入路由器后的通信网示意图

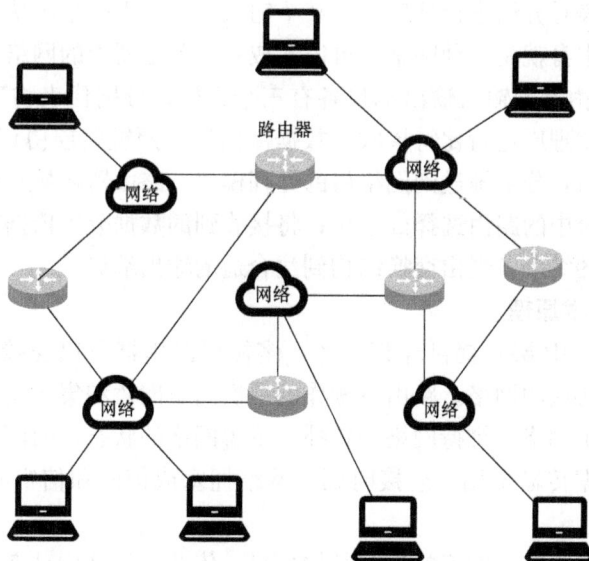

图 8-2　计算机网络

可以看出，路由器是网络互连的核心设备，它负责分组的转发和为各个分组选择适当的传输路径。

8.2　路由器的构成

8.2.1　路由器的基本结构

路由器是一种具有多个输入端口和多个输出端口的专用计算机，其主要作用是连接多个异构的网络，把数据从一个网络传输到另外一个网络，实现分组转发。典型的路由器构成框图如图 8-3 所示。

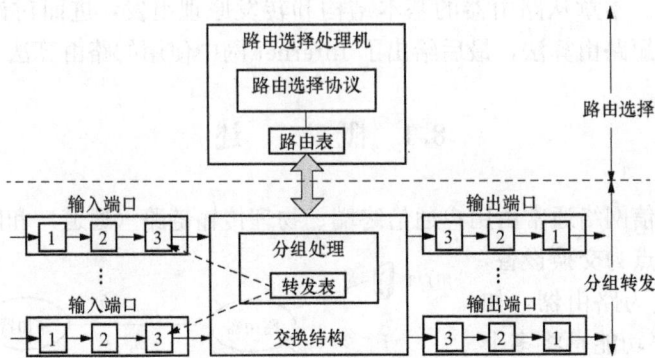

图 8-3　典型的路由器结构

由图 8-3 可知，路由器结构为两大部分：路由选择和分组转发部分。

（1）路由选择部分也叫控制部分，其核心构件是路由选择处理机。路由选择处理机的主要任务是根据所选定的路由选择协议构造路由表，同时经常或定期地和相邻路由器交换路由信息以更新和维护路由表。

（2）分组转发部分由三个环节构成：交换结构、一组输入端口和一组输出端口。交换结构的作用是根据转发表对分组进行处理，将某个输入端口进入的分组从一个合适的输出端口转发出去。交换结构本身就是一种网络，可以看成是"路由器中的网络"。

在图 8-3 中，路由器的输入输出端口各有三个方框，分别代表物理层、数据链路层和网络层的处理模块。物理层进行比特接收；数据链路层按照链路层协议接收传送分组的帧；去掉帧的首部和尾部后，分组被送到网络层的处理模块。路由器将接收到的交换路由信息的分组交给路由选择部分中的路由选择处理机；将接收到的数据分组依据首部中的目的地址查找转发表，根据得出的结果，经由交换结构到达合适的输出端口。

8.2.2　路由器转发原理

路由器在网络层（IP 层）提供连接服务，多协议路由器可以连接完全不同的网络层、数据链路层和物理层协议的网络。路由器操作的层次高于网桥和集线器，所提供的服务更加完善。路由器了解整个网络，维持网络的拓扑，了解网络的状态，因而可使用有效的路径转发分组。路由器可根据传输费用、连接时延、网络拥塞或信源和信宿间的距离来选择最佳路径。

路由器通过路由协议交换网络的拓扑结构信息，依照拓扑结构动态生成路由表。转发表依据路由表生成，其表项和路由表项有直接对应关系，但转发表的格式和路由表的格式不同，更适合实现快速查找。转发的主要流程包括线路输入、分组头分析、数据存储、分组头修改和线路输出。

路由表中存储有关可能的目的网络及怎样到达目的网络的信息，如图 8-4 所示。由于 IP 编址方式和分配方法的特点，路由表中只包含网络前缀的信息而不需要整个 IP 地址。在分组转发的过程中，路由器并不知道到达目的网络的完整路径，只知道分组转发的下一跳路由器。如果两台设备连到同一底层物理传输系统（如同一以太网、ATM）之中，则不需要路由器转发，可直接交付给目的主机。

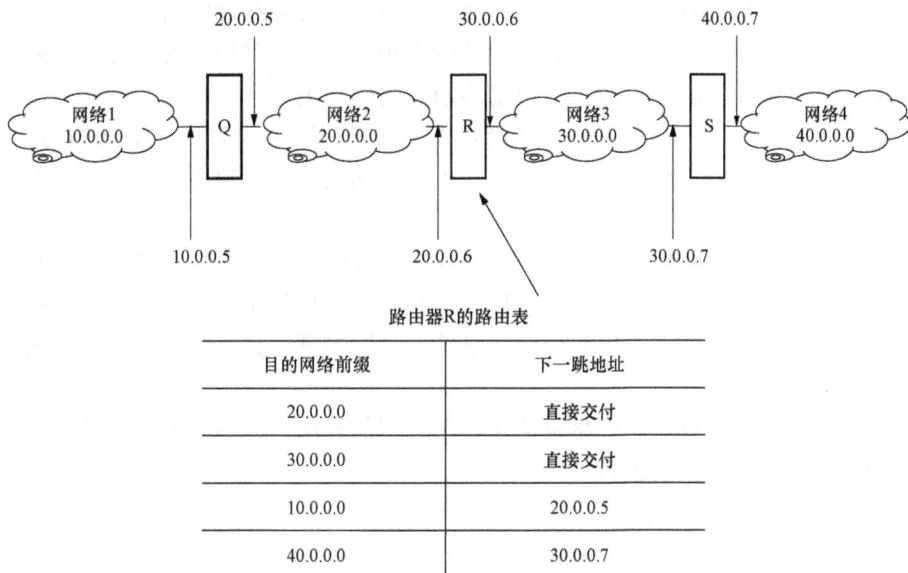

| 20.0.0.5 | 30.0.0.6 | 40.0.0.7 |

| 网络1 10.0.0.0 | Q | 网络2 20.0.0.0 | R | 网络3 30.0.0.0 | S | 网络4 40.0.0.0 |

| 10.0.0.5 | 20.0.0.6 | 30.0.0.7 |

路由器R的路由表

目的网络前缀	下一跳地址
20.0.0.0	直接交付
30.0.0.0	直接交付
10.0.0.0	20.0.0.5
40.0.0.0	30.0.0.7

图 8-4　路由表举例

现依据图 8-4，举例说明路由器进行路径选择和转发分组的过程。路由器 R 同时连接在网络 2 和网络 3 上，因此 R 收到目的主机在网络 2 或网络 3 的分组，则直接交付。如果 R 收到目的主机在网络 1 中的分组，则通过查找转发表，得知下一跳路由器为 Q，IP 地址为 20.0.0.5，则路由器 R 将分组转发给路由器 Q。分组到达路由器 Q 之后，则直接交付给目的主机。

8.3　路由算法的基本知识

路由选择是指选择通过网络从源节点到目的节点传输信息的通道，信息可能通过中间节点进行转发，有多种路径可供选择，因此需要使用某种路由算法进行路由选择。由于考虑的角度不同、实施的条件不同，因此形成了多种路由算法。这些路由算法具有不同的特性：算法设计者的设计目标会影响路由选择协议的运行结果；各种路由选择算法对网络和路由器资源的影响不同；不同的计量标准也会影响最佳路径的计算结果。

下面分别讨论有关路由选择算法的基本概念。

8.3.1 理想的路由选择算法

理想的路由选择算法通常具有如下一个或多个特点。

（1）算法必须是正确的和完整的。"正确"的含义是：沿着各个路由表所指引的路由，分组一定能够最终达到目的节点交付给目的主机。

（2）算法具有简易性和较低的开销。即路由选择的计算不应使网络通信量增加过多的额外开销。

（3）算法可以适应通信量和网络拓扑的变化，也就是具有自适应性。当网络中的通信量发生变化时，算法能自适应地改变路由以均衡各链路的负载。当某个或某些节点、链路发生故障不能工作，或者修理好再投入运行时，算法也可以及时地改变路由。

（4）算法应具有稳定性。在网络通信量和网络拓扑结构相对稳定的情况下，路由选择算法应收敛于一个可以接受的解，而不应得出不断变化的路由。

（5）算法应是公平的。路由选择算法应对所有用户（除去少数优先级高的用户）平等。如果仅仅使某一对用户的端到端时延最小，而不考虑网络中的其他用户，显然就不符合公平性的要求。

（6）算法应是最佳的。路由选择算法应能找出最优的路由。但针对"最优"有不同的定义，如可把网络吞吐量最大称为最优，或把分组时延的平均最小称为最优，或是把某些性能指标的加权平均作为参考依据。因此所谓"最佳"是针对某一种特定要求下得出的较为合理的选择。

一个实际的路由选择算法，应尽可能接近于理想的算法。在不同的应用条件下，对以上提出的六个方面可以有不同的侧重。

8.3.2 路由选择算法类型

1. 静态路由选择和动态路由选择算法

严格来说，静态路由选择算法不是一种算法，是由网络管理员在路由选择开始前就已经建立好路由表，如果网络管理员不对其进行修改，则路由表保持不变。静态路由选择算法设计简单，并在网络信息流相对可以预见且网络设计相对简单的环境里运行较好。

由于静态路由选择算法不能对网络的变化做出反应，所以，它不能适应当今大型、易变的网络环境。20 世纪 90 年代以来，绝大多数优秀的路由选择算法都是动态的。这些动态路由选择算法通过分析接受的路由修正消息适应网络环境的变化。路由选择软件接收到网络发生变化的消息后，就会重新计算路由，发出路由修正消息。路由器接收到这些消息后，便重新计算，并改变路由表。

静态路由选择算法可以弥补动态路由选择算法的某些不足。例如，为所有无法选择路由的数据包制定一个最终路由器，即将所有无法选择路由的数据包转发到该路由器来，以保证所有数据包都得到某种方式的处理。

2. 单路径和多路径路由选择算法

一般的路由选择算法都是单路径算法，只沿着一条到达目的节点的路径进行信息传播。一些复杂的路由选择协议支持多路径到达同一目的节点，与单路径算法不同，这些多路径算法允许信息流在多条线路上同时进行传送，多路径算法的优势是提高了端到端通信带宽和可靠性。

3. 平面和分层路由选择算法

一些路由选择算法在平面空间运行，而另有一些路由选择算法采用分层空间。平面路由选择算法中，所有路由器是平等的。而在分层路由选择算法中，路由器被划分成主干路由器和非主干路由器。数据包先在边缘网络中被传送到主干路由器中，然后在主干网络中通过一个或多个主干路由器传输到另一个边缘网络，最后通过一个或多个非主干路由器到达目的节点。主干网络和边缘网络使用的路由算法不同。

分层路由选择算法主要优点是能较好地支持实际信息流量模式。由于大多数网络通信发生在域内，并且域内路由器只需要了解域内的其他路由器即可，因此，可以简化路由选择算法，从而减少路由修正信息流量。

4. 主机智能和路由器智能路由选择算法

一些路由选择算法是由源节点决定整个发送路由，这就是通常所说的源路由选择。源路由选择系统中，路由器是一个存储转发设备，负责向下一节点发送数据包。这种系统中，主机具有路由选择的智能。这种路由选择算法在实际发送数据包之前就能发现到达目的节点的所有可能路由，并能根据不同系统对最优路由的不同要求做出选择，但往往需要耗费大量的时间。

而其他的算法由路由器根据自己的计算结果来确定路径，路由器具有路由选择的智能。将主机智能路由选择算法和路由器智能路由选择算法结合起来使用是一种最佳的路由选择方法。

5. 域内和域间路由选择算法

有些路由选择算法仅在域内运行，有些路由选择算法可同时在域内和域间运行，两种算法具有本质的区别。一个最优的域内路由选择算法不一定是最佳的域间路由选择算法。

8.3.3 路由选择的实现—路由表

路由表指明该节点如何选择分组的传输路径，如图 8-5 所示的网络中，节点 1 和节点 4 的路由表如表 8-1 所示。

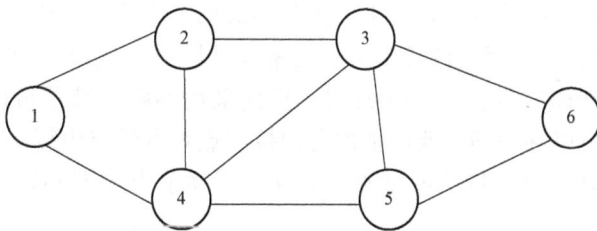

图 8-5 网络拓扑

表 8-1   节点 1 和节点 4 的路由表

节点 1 的路由表					节点 4 的路由表				
目的节点	2	3	4	5	6	目的节点	1	2	3	5	6
下一个节点	2	2	4	4	2	下一个节点	1	2	3	5	5

表 8-1 中路由选择的原则是使到达目的节点的链路数最少，也就是经过的路由器最少。当存在 2 条以上具有相同链路数的最少链路数路径时，可以选择其中任意一条。路由表对每

个目的节点指出分组应发向的下一个节点。

在分布式路由计算过程中，各节点关于某一对节点的路由信息可能不一致，因此会形成环路等现象。例如，节点 i 上的路由表指出到目的节点 m 的最佳路径的下一节点是 j，而节点 j 上的路由表又指出到目的节点 m 的最佳路径的下一节点是 i，这样分组就会在节点 i 和 j 之间来回发送。当采用分布式算法时，特别是在适应网络变化的过程中，很难消除暂时出现的路由环路。

当路由表建立起来之后，在进行路由选择时只是简单地查找路由表中的信息，无需再做计算。然而对自适应路由选择来说，会要求相当数量的计算来维持这张路由表。

通常路由表中还会包含一些附加信息，例如基于最少链路数准则的算法可能包括到达目的节点的估计链路数，这样表 8-1 所示的路由表就修改为表 8-2 的形式。

表 8-2　　　　　　　　　包含最少链路数的节点 1 上的路由表

目的节点	2	3	4	5	6
下一个节点	2	2	4	4	2
链路数	1	2	1	2	3

8.4　常用的路由算法

针对不同的应用场合应有不同的路由算法，下面分别介绍广域网、互联网和 Ad Hoc 网络中的路由算法。

8.4.1　广域网中的路由算法

广域网内路由主要解决子网内分组的传输路径问题，主要包括广播、最短路由和最佳路由三种算法。

1. 广播

广播是通信网中最常用的方式，用来传播公共信息、拓扑变化信息（包括节点和链路工作变化和故障等信息）。广播分组的接收节点通常是全网所有成员。如果接收节点仅为一个组或部分网络节点，则称为多播（multicast）。广播采用的路由算法可以是洪泛路由、生成树的广播方式等，也可以逐一地把广播的分组按照点对点的路由算法发送给每一个目的节点，但这种方法一般会浪费大量的网络资源，并且广播节点需要知道全网所有节点的路由信息。

洪泛路由的基本思想是源节点将消息以分组的形式发给与之相邻的节点，相邻的节点再转发给它们的相邻节点，这些节点继续转发，直到分组到达网络中的所有节点。但为了限制分组的转发次数，需要附加两个规则：

（1）下游节点不能再向上游节点转发广播分组。

（2）每个节点仅将相同的广播分组向相邻节点转发一次。

具体实现方法是：源节点广播的每一个分组都有一个标识符（ID）和序号，每发送一个新的分组，序号加 1。每个节点在收到一个广播分组后，要检查该分组的标识符和序号，如果该分组的序号大于记录中具有相同标识符分组的最大序号，则转发该分组并记录其标识符和序号，所有小于或等于记录序号的分组都被丢弃，并且不会被转发。

分组的广播过程如图 8-6（a）所示。图中 A 是源节点，箭头上的标号表示该分组被转发的次数。为了减少广播分组传输的次数，可采用 8-6（b）的方法构造生成树，在该树上分组仅需传输 $N-1$ 次即可（N 为网络的节点数）。

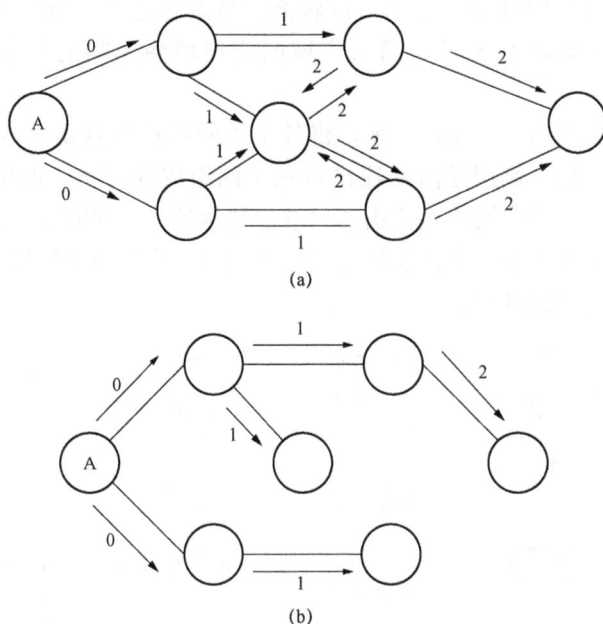

图 8-6　广播的基本工作示意图
（a）洪泛广播；（b）生成树广播

2. 最短路由

许多实际的路由算法如 RIP（Routing Information Protocol），OSPF（Open Shortest Path First）等都是基于最短路径的概念。分组交换网络中的各种路由算法实质都是建立在某种形式的最小费用准则的基础之上。例如，把准则定为"最短路径"，即所谓的"最短路径路由算法"，但"最短路径"并不是单纯地意味着一条物理长度最短的通路，也可以是从源节点到目的节点的中转次数最少。

最短路由的关键是如何定义"费用"。如果关心分组的时延，则可以将"费用"与时延相关联。此时每条链路的"费用"与链路的物理长度和链路上的业务强度两个参数相关。链路的物理长度决定信道的传播时延，链路上的业务强度决定分组的发送时延。因此，如果将两个参数的值折算为该链路的"费用"或"长度"值，则最小费用算法也就等效为最小时延路由算法。因此，"最短"取决于对链路度量的定义，可以是物理距离的长短、时延大小、节点队列长度等。此外，链路的长度随时间可能是变化的，取决于链路拥塞的情况。

3. 最佳路由

最短路由所关心的仅是一个节点对之间的一条路径的选择和求解，因此具有两方面的缺陷：一是为每对节点之间仅提供一条路由，从而限制了网络的通过量；二是适应业务变化的能力受到防止路由振荡的限制。而最佳路由将从全网范围寻找所有可能的传输路径，从而使得源节点到目的节点的信息流的时延最小、流量最大，而不是局限于一条最短路径。因此采用最佳路由可以克服最短路径的缺陷，可以将节点对之间的流量分配在多条路径上，从而可使网络的通过量最大并且时延最小。

8.4.2 互连网络中的路由算法

实现网络互连，通常采用三种设备：网关、网桥和路由器。网关可实现广域网和广域网之间的互连，完成网络层的任务，包括协议转换、路由功能等。网桥可实现局域网之间在MAC层的互连。路由器则实现局域网与广域网或局域网之间的互连，提供高级的路由功能。

典型的互连网络如图 8-7（a）所示，将各个子网看作节点得到网络示意图如图 8-7（b）所示。网络分为两层，高层是由互连设备和子网组成的网络，低层是各个子网的内部网络。在这种分层的方式中，网关或路由器只维持到达各个子网的路由表，各个子网仅维持子网内的路由表。这样路由表的维持和修正工作量相对较小和易于操作，但其缺点是形成的路由对整个网络不一定是最佳的。

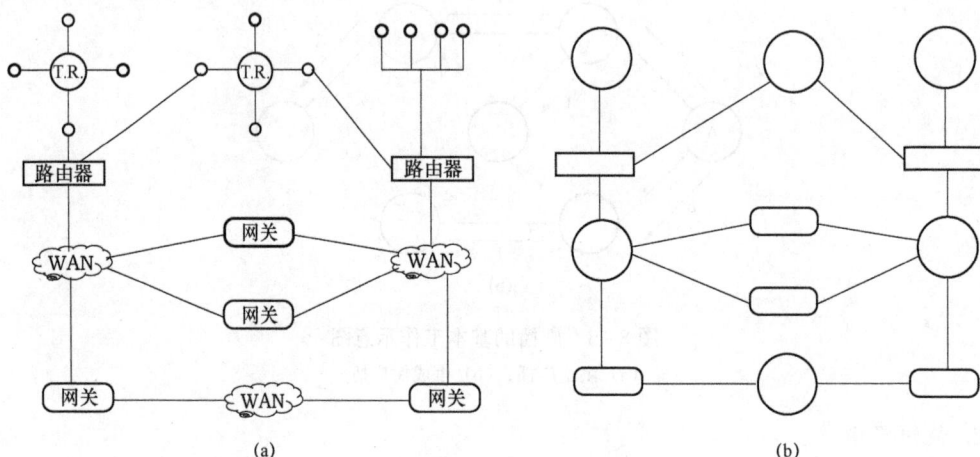

图 8-7 互连网络示例
(a) 典型互连网络；(b) 网络示意图

随着网络的增大，路由表中的项目也不断增多，因此不仅会占用路由器的内存，并且需要更多的 CPU 时间扫描路由表，同时还需要更大的链路容量来传送有关路由表的状态报告。因此，为了充分利用更有限的资源，并可以实现网络的扩展，必须进行分层次的路由选择，也就是将路由器划分区域，每个路由器仅知道怎样在其所属区域内选择路由和分组在区域内要到达的目的端的全部细节，但并不知道其他区域的内部结构。当不同的网络互连时，很自然地将每个网络看作独立的区域，以便让一个网络中的路由器免于知道其他网络的拓扑结构，从而有效地减少每个路由表的存储内容。如图 8-8 中具有两个区域的网络，可以分成两层。如果将所有区域都抽象为 1 个单独的路由器，这样区域 1 中的三个节点就抽象为路由表中的 1 个项目，而区域 2 中的 5 个节点也抽象为路由表中的 1 个项目，从而大大减少了路由表中存储的内容，节省了存储空间。

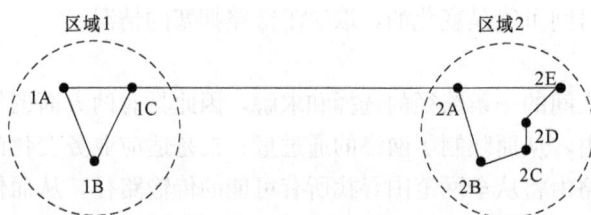

图 8-8 较为复杂的网络结构

8.4.3 Ad Hoc 网络中的路由算法

20 世纪 70 年代由美国国防高级研究计划局（DARPA）提出并应用的分组无线网（PR-NET）可以看作 Ad Hoc 网络的先驱。提出分组无线网络的初衷是应用于军事目的，而 Ad Hoc 网络技术却扩展到更多的领域。传统的路由算法基本上是为有线网络设计的，没有考虑网络的动态特性。而且在传统的路由算法中，网络管理的开销随着网络的规模增大而迅速增长。上述这些因素却是移动 Ad Hoc 网络中要关注的重要因素，而且移动 Ad Hoc 网络还面临着无线信道的不可靠性、高速移动环境下链路频繁中断、故障以及节点的能量有限等情况。因此，传统的路由算法不可能直接应用到 Ad Hoc 网络中。更为重要的是，传统的路由算法中都存在着一些致命的缺陷，如路由闭环、收敛速度慢等问题，因此必须研究新的路由策略适应移动 Ad Hoc 网络的特殊性。目前 MANET（Mobile Ad Hoc Network）已经在距离矢量算法和链路状态算法的基础上，提出了许多改进型的路由协议。同时，也有许多协议是直接从有线网络继承改进得到的。

目前单播的 Ad Hoc 路由算法主要分为三种：

（1）平面式路由算法。网络中的所有节点都处于同一层次，各节点在网络中获得的路由信息基本相同。根据设计的具体原则可分为 proactive routing 算法和 reactive routing 算法。

（2）分层路由算法。网络按一定的规则分为多个不同的层次，在不同层次中又可以有不同的路由策略。分层的路由策略比较容易进行网络规模的扩充。

（3）地理位置辅助的路由算法。网络中的节点可以获得节点的地理位置信息，通过这些信息可以有效地降低路由算法中路由建立或维护的开销。

8.5 最短路由算法

最短路由算法可用于通信网络的拓扑结构优化和通信路由选择，许多实际的路由算法都是基于最短路由的概念。

首先要明确最短的含义，它取决于对链路长度的度量。对链路长度的度量可以是站点数或经过的链路数量、物理长度、时延的大小、节点队列的平均长度以及通信费用等。

最短路径具有以下两个一般性质：

（1）最短路径（A，B）上的某一段（Na，Nb）也是最短路径；

（2）最短路径（A，B）被中间节点 X 分成两段，则两段路径（A，X）和（X，B）也是最短路径。

最短路径算法如果不考虑由于分组排队等待产生的时延，也不考虑由分组长度引起的传输时间，只考虑由传输路径长度引起的传播时延，则求最小时延就是求最短路径。当分组途经各个节点时，都要按一定的方法求解当时的最短路径，所以又称为动态规划法。这种方法适用于网络负载较轻、分组长度较短、因而在节点上等待时间可被忽略的情况。下面介绍几种常用的最短路径算法。

1. Bellman - Ford 算法

典型的 Bellman - Ford 算法（简记为 B - F 算法）是一种集中式的点到多点的路由算法，即寻找网络中一个节点到其他所有节点的路由。如图 8 - 9 所示的网络中，假定节点 1 是"目的节点"，要寻找网络中其他所有的节点到目的节点 1 的最短路径。假设每个节点到目的

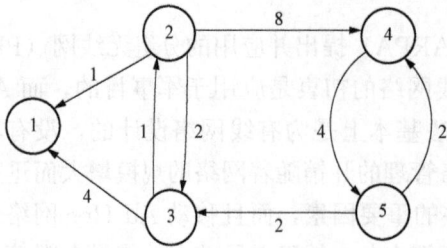

图 8-9　网络示意图

节点至少有一条路径。用 d_{ij} 表示节点 i 到节点 j 的长度。如果 (i, j) 不是图中的链路，则 $d_{ij} = \infty$。

定义　最短（$\leqslant h$）行走（Walk）是指在下列约束条件下从给定节点 i 到目的节点 1 的最短 Walk。

（1）该 Walk 中最多包括 h 条链路。

（2）该 Walk 仅经过目的节点 1 一次。

最短 Walk 长度用 D_i^h 表示。这样的 Walk 不一定是一条路径，可能包含重复节点，但在一定条件下，不包含重复节点。对所有的 h，令 $D_1^h = 0$。B-F 算法的核心思想是通过公式（8-1）进行迭代，即

$$D_i^{h+1} = \min_j [d_{ij} + D_j^h] \qquad 对所有的 i \neq 1 \qquad (8-1)$$

从 h 步 Walk 中寻找最短路由的算法步骤如下：

第一步：初始化。即对所有 i（$i \neq 1$），令 $D_i^0 = \infty$；

第二步：对所有的节点 j（$j \neq i$），先找出一条链路的最短（$h \leqslant 1$）的 Walk 长度；

第三步：对所有的节点 j（$j \neq i$），再找出两条链路的最短（$h \leqslant 2$）的 Walk 长度。

依此类推：如果对所有 i 有：$D_i^h = D_i^{h-1}$（即继续迭代下去以后不会再有变化），则算法在 h 次迭代后结束。

【例 8.1】　描述图 8-10 中节点 4 到节点 1 的路由迭代过程。

解：由于在第一步迭代中仅可使用一条链路，因此 $D_4^1 = \infty$。在第二步迭代中，允许使用 2 条链路，节点 4 通过节点 2 到达目的节点 1，则 $D_4^2 = 8 + D_2^1 = 9$。第三步迭代中，节点 4 不能通过引入新的链路来减少 Walk 的长度，因此路由不变。第四步迭代中，节点 4 通过节点 5 到达目的节点 1 的 $D_4^4 = 4 + D_5^3 = 8$ 小于通过节点 2 到达目的节点 1 的 $D_4^3 = 9$，因此节点 4 选择通过节点 5 作为到达目的节点 1 的路由。具体过程如图 8-10 所示。

上述算法计算的是最短 Walk 的长度，下面给出一个定理指出最短 Walk 长度等于最短路径长度的充分必要条件。

定理 1　对于式（8-1）的 B-F 算法（初始条件：对于所有 $i \neq 1$，有 $D_i^0 = \infty$），有：

（1）由该算法产生的 D_i^h 等于最短（$\leqslant h$）Walk 的长度。

（2）当且仅当所有不包括节点 1 的环具有非负的长度，算法在有限次迭代后结束。此外如果算法在最多 $k \leqslant N$ 次迭代后结束，则结束时 D_i^k 就是从 i 到 1 的最短路径长度。

定理 1 中（1）阐明了与 D_i^h 最短（$\leqslant h$）Walk 的关系；（2）阐明了算法何时结束，结束时所得的结果是否是最短路径。

假定所有不包括目的节点 1 的环具有非负的长度，用 D_i 表示从节点 i 到目的节点 1 的最短长度，当 B-F 算法结束时，有：

$$D_i = \min_j [d_{ij} + D_j]$$

对所有的　　　　　　　　　　　 $i \neq 1$　　　　 $D_1 = 0$　　　　　　　　　　 (8-2)

式（8-2）称为 Bellman 方程。它表明从节点 i 到达目的节点 1 的最短路径长度，等于 i 到达该路径上第一个节点的链路长度，加上该节点到达目的节点 1 的最短路径长度。从该方程出发，只要所有不包括 1 的环具有正的长度（非 0 长度）的情况下可以很容易地找到最短

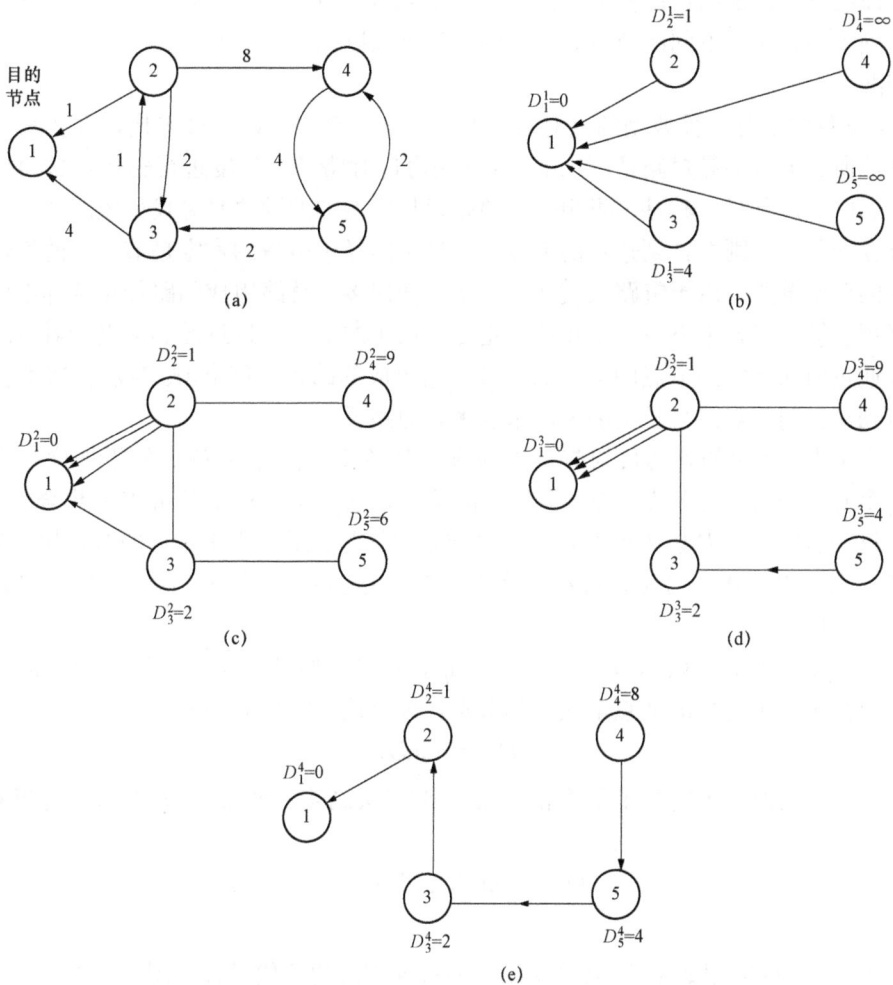

图 8-10 B-F 算法举例

(a) 网络示意图；(b) 第一步迭代（最多使用 1 条链路的最短路径）；

(c) 第二步迭代（最多使用 2 条链路的最短路径）；(d) 第三步迭代（最多使用 3 条链路的最短路径）；

(e) 第四步迭代（最多使用 4 条链路的最短路径）

路径。具体方法如下：

对于每一个节点 $i \neq 1$，选择一条满足 $D_i = \min_j [d_{ij} + D_i]$ 的最小值的链路 (i, j)，利用这些 $N-1$ 条链路构成一个子图，则 i 沿该子图到达目的节点 1 的路径即为最短路径。如图 8-11 所示。

利用上面的构造方法可以证明：如果没有 0 长度（或负长度）的环，则 Bellman 方程式（8-2）有唯一解。否则，Bellman 方程不具有唯一解。注意：路径长度唯一，并不意味着路径唯一。

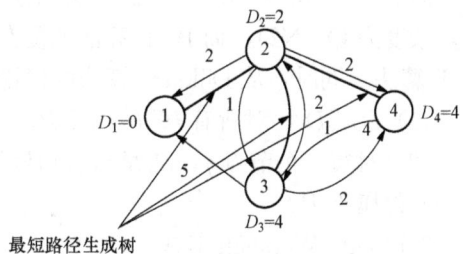

图 8-11 最短路径生成树的构造

利用该结论可以证明：即使初始条件 D_i^0，$i \neq 1$ 是任意数（而不是 $D_i^0 = \infty$），B−F 算法也可以正确工作，对于不同的节点，迭代的过程可以以任意顺序并行。

2. Dijkstra 算法

Dijkstra 算法也是一种典型的点对多点的路由选择算法，即通过迭代，寻找某一节点到网络中其他所有节点的最短路径。Dijkstra 算法通过对路径的长度进行迭代，从而计算出到达目的节点的最短路径。其基本思想是按照路径长度增加的顺序来寻找最短路径。假定所有链路的长度均非负，则有：到达目的节点 1 的最短路径中最短的肯定是节点 1 的最近的邻节点所对应的单条链路。由于链路长度非负，所以任何多条链路组成的路径长度都不可能比第一条链路短。最短路径中下一个最短的肯定是节点 1 的下一个最近的邻节点所对应的单条链路，或者通过前面选定的节点的最短的两条链路组成的路径。Dijkstra 算法依次类推，通过逐步标定到达目的节点路径长度的方法来求解最短路径。

设每个节点 i 标定的到达目的节点 1 的最短路径长度估计为 D_i。如果迭代过程中，D_i 已变成一个确定的值，称节点 i 为永久标定的节点，这些永久标定的节点的集合用 P 表示。在算法的每一步中，在 P 以外的节点中，必定是选择与目的节点 1 最近的节点加入到集合 P 中，在 P 以外的节点中，必定是选择与目的节点 1 最近的节点加入到集合 P 中。具体的 Dijkstra 算法如下：

（1）初始化，即 $P = \{1\}$，$D_1 = 0$，$D_j = d_{j1}$，$j \neq 1$ ［如果 $(j, 1) \notin A$，则 $d_{j1} = \infty$］。

（2）寻找下一个与目的节点最接近的节点，即求使下式成立的 i，$i \notin P$

$$D_i = \min_{j \notin P} D_j \tag{8-3}$$

置 $P \cup \{i\}$。如果 P 包括了所有的节点，则算法结束。更改标定值，即对所有的 $j \notin P$，置

$$D_j = \min_i [D_j, d_{ji} + D_i] \tag{8-4}$$

返回（2）。

Dijkstra 算法的应用如图 8-12 所示。Dijkstra 算法的迭代过程如图 8-12（c）所示，第一次迭代到达目的节点 1 的单条链路最近的是链路（2，1），$D_2 = 1$，$P = \{1, 2\}$，其余节点 $\{3, 4, 5\}$ 相应地修改其标定值。第二次迭代，下一个最近的节点是 5，$D_5 = 2$，$P = \{1, 2, 5\}$，其余的节点 $\{3, 4, 6\}$ 相应地修改其标定值。第三次迭代下一个最近的节点是 3 和 4，$D_3 = 3$，$D_4 = 3$，$P = \{1, 2, 3, 4, 5\}$，还剩下节点 6，$D_6 = 5$。再经过一次迭代，P 中将包括所有节点，算法结束。

图 8-12（b）给出了 B-F 算法的迭代过程。很显然，在最坏的情况下，Dijkstra 算法的复杂度为 O（N2），而 B-F 算法的复杂度则为 O（N3）。因此 Dijkstra 算法的复杂度低于 B-F 算法。同时，从 Dijkstra 算法的讨论过程中可以看到：

（1）$D_i \leqslant D_j$，对所有 $i \in P$，$j \notin P$。

（2）对每一个节点 j，D_j 是从 j 到目的节点 1 的最短距离。该路径使用所有节点（除 j 以外）都属于 P。

3. Floyd-Warshall 算法

该算法可以求所有节点对之间的最短路径，其基本思想是在 $i \to j$ 的路径之间通过添加中间节点来减小路径长度。

在 F-W 算法中，假定链路的长度可正可负，但不能具有负长度的环。F-W 算法开始

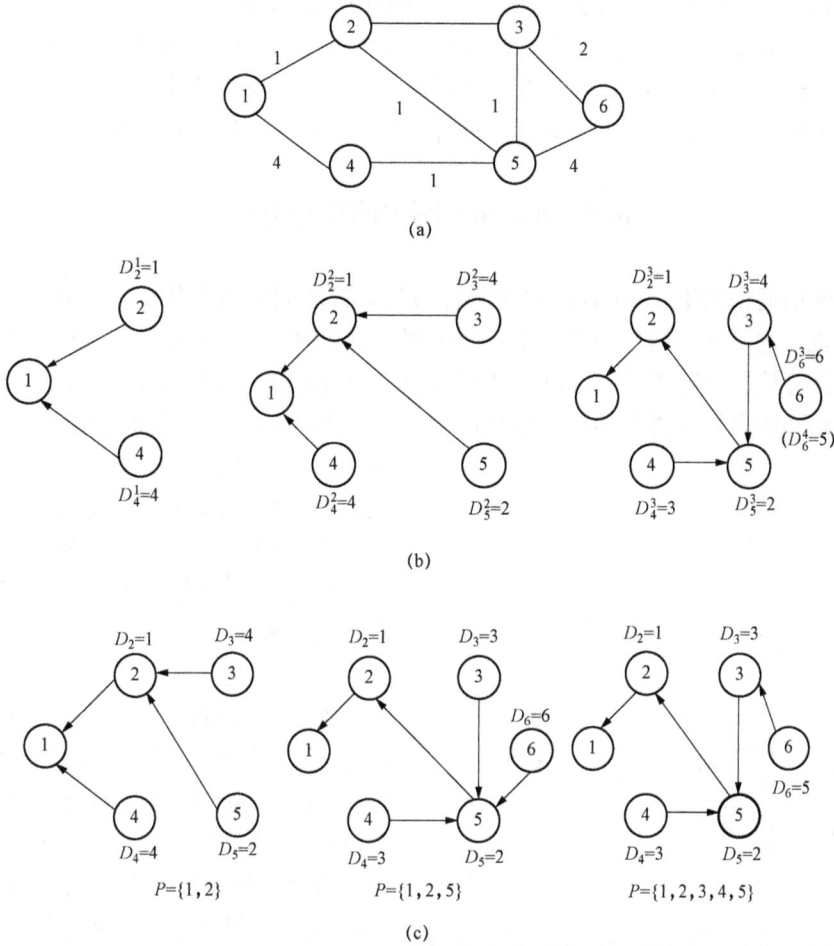

图 8 - 12　Dijkstra 算法和 B - F 算法应用举例

(a) 网络拓扑结构；(b) Bellman - Ford 算法；(c) Dijkstra 算法

时，以单链路（无中间节点）的距离作为最短路径的估计。然后在仅允许节点 1 作为中间节点的情况下，计算最短路径，接着在允许节点 1 和节点 2 作为中间节点的情况下计算最短路径，依次类推。具体如下：

令 D_{ij}^n 是可以用 $1, 2, \cdots, n$ 作为中间节点从 i 到 j 的最短路径长度，则算法开始时 $D_{ij}^n = d_{ij}$，对所有 $i, j, i \neq j$。

对于 $n = 0, 1, \cdots, N-1$，有

$$D_{ij}^{n+1} = \min[D_{ij}^n, D_{i(n+1)}^n + D_{(n+1)j}^n] \qquad 对所有 i \neq j \qquad (8-5)$$

式（8-5）是已知 i 到 j 的最短路径 D_{ij}^n（以 $1, 2, \cdots, n$ 作为中间节点）的条件，如何计算在 i 到 j 的最短路径上可添加节点 $n+1$ 后的最短路径长度。在允许添加节点 $n+1$ 的情况下，有两种可能性：一种是最短的路径将包含节点 $n+1$，此时的路径长度为 $D_{i(n+1)}^n + D_{(n+1)j}^n$；另一种是节点 $n+1$ 不包括在最短路径中，此时路径长度等同于用 $1, 2, \cdots, n$ 作为中间节点的路径长度。因此，最终的最短路径长度应取上述两种可能情况下的最小值，即得式（8-5）成立。F-W 算法的计算复杂度和 B-F 算法的一样，都是 O (N3)。

以上三种最短路径算法的构造方法，都是通过迭代的过程求得的最终结果，但其主要差别是迭代内容不同。在 B−F 算法中，迭代的是路径中的链路数，即使用一条，两条，…，直到 $N-1$ 条链路。在 Dijkstra 算法中迭代的是路径的长度，即最短长度，次短长度，…。在 F‐W 算法中，是对路径的中间级节点进行迭代，即一个中间节点，两个中间节点，…。

8.6 Internet 网中的路由算法

作为特殊的通信网络，Internet 网主要涉及计算机之间的数据传输，随着移动互联网等形式的出现也促进了常规通信网络与 Internet 网的相互融合。通常 Internet 网采用分布式自适应路由选择算法。其特点是：在网络相邻节点之间每经过一定时间交换一次状态信息，各个节点根据相邻节点发送过来的状态信息修改自己的路由表，更新其路由选择。因此整个网络的路由选择经常处于一种动态变化的状态，当网络状态发生变化时，必然影响到许多节点的路由表。典型的分布式自适应最短路径算法为距离矢量路由算法和链路状态路由算法。

1. 距离矢量路由算法

距离矢量路由（distance vector routing）算法是 B−F 算法的具体体现，最初用于 ARPANET 路由选择算法，也用于 Internet 网中 RIP 以及用于 DECnet 和 Novell 的 IPX 早期版本中。AppleTalk 和 Cisco 路由器中使用了改进型的距离矢量协议。

使用距离矢量算法的每一个路由器维持一张路由表，表中记录了其他所有节点的路由信息。表中内容为：目的节点的下一跳节点，即本节点到达目的节点所有通过的相邻节点；到达目的节点的"距离"。以图 8‐13（a）所示的网络拓扑为例，B 的初始路由表如图 8‐13（b）所示，节点 B 收到相邻节点矢量如图 8‐13（c）所示，B 的新路由表如图 8‐13（d）所示。

图 8‐13 中使用的距离度量是跳数，还可以用时延、某一路径排队的总分组数或其他度量。每一个节点都确知它的每一个相邻节点的距离。每隔 T 秒，每个节点向它的每个相邻节点发送一个路由信息分组，分组包括发送节点已知的目的节点的下一跳节点和跳数。每个节点收到所有相邻节

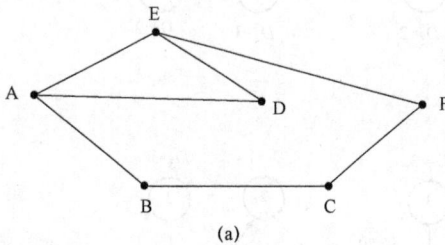

(a)

目的节点	距离	下一跳
A	1	A
B	0	—
C	1	C

(b)

目的节点	A路由表中到各节点的距离	C路由表中到各节点的距离
A	0	—
B	1	1
C	—	0
D	1	—
E	1	—
F	—	1

(c)

目的节点	距离	下一跳
A	1	A
B	0	—
C	1	C
D	2	A
E	2	A
F	2	C

(d)

图 8‐13 距离矢量法应用说明
(a) 网络拓扑结构；(b) 节点 B 的初始路由表；
(c) B 相邻节点的距离矢量；(d) B 的新路由表

点发送来的路由信息分组,则更新路由表,如图 8-13 (d) 所示。来自任一相邻节点 X 的路由分组的某一项的取值 x_I,表明节点 X 到达目的节点 I 的跳数为 x_I。因此,本节点 W 到达目的节点 I 的跳数就是 $1+x_I$,同时本节点 W 到达目的节点 I 的下一跳节点为 X。本节点比较不同的邻节点到达目的节点的跳数,从中选择最少跳数的路径。

距离矢量路由算法在实际运用中存在很大的缺陷,例如它对好消息反应迅速,而对坏消息却反应迟钝。假定一个节点 I 到达另一个目的节点 X 的最短距离很大,如果下一次收到的路由信息分组中,A 突然报告它到目的节点 X 的跳数很少,则 I 会立即将最短路由切换到通过 A 的链路去往目的节点 X。这样通过一次信息交换,好消息即被处理。

对于坏消息的传播速度,则没有那么快。如图 8-14 所示,假定开始时网络中各个节点有到达目的节点 A 的正确路由。若某一时刻节点 A 故障或链路 A-B 中断,在第一次路由信息交换的过程中,节点 B 没有听到节点 A 的任何消息,但节点 C 报告它有到达节点 A 的路由,距离为 2。由于节点 B 不知道节点 C 是通过本节点到达 A 的,B 可以认为节点 C 有多条独立的长度为 2 的到达 A 的路由。这样 B 就认为它可以通过 C 到达 A,距离为 3。第二次信息交换时,C 已发现它的每一个邻节点都认为到达 A 的长度为 3。因此,C 随机地选择一个邻节点作为到达 A 的路由,并将到达 A 的距离修改为 4。后续的交换和路由修正过程类似,因此坏消息传播很慢,没有一个节点会将距离设置成大于邻节点报告的最小距离加 1,所有的节点都会逐步地增加其距离值,直到无穷大。该问题称为"计数至无穷问题"或"坏消息现象"。实际中可将无穷大设置成为网络的最大跳数加 1,但采用时延作为距离的长度时,将很难定义一个合适的时延

A	B	C	D	E
●	●	●	●	●
	1	2	3	4
	3	2	3	4
	3	4	3	4
	5	4	5	4
	5	6	5	6
	7	6	7	6
	7	8	7	8
	⋮	⋮	⋮	⋮
	∞	∞	∞	∞

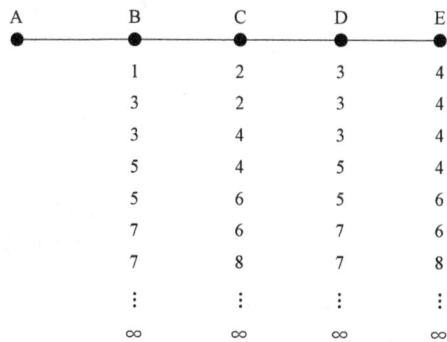

图 8-14　坏消息现象举例

上限,该上限应该足够大,一面将长时延的路径认为是故障的链路。

解决坏消息现象的办法,可以采用"水平分裂算法"(Split Horizon)。水平分裂算法与距离矢量算法的工作过程基本一样,不同之处在于如果节点 I 到达某一目的节点 J 的距离是通过 X 得到的,则节点 I 将不会向节点 X 报告有关节点 J 的信息(即节点 I 向节点 X 报告的到达节点 J 的距离为无穷大)。例如在图 8-14 中,C 告诉 D 它到 A 的真实距离,但它告诉 B 它到 A 的距离为无穷大。

2. 链路状态路由算法

在 1979 年之前,ARPANET 都是采用的距离矢量路由算法,之后就用链路状态路由算法取代了距离矢量路由算法。主要原因有两个:一是距离矢量算法中,实验的度量仅仅是队列的长度,并没有考虑后来链路带宽的增长;二是距离矢量算法的收敛速度比较慢,即使采用了类似于水平分割这样的技术,也需要消耗过多的时间用于记录信息。

链路状态算法非常简单,包括以下 5 个部分:

(1) 发现邻节点,并获取他们的地址。

(2) 测量到达每一个邻节点的时延或成本。

(3) 构造一个分组来通告它所知道的所有路由信息。

(4) 发送该分组到所有其他节点。

（5）计算到所有其他节点的最短路径。事实上，完整的拓扑结构和所有的时延都已经分发到网络中的每一个节点。随后，每个节点都可以用 Dijkstra 算法来求得到其他所有节点的路径。下面分别详细讨论链路状态算法的 5 个步骤。

1. 发现邻节点

当一个路由器启动以后，第一个任务就是要知道它的邻节点是谁。具体实现的方法是：该路由器在每一个输出链路上广播一个特殊的 Hello 分组，在这些链路另一端的路由器将会发送回一个应答分组，告知它是谁。所有路由器的名字（地址）必须是全球唯一的。

当两个或多个路由器通过 LNA 互连时，如图 8-15（a）所示，这时把 LNA 看成一个虚拟的节点 N，如图 8-15（b）所示。这时 A 到 C 的路由就可以看成是 ANC。

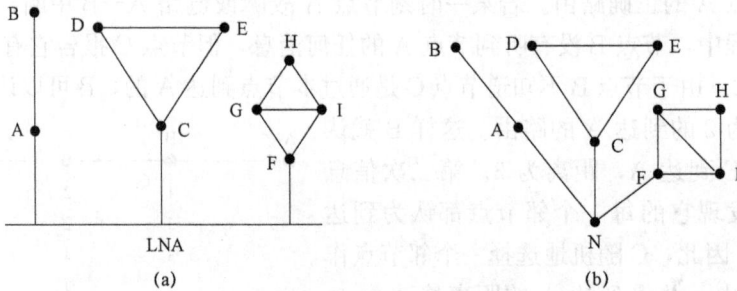

图 8-15　节点通过 LNA 互连的模型
（a）通过 LNA 互连的网络；（b）用虚拟节点 N 等效的网络

2. 测量链路时延或成本

链路状态算法要求每个路由器确知到达每一个邻节点的时延或对该时延有一个合理的估计。确定该时延的最直接的方法是发送一个特殊的 ECHO 分组给每个邻节点，并要求每个邻节点立即发回该分组。将测量的往返时延除以 2 就可以得到该链路时延的估计。为了得到较好的结果，可测量多次后取平均。

在测量链路时延时，既可以考虑排队的时延（链路的负荷），也可以不考虑排队的时延。考虑排队时延（链路负荷）的优点是可以获得较好的性能。但是可能会引起路由的振荡。

3. 构造链路状态分组

每个节点都构造自己的链路状态分组，包括发送节点的标号、该分组的序号和寿命以及发送节点的邻节点列表和发送节点到这些邻节点的链路时延。链路状态分组如图 8-16（a）所示。例如：A 节点的链路状态分组中有两个邻节点 B 和 E，A 到它们的时延分别是 4 和 5。图 8-16（b）给出了每个节点的链路状态分组。

构造链路状态分组比较容易，关键是何时构造这些分组。一种方法是周期性地构造这些分组；另一种方法是在链路状态变化（如故障、恢复工作或特性改变）时才构造这些分组。

4. 分发链路状态分组

该算法中最具技巧性的部分就是如何可靠地转发链路状态分组。当链路状态分组被发布后，首先得到该分组的路由器就会改变其路由选择。同时别的路由器可能还在使用不同的旧版本的链路信息，这样将导致各节点对当前网络拓扑的看法不一致，从而计算出的路由可能出现死循环、不可达或其他问题。

链路状态分组分发的最基本方法是采用泛洪（flooding）方式。为防止每个节点处理和

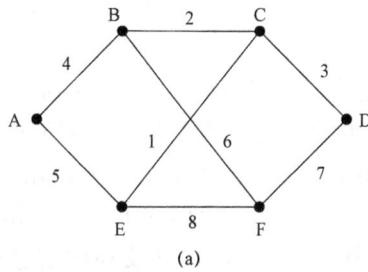

图 8 - 16　链路状态分组的格式

(a) 网络拓扑；(b) 链路状态分组的格式

中转超时的链路状态分组，在这些分组中引入序号。每个节点仅中转序号大于已记录的最大序号的分组，为了防止序号出错，在分组中还引入了寿命，寿命每秒递减一次，如果寿命为0，则分组将被丢弃。

为了提高传输的可靠性，所有链路状态分组都需要应答。为了处理链路状态分组在泛洪中需要发往哪些邻节点、需要对哪条链路的分组进行应答的问题、每个节点需构造一个如表8-3所示的分组存储数据结构。该表是图 8-16 拓扑中节点 B 的数据结构。表中每一行对应刚刚到达、但还没有完全处理的链路哪个邻节点，应答标志指明应答哪个邻节点。

表 8 - 3　　　　　　　　　　　　　链路状态分组的存储结构

源节点	序号	寿命	发送标志			ACK 标志			数据
			A	C	F	A	C	F	
A	21	60	0	1	1	1	0	0	
F	21	60	1	1	0	0	0	1	
E	21	59	0	1	0	1	0	1	
C	20	60	1	0	1	0	1	0	
D	21	59	1	0	0	0	1	1	

表 8 - 3 中，A 的链路状态分组是直接到达 B 的，所以 B 必须发送给 C 和 F，并应答 A，如图中标志为所示。同样，来自 F 的链路状态分组必须发送给 A 和 C，并应答 F。然而当第三个来自节点 E 的分组到达时，情况发生变化。由于分组已经到达两次，一次是通过 EAB，另一次是通过 EFB，所以仅需发给 C，但需同时应答 A 和 F。最后一种情况是：如果来自节点 C 的链路状态分组仍然（表 8-3 中的第五行）没有中转，此时由 C 发出的链路状态分组的一个拷贝从 F 节点到达，这时需将这四个相同的分组合并处理，即将 6 个标志变成

100011，表示仅需要发给 A（而不需要发给 F），但要应答 C 和 F。

5. 计算新的路由

当每个节点获得所有的链路状态分组以后，它可以构造一个完整的网络拓扑，此时每个节点就可以运行 Dijkstra 算法来构造到达所有目的节点的最短路由。

链路状态路由算法已广泛用于多种实际网络中，例如 Internet 中的 OSPF 协议采用了该算法，ISO 的无连接网络层协议（CLNP）使用的 IS—IS（Intermediate System - to - Intermediate System）协议也是采用该算法。IS - IS 中交换的信息是用于计算最短路由的网络拓扑图（而不仅仅是链路状态分组），它还可以支持多种网络协议，如 IP、IPX、AppleTalk 等。

8.7　小结与思考

本章讨论的是通信网络中的路由算法，主要解决如何为用户的消息或分组选择最佳的传输路径，从而使得用户的消息或分组在一个子网内或跨越多个网络时能快速、可靠地传送到对方。首先讨论了路由器的基本结构和转发原理，然后介绍了路由算法的基本知识，接着详细阐述了几种常用路由算法，包括广域网中的路由算法、互连网络中的路由算法和 Ad Hoc 网络中的路由算法，并对最短路由算法中的 Bellman - Ford 算法、Dijkstra 算法和 Floyd - Warshall 算法进行讨论，最后介绍了 Internet 网中使用的路由算法。

习　题

8.1　一个理想的路由算法应具有哪些特点？为什么实际的路由算法总是不如理想的？

8.2　路由算法有哪些类型？所谓"确定型"和"自适应型"的分类，是在什么意义上而言的。

8.3　分别使用 Bellman - Ford 和 Dijkstra 算法求解图 8 - 17 中从每一个节点到达节点 1 的最短路由。

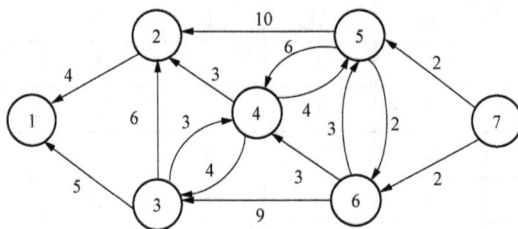

图 8 - 17　习题 8 - 3 图

第9章 交 换 技 术

在通信网中，为了实现任意两点之间较低成本的相互通信，需要选择合适的传输和交换机制，为用户提供最佳的服务（如具有最短的服务时延）。交换技术已成为网络中必不可少的一项关键技术。交换功能通常是由交换节点即交换设备来完成的。不同的通信网络由于所支持业务的特性不同，其交换设备所采用的交换技术也不同，主要包括电路交换、分组交换、ATM 交换、MPLS 和软交换等。本章将对几种常用交换技术的基本概念和基本工作原理进行简要介绍。

9.1 电 路 交 换

电路交换（CS：circuit switching ）是通信网中最早出现的一种交换方式，也是应用最普遍的一种交换方式，主要应用于电话通信网中，完成电话交换，已有 100 多年的历史。

电话通信的过程是：首先摘机，听到拨号音后拨号，交换机找寻被叫，向被叫振铃同时向主叫送回铃音，此时表明在电话网的主被叫之间已经建立起双向的话音传送通路；当被叫摘机应答，即可进入通话阶段；在通话过程中，任何一方挂机，交换机会拆除已建立的通话通路，并向另一方送忙音提示挂机，从而结束通话。从电话通信过程的简单描述中可以看出，电话通信分为三个阶段：呼叫建立、通话、呼叫拆除。电话通信的过程也就是电路交换的过程，因此电路交换的基本过程可分为连接建立、信息传送和连接拆除三个阶段，如图9 -1 所示。

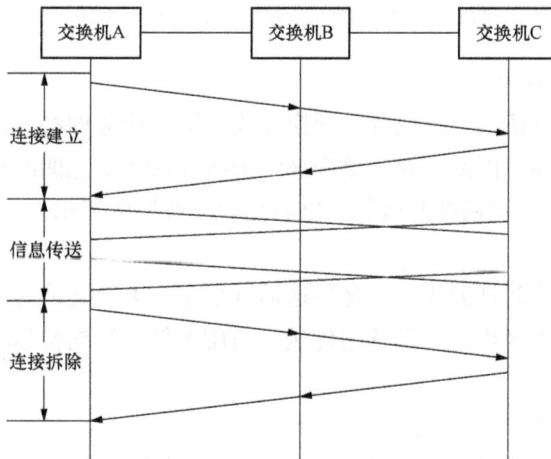

图 9 - 1 电路交换的基本过程

电路交换具有 6 个特点。

1. 信息传送的最小单位是时隙

电路交换基于 PCM 传输系统中的时隙，在 PCM30/32 路传输系统中，每路通信的信道为一个时隙（TS：time slot），每个 TS 为 8bit，每路通信的速率为 64kbit/s。TS 是电路交换传输、复用和交换的最小单位，且长度固定。

2. 面向连接的工作方式（物理连接）

电路交换的基本过程可分为连接建立、信息传送和连接拆除三个阶段，即在传送信息之前，先建立通信的源和目的之间信息通路的连接，它是一条物理连接通路，只要通信即刻就可传送信息。

3. 同步时分复用（固定分配带宽）

同步时分复用的基本原理是把时间划分为等长的基本单位，一般称为帧，每个帧再划分为更小的单位称为时隙。时隙依据其在帧中的位置编号，假设一帧划分为 n 个时隙，编号可以顺序记为 0，1，2，…，$n-1$。对一条同步时分复用的高速数字信道，采用这种时间分割的办法，可以把不同帧中各个编号相同的时隙组成一个恒定速率的数字子信道，那么这条高速的同步时分复用数字信道上就存在 n 条子信道，每个子信道也可以对应编号为 0，1，2，…，$n-1$。这些子信道有一个共同的特征，就是依据数字信号在每一帧中的时间位置来确定它是第几路子信道，因此，这些子信道又可以称为位置化信道，即通过时间位置来识别每路通信信道。这条同步时分复用的高速数字信道也称为同步时分复用线。

电路交换基于 PCM30/32 路同步时分复用系统，如图 9-2 所示，每秒传送 8000 帧，每帧 32 个时隙，每个时隙 8 bit，每路通信信道（TS）为 64 kbit/s 恒定速率，即对每路通信所分配的带宽是固定的。在信息传送阶段不管有无信息传送，都占用这个 TS 子信道，直到通信结束。

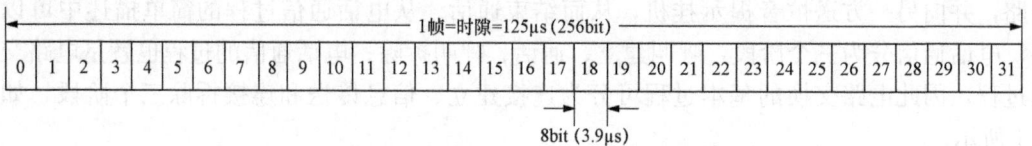

图 9-2　PCM30/32 路同步时分复用系统

4. 信息传送无差错控制

电路交换是专门为电话通信网设计的交换方式。话音业务的特点是实时性要求高，对可靠性要求没有数据通信高，因此，在电路交换中为减少话音信息的时延，对所传送的话音信息没有 CRC 校验、重发等差错控制机制，以满足业务特性的需求。

5. 信息具有透明性

为满足话音业务的实时性要求，快速传送话音信息，电路交换对所传送的话音信息不做任何处理，而是原封不动地传送，即透明传送。当用于低速数据传送时也不进行速率、码型的变换。

6. 基于呼叫损失制的流量控制

在电路交换中，当过负荷时，再到来的呼叫不是采用排队等待的方式，而是直接呼损掉，从而达到流量控制的目的，因此过负荷时呼损率增加，但不影响已建立的呼叫。采用这种基于呼叫损失制的流量控制方法，符合它所支持的实时业务特性。

通过上述对电路交换特点的分析，可以看出，通信网的业务特性决定了采用交换方式的特点，换句话说，通信网采用的交换方式一定要适应其业务特性。电话通信网中的话音业务具有实时性强、可靠性要求不高的特点，而电路交换无论是其面向连接的特点，还是对信息无差错控制、透明传输以及基于呼叫损失制的流量控制特点，都符合话音业务的特性，所以电话通信网采用电路交换方式。

由于电路交换的无差错控制机制，所以对数据交换的可靠性没有分组交换高，不适合差错敏感的数据业务，同时，由于电路交换采用固定带宽分配方式，其电路利用率低，不适合突发（burst）业务。电路交换适合于实时性、恒定速率的业务。

9.2 分 组 交 换

计算机的出现及广泛应用，使得异地的计算机与计算机之间或终端与计算机进行的数据传输和交换成为信息传输的主流。分组交换产生于 20 世纪 60 年代，是继电路交换和报文交换之后出现的，针对数据通信突发性强的特点而开发的一种信息交换技术。

分组交换是以分组为单位进行传输和交换的，它是一种存储转发交换方式，即将到达交换机的分组先送到存储器暂时存储和处理，等到相应的输出电路有空闲时再送出。分组交换在路由选择确定了输出端口和下一个节点后，必须使用交换技术将分组从输入端口传送到输出端口，实现输送比特通过网络节点的传送。

分组交换的技术特点具体如下：

（1）统计时分复用。为了适应数据业务突发性强的特点，分组交换采用动态统计时分复用技术在线路上传送各个分组，每个分组都带有控制信息，使多个连接可以同时按需进行资源共享，因此提高了传输线路的利用率。

（2）存储 - 转发。在数据通信中，为了适应通信双方可能是异种终端的情况，分组交换采用存储 - 转发方式，因此不必像电路交换那样，通信双方的终端必须支持同样的速率和控制规程，从而可以实现不同类型的数据终端设备（如不同速率、不同编码、不同通信控制规程等）之间的通信。

（3）差错控制和流量控制。数据业务对可靠性要求很高，因此分组交换在网络中采取逐段独立的差错控制和流量控制措施，使得端到端全程误码率低于 10^{-11}，提高了传输质量，满足了数据业务的可靠性要求。

1. 分组的形成

分组（packet）是由用户数据和分组头组成的。分组的用户数据部分的长度是有限制的，如果来自数据终端的用户数据报文的长度超过了分组的用户数据部分的最大长度，则需要将该报文拆分成若干个数据段，并在每个数据段前加上分组头，形成分组。

分组头中主要包含逻辑信道号、分组的序号及其他的控制信息。分组传送方式采用的是统计时分复用方式，因而在同一个物理信道上可以同时传送属于多个不同通信的分组，同一个通信的分组构成了一个子信道，不同的通信占用了不同的子信道，这些子信道是逻辑的，称为逻辑子信道。使用逻辑信道号（LCN：logic channel number）来标志每一个逻辑子信道，进而区别出分组是属于哪个通信的。分组的序号主要是用来标志该分组在原来的数据报文中的位置，以便于接收端能够将接收到的分组还原为原来完整的报文。

分组有两大类：数据分组和控制分组。数据分组是用来承载用户数据的分组，控制分组是保证和控制数据分组在网络中正确传输和交换的分组。因此，为了区分不同类型的分组，分组头中还应包含分组的类型。

2. 分组交换的交换方式

分组交换网采用两种方式向用户提供信息传送业务,一种是数据报方式,另一种是虚电路方式。

(1) 数据报方式,数据报方式在信息传输之前无需建立连接,其分组头中含有目的终端地址信息,对每个数据分组就像对一份报文一样独立地进行选路和传送,属于同一份报文的不同分组有可能会沿着不同的路径到达终点,因而会出现分组失序现象。在这种方式中,一个被独立处理的分组就被称为数据报,而这种分组交换方式就叫作数据报方式。

在这种方式中,交换机对每一个分组按一定格式附加源与目的地址、分组编号、分组起始、结束标志、差错校验等信息,以分组形式在网络中传输。各节点根据分组中包含的目的地址为每个分组独立寻找路由,属于同一用户的不同分组可能沿着不同路径到达目的节点。分组到达目的地之后,需要在接收端重新排序,按发送顺序交付用户数据。如图9-3所示,终端A向终端B发送的分组,有的经过节点1-2-3,有的经过1-4-3。由于每条路由上业务情况(如负荷、带宽、时延等)不尽相同,三个分组到达顺序可能与发送顺序不一致,因此在目的节点要将它们重新排序。

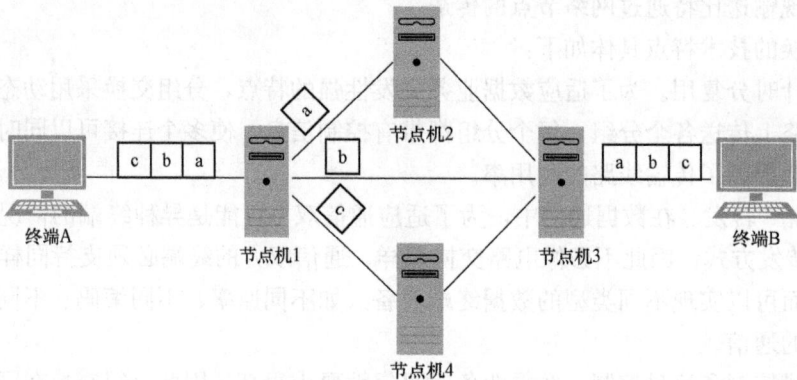

图9-3 数据报工作方式

数据报方式的特点如下。

1) 无连接的工作方式。数据报方式在信息传输之前无需建立连接,这种无连接工作方式对于短报文(小数据量)的传输效率较高。

2) 存在分组失序现象。由于每个数据分组都是独立选路,所以属于同一个通信的不同分组有可能会沿着不同的路径到达终点,先传送的分组后到,后发送的分组先到。

3) 分组头复杂。数据报方式的分组头比虚电路方式的分组头复杂,它包含目的终端地址,每个分组交换节点需要依此进行选路。

4) 对网络故障的适应能力较强。由于对每个数据分组是独立选路,所以当网络出现故障时,只要到目的终端还存在一条路由,通信就不会中断。

(2) 虚电路方式,虚电路方式是指通信终端在开始通信,即相互发送和接收数据之前,必须通过网络在通信的源和目的终端之间建立连接,然后才能进入信息传输阶段,发送和接收分组,且该通信的所有分组沿着已建立好的连接按序被传送到目的终端。当通信结束时,需要拆除该连接。这里,虚电路方式所建立的连接是逻辑连接,而不是物理连接(物理通路）。同一条物理通路上可能同时被多个虚电路所使用。

分组交换网提供的虚电路交换方式又分为两种：一种是交换虚电路（switch virtual cir-cuit，SVC），又称为虚呼叫（virtual call）；另一种是永久虚电路（permanent virtual cir-cuit，PVC）。

交换虚电路方式是指虚电路只在通信过程中存在，在数据传送之前要建立逻辑连接，叫作虚连接或虚电路，在数据传送结束后需要拆除虚连接。永久虚电路方式是指在两个用户之间存在一条永久的虚连接（按用户预约，由网络运营管理者事先建好），不论用户之间是否在通信，这条虚连接都是存在的。用户之间若要通信则直接进入数据传输阶段，如同专线，不用经历虚电路的建立和拆除阶段。在实际应用中，虚电路一般是指交换虚电路方式。

在虚电路的信息传输阶段，所有数据分组都沿着已建立好的连接，经相同的路径到达目的地。中间所经过的每一个交换节点都有一张路由表，该路由表是在连接建立阶段生成的，它包括入端口号、入 LCN、出端口号、出 LCN。数据分组就是按照此路由表进行节点交换，最终传送到目的终端的。图 9-4 是在虚电路方式中数据分组依据路由表经交换节点交换的原理图。数据终端设备（data terminal equipment，DTE）DTE1 与 DTE3 之间、DTE2 与 DTE4 之间要进行数据通信，分别用呼叫 1 和 2 表示。对于交换虚电路，在虚连接建立阶段时生成了交换节点 A 和 B 的路由表，而对于永久虚电路是在申请该业务时，由网络运营管理者设置生成的。DTE1 的数据分组从节点 A 的 3 号端口的 10 号逻辑信道进入交换节点 A，经查寻路由表从 2 号端口的 62 号逻辑信道上输出，分组传送到节点 B 的 3 号端口；逻辑信道号不变，仍为 62，在节点 B 查路由表，从 1 号端口的 22 号逻辑信道上输出，被传送到通信的目的终端 DTE3。同理，DTE2 到 DTE4 的数据分组的传输和交换也依据相应的路由表。

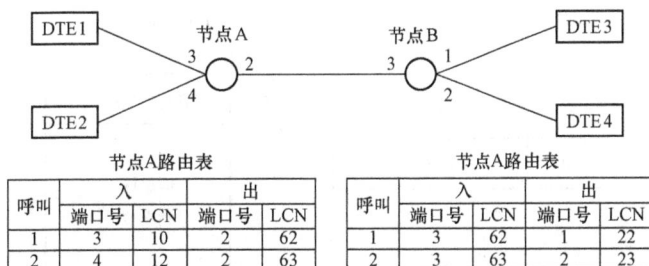

节点A路由表

呼叫	入		出	
	端口号	LCN	端口号	LCN
1	3	10	2	62
2	4	12	2	63

节点A路由表

呼叫	入		出	
	端口号	LCN	端口号	LCN
1	3	62	1	22
2	3	63	2	23

图 9-4 虚电路路由表

虚电路方式具有以下特点：

1）面向连接的工作方式。虚电路方式的通信具有严格的三个过程即连接建立（呼叫建立）、数据传输和连接拆除（呼叫清除），因此说它是连接的，这个连接是一个逻辑的连接，即虚连接。面向连接的工作方式对于长报文（大数据量）传输效率较高。

2）分组按序传送。分组在传送过程中不会出现失序现象，分组发送的顺序与接收的顺序一致。因而虚电路方式适于传送连续的数据流。

3）分组头简单。由于在传送信息之前已建立好连接，所以数据分组的分组头较简单，不需要包含目的终端的地址，只需要包含能够识别虚连接的标志即可完成寻址功能。信息传输的效率较高。

4）对故障敏感。在虚电路方式中，一旦出现故障或虚连接中断，则通信中断，这有可能丢失数据，所以这种方式对故障比较敏感。

9.3　ATM 交 换

9.3.1　ATM 技术的产生

1986 年国际电联提出了宽带综合业务数字网络（B - ISDN），B - ISDN 的目标是以一个综合、通用的网络来承载全部现有和将来可能出现的业务，它是面向宽带多媒体业务的网络，对于任何业务，不管是实时业务或非实时业务、速率恒定或速率可变业务、高速宽带或低速窄带业务、传输可靠性要求不同的业务都要支持。

在这样的通信业务条件下，传统的电路交换和分组交换都不能满足需求。电路交换的技术特点是：固定分配带宽，面向物理连接，同步时分复用，适应实时话音业务，但是信道带宽（速率）分配缺乏灵活性，且在处理突发业务情况下效率低。分组交换的技术特点是：动态分配带宽，面向无连接或逻辑连接，统计时分复用，适应可靠性要求较高，有突发特性的数据通信业务，但不适宜于实时通信。在研究分析了电路交换和分组交换技术之后，针对 B - ISDN 专门研究了一种新的交换技术，1988 年，国际电联正式把这种技术命名为异步传送模式（ATM）交换技术。ATM 是 B - ISDN 网络的核心技术，用于传输、复用和交换。

9.3.2　ATM 的信元结构和传送模式

在 ATM 中，各种信息的传输、复用和交换都以信元为基本单位。ATM 信元有固定的长度与固定的结构，如图 9 - 5 所示。信元结构包含 5 字节信头和 48 字节信息域，总长度为 53 字节。

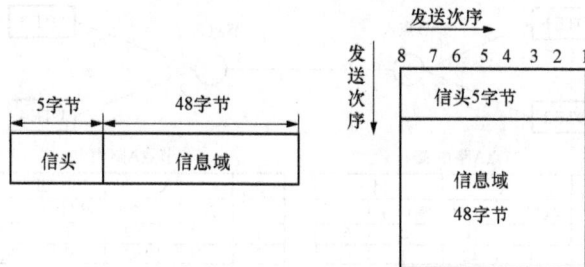

图 9 - 5　ATM 信元结构

ATM 信头中包含了各种控制信息，主要是表示信元去向的地址信息，还有一些操作维护管理的信息，如信元优先级标志以及纠错码等。ATM 信元的信息段既可用于承载用户信息，也可用于承载管理信息。

在 B－ISDN 网络中，无论用户线上还是中继线上，信息的传送都是以 ATM 信元为单位进行的。但是对于用户—网络接口（user network interface，UNI）和网络节点接口（network node interface，NNI）来说，信头的结构有所不同，图 9 - 6 给出了 UNI 和 NNI 的信头结构，其中各个字段的含义和用途描述如下：

（1）GFC（generic flow control）：通用流量控制，是一个 4bit 的字段，用来在 UNI 接口上提供用户到网络方向上的流量控制。

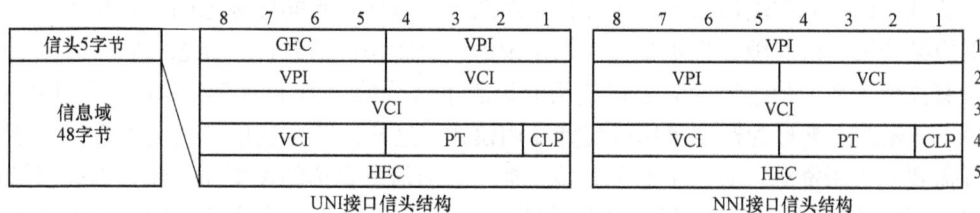

图 9 - 6　ATM 信头结构

（2）VPI（virtual path identifier）：虚通道标志，VPI 字段在 UNI 接口上为 8bit，在 NNI 接口上为 12bit。

（3）VCI（virtual channel identifier）：虚信道标志，是一个长度为 16bit 的字段。

（4）PT（payload type）：净荷类型，表示 48byte 的信息段所承载的信息类型，3bit 的字段，可以指示 8 种 ATM 信元净荷类型，表 9 - 1 所示为 PTI 编码标志值及净荷类型。

表 9 - 1　　　　　　　　　　　　PTI 编码标志值及净荷类型说明

PTI 编码（432）	类型说明	PTI 编码（432）	类型说明
000	用户数据单元，没有遭遇拥塞，AUU=0	100	段 OAM 流 F5 信元
001	用户数据单元，没有遭遇拥塞，AUU=1	101	端到端 OAM 流 F5 信元
010	用户数据单元，遭遇过拥塞，AUU=0	110	资源管理信元
011	用户数据单元，遭遇过拥塞，AUU=1	111	保留未来使用

注意：PTI 编码中最高位（第 4 比特位）用来区分是用户数据信元还是其他信元，该比特为 0 表示是用户数据信元，为 1 表示是其他信元。如果是用户数据信元：PTI 编码的中间比特位（第 3 比特位）表示该信元是否遭遇过拥塞，为 1 表示该信元遭遇过拥塞，为 0 表示该信元未遭遇过拥塞；PTI 编码的低位（第 2 比特位）用来区分 AUU 的值是 0 还是 1，AUU 表示 ATM 用户至用户指示（ATM - user - to - ATM - user indication）。PTI 高位编码为 1 的信元，包括 OAM F5 信元和资源管理信元，在此不介绍其具体用法。

（5）CLP（cell loss priority）：信元丢弃优先权，只有 1bit，CLP＝0 表示信元具有高优先级，CLP＝1 表示信元具有低优先级，当网络发生拥塞时，首先丢弃 CLP＝1 的信元。

（6）HEC（header error control）：信头差错控制，共 8bit，代表一个多项式，用来检验信头在传输中是否出错。

ATM 本质上是一种高速分组传送模式。它将话音、数据及图像等所有的数字信息分解成长度固定（48 字节）的数据块，并在各数据块前装配由地址、丢失优先级、流量控制、差错控制（HEC）信息等构成的信头（5 字节），形成 53 字节的完整信元。它采用异步时分复用的方式将来自不同信息源的信元汇集到一起，在一个缓冲器内排队，然后按照先进先出的原则将队列中的信元逐个输出到传送线路，从而在传送线路上形成首尾相接的信元流。每个信元的信头中含有虚通路标志符/虚信道标志符（VPI/VCI）作为地址标志，网络根据信头中的地址标志来选择信元的输出端口转移信元。

由于信息源产生信息的过程是随机的，所以信元抵达队列也是随机的。速率高的业务信元到来的频次高；速率低的业务信元到来的频次低。这些信元都按到达的先后顺序在队列中排队，队列中的信元按输出次序复用在传送线路上。这样具有同样标志的信元在传送线路上并不对应某个固定的时隙，也不是按周期出现的，也就是说信息传送标志和它在时域的位置之间没有任何关系，信息识别只是按信头的标志来区分的。由于 ATM 具有这个复用特性，因此 ATM 模式也被称为标志复用或统计复用模式。这样的传送复用方式使得任何业务都能按实际需要来占用资源，对某个业务，传送速率会随信息到达的速率而变化，因此网络资源得到最大限度的利用。此外，ATM 网络可以适用于任何业务，不论其特性（速率高低、突发性大小、质量和实时性要求）如何，网络都按同样的模式来处理，真正做到了完全的业务综合。

ATM 交换技术是以分组传送模式为基础并融合了电路传送模式的优点发展而来的，兼具分组传送模式和电路传送模式的优点。ATM 交换技术主要有以下 3 个特点。

（1）固定长度的信元和简化的信头。信头的简化减少了交换节点的处理开销，加快了交换的速度，极大地提高了网络的传输处理能力，使实时业务应用成为可能。此外，ATM 只对重要的信头做差错检验，并没有对整个信元做差错检验，简化了操作，提高了信息处理能力。

（2）采用了异步时分复用方式。异步时分复用将时间划分为等长的时间片，用于传送固定长度的信元。此外，异步时分复用是依据信头中的标志（VPI/VCI）来区分是哪路通信的信元。采用异步时分复用方式，实现了动态分配带宽，可适应任意速率的业务。

（3）采用了面向连接的工作方式。ATM 采用面向连接的工作方式，与分组交换的虚电路相似，它不是物理连接，而是逻辑连接，称为虚连接（VC：virtual connection）。为便于管理和应用，ATM 的虚连接分为两级：虚通道连接（VPC：virtual path connection）和虚信道连接（VCC：virtual channel connection）。

9.3.3 ATM 交换的基本原理

ATM 交换是指 ATM 信元通过 ATM 交换系统从输入的逻辑信道到输出的逻辑信道的信息传递过程。输出逻辑信道的确定是根据连接建立请求在众多的输出逻辑信道中进行选择来完成的。ATM 逻辑信道是由物理端口（入线或出路）编号和虚通道标志（VPI）与虚信道（VCI）共同识别的。

ATM 交换的基本原理如图 9-7 所示。图中的交换节点有 M 条入线（$I_1 \sim I_M$）和 N 条出线（$O_1 \sim O_N$），每条入线和出线上传送的都是 ATM 信元。每个信元的信头值由 VPI/VCI 共同标志，信头值与信元所在的入线（或出线）编号共同表明该信元所在的逻辑信道，例如，图中入线 I_1 上有 4 个信元，信头值（VPI/VCI）分别为 x、y、z，那么在入线 I_1 上至少有 3 个逻辑信道。在同一入线与出线上，具有相同信头值的信元属于同一个逻辑信道，例如入线 I_1 上有两个信道值为 x 的信元，这两个信元属于同一个逻辑信道。在不同的入线或出线上可以出现相同的信头值，例如，入线 I_1 和入线 I_M 上有信元的信头值都是 x，但它们不属于同一个逻辑信道。

ATM 交换就是指从入线上来的输入 ATM 信元，根据翻译表被交换到目的出线上，同时其信头值由输入值被翻译成输出值。例如，凡是在输入链路 I_1 上信头值为 x 的所有信元，根据翻译表都被交换到出线 O_1，并且其信头值被翻译（即"交换"）成 k；链路 I_1 上信头值为 y 的信元根据翻译表被交换到出线 O_N，同时信头值由 y 变为 m。同样，链路 I_M 上所有信头值为 x 的信元也被交换到出线 O_1，同时其信头值被翻译为 n。注意，来自不同入线的 2 个

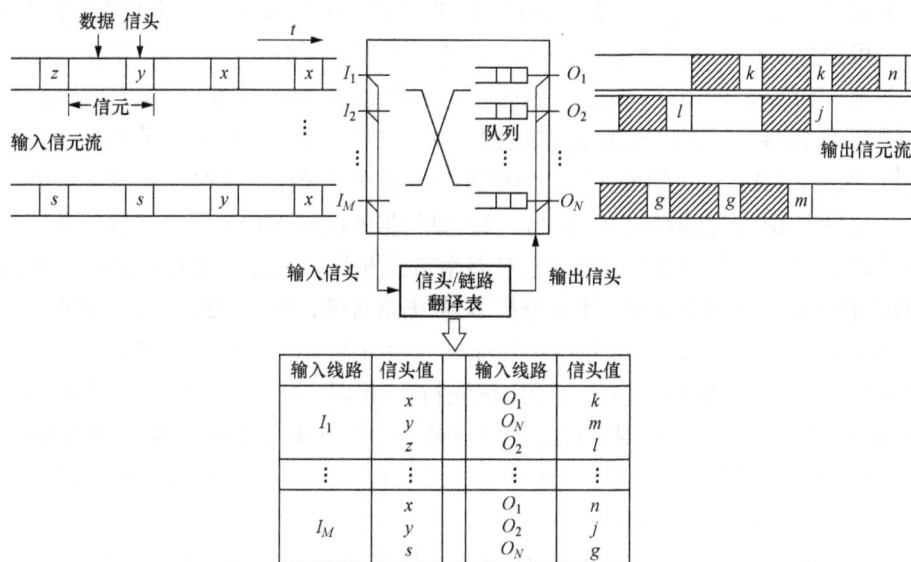

図 9-7　ATM 交换基本原理

信元（入线 I_1 上 x 与入线 I_M 上 x）可能会同时到达 ATM 交换机并竞争同一出线（O_1），但它们又不能在同一时刻从出线上输出，因此要设置队列（缓冲器）来存储竞争中失败的信元，如图所示，这个队列被设置在出线上。

由此可见，ATM 交换实际上是完成了 3 个基本功能：选路、信头翻译与排队。

选路就是选择物理端口的过程，即信元可以从某个入线端口交换到某个出线端口的过程，选路具有空间交换的特征。

信头翻译是指将信元的输入信头值（入 VPI/VCI）变换为输出信头值（出 VPI/VCI）的过程，VPI/VCI 的变换意味着某条入线上的某个逻辑信道中的信息被交换到另一条出线上的另一个逻辑信道。信头翻译体现了 ATM 交换异步时分复用的特征。信头翻译与选路功能合作共同完成 ATM 交换。信头翻译与选路功能的实现是根据翻译表进行的，而翻译表是 ATM 交换系统的控制系统依据通信建立的请求而建立的。

排队是指给 ATM 交换网络（也叫作交换结构）设置一定数量的缓冲器，用来存储在竞争中失败的信元，避免信元的丢失。由于 ATM 采用异步时分复用方式来传输信元，所以经常会发生同一时刻有多个信元竞争公共资源的情况，例如争出线（出线竞争）或交换网络内部链路（内部竞争）。因此 ATM 交换网络需要有排队功能，以免在发生资源争抢时丢失信元。

9.4　多协议标签交换

9.4.1　MPLS 的基本概念

IETF 于 1997 年成立了 MPLS 工作组，为的是开发出一种新的协议。这种新的协议就是多协议标签交换 MPLS（Multi-Protocol Label Switching）。不同于传统 IP 的面向无连接转发，MPLS 的标签交换机制建立了一种面向连接的数据转发路径，通过控制标签路径的建立，就可以控制数据的转发路径。另外，在 MPLS 域内，路由器不再需要查看每个数据报的目的 IP 地址，只需要根据封装在 IP 首部外面的标签进行转发即可。如图 9-8 所示，RTA 收到 IP 数据报后，封装上 MPLS 标签 1024，然后将携带了标签的数据从 s0 口发出。RTB 从端口 s0 收到 RTA 发送的带有标签的报文，查找标签映射表，将入标签 1024 替换为出标签 1029，然后将数据从 s3 端口送出，RTC 在收到报文后，同样进行标签交换操作。数据在 MPLS 域内转发的时候，并不需要检查 IP 首部的目的 IP 地址，只需要根据外面的 MPLS 标签进行转发即可，从而免去了查找路由表的步骤。MPLS 与传统 IP 路由方式相比，它在数据转发时，只在网络边缘分析 IP 数据报首部，而不用在每一跳都分析 IP 数据报首部，从而节约了处理时间。

MPLS（Multi-Protocol Label Switching）技术可以从以下 3 个方面来理解。

1）Multi-Protocol 指的是多种三层协议支持，如 IP、IPv6、IPX 等。最常见的应用就是 IP，在图 9-8 中，MPLS 中封装的上层协议就是 IP。MPLS 的标签封装通常处于二层和三层之间，所以有时候也会把 MPLS 称为 2.5 层协议。MPLS 可使用多种链路层协议，如 PPP、以太网、ATM 以及帧中继等。

2）Label 指的是标签，MPLS 是一种标签交换技术，这里的标签只具有局部意义，是用于区分不同业务或者不同用户的一种信息，譬如去往目的地 A 和去往目的地 B 的数据可以用不同的标签进行表示，而路由器 RTA 上和路由器 RTB 上标签去往目的地 A 的标签可能并不会相同。

3）Switching 指的是标签的交换，MPLS 报文交换和转发是基于标签的。针对 IP 业务，IP 数据报在进入 MPLS 网络时，入口的路由器分析 IP 数据报的内容，并且为这些 IP 数据报选择合适的标签，然后所有 MPLS 网络中的节点都是依据这个简短标签来作为转发依据，每经过一个中间节点都需要进行标签的交换。当该 IP 数据报最终离开 MPLS 网络时，标签被出口的边缘路由器分离。

MPLS 并没有取代 IP，而是作为一种 IP 增强技术，被广泛地应用在互联网中。由于 MPLS 结合了 IP 网络强大的三层路由功能和传统二层网络高效的转发机制，在转发平面采用面向连接方式，这使得 MPLS 能够为流量工程（Traffic Engineering，TE）、虚拟专用网（Virtual Private Network，VPN）、服务质量（Quality of Service，QoS）管理等应用提供更好的解决方案。

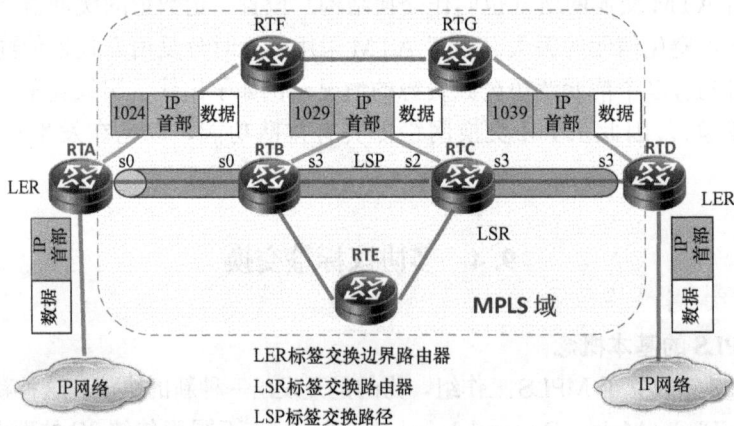

图 9-8　MPLS 网络模型

MPLS 的基本概念：

1）标签交换路由器 LSR：具有 MPLS 标签交换功能的路由器。

2）MPLS 域（MPLS domain）是指 LSR 路由器构成的网络。

3）标签交换边界路由器 LER：位于 MPLS 域边缘用于连接 IP 网络或其他非 MPLS 网络的路由器。

LSR 和 LER 都具有标签转发能力，两者所处位置不同，对报文的处理也不同。LSR 只负责按照标签进行标签交换报文转发。入结点 LER 负责从 IP 网络接收 IP 报文并给报文打上标签，然后送入下一跳 LSR，出结点 LER 负责从上一跳 LSR 接收带标签的报文并去掉标签然后转发到 IP 网络。

4）标签转路径 LSP：报文在 MPLS 域内进行转发时经过的路径称为标签转发路径，这条路径是在转发报文之前就已经通过相关协议确定并建立好，报文会在特定的 LSP 上进行传递。

9.4.2　MPLS 的工作原理

1. MPLS 的基本结构

路由器或者交换机包括了两个平面，分别是控制平面和数据平面，如图 9-9 所示。其中，控制平面负责产生和维护路由信息以及标签信息，数据平面则负责普通 IP 报文的转发以及带 MPLS 标签报文的转发。

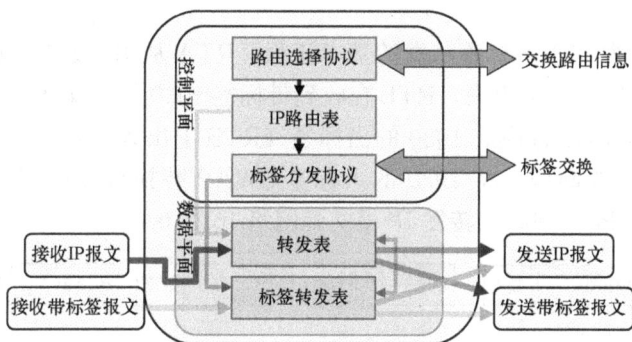

图 9-9　MPLS 结构

控制平面中又可以分成多个功能模块，分别是路由协议（Routing Protocol）模块、IP 路由表（IP Routing Table）模块、标签分发协议（Label Distribution Protocol）模块等。路由协议模块负责路由信息的传递、计算，并生成 IP 路由表，IP 路由表模块存放了本台设备上的相关路由信息，标签分发协议模块则负责标签信息的生成、交换，并建立标签转发路径 LSP。

数据平面包括 IP 转发表和标签转发表。IP 转发表根据控制平面中的 IP 路由表生成，当收到普通 IP 数据报时，如果是普通 IP 转发，则查找 IP 转发表进行数据发送；如果需要标签转发，则加上标签按照标签转发表转发。当收到带有标签的数据报时，如果需按照标签转发，则根据标签转发表转发；如果需要转发到 IP 网络，则去掉标签后根据 IP 转发表转发。

2. MPLS 的转发流程

MPLS 的工作原理大致可以从两个方面进行理解，一是控制平面的标签生成和标签路径的建立，二是数据平面的基于标签交换的数据转发。

IP 转发是根据目的 IP 地址查找路由表，路由表中定义了目标网段、下一跳、出接口等信息。MPLS 转发中同样定义了一些概念用于描述 MPLS 的标签转发。

(1) 节点角色。

1) 入节点 (Ingress)。数据从 IP 网络进入 MPLS 网络的边缘设备，执行的标签操作为压入 (PUSH)，对数据报文进行标签封装。

2) 中间节点 (Transit)。数据标签转发的中间节点，位于 MPLS 域内部，执行的标签操作为交换 (SWAP)，也就是携带标签的报文从一个端口入，然后被交换成另一个标签从出端口发出。

3) 出节点 (Egress)。数据从 MPLS 网络发送到 IP 网络的边缘设备，执行的标签操作是弹出 (POP)，MPLS 报文的标签被剥离，成为 IP 报文。

(2) 转发等价类 (Forwarding Equivalence Class, FEC)。FEC 是在转发过程中以等价的方式处理的一组数据分组，例如目的地址前缀相同的数据分组。通常控制平面在分配标签的时候，会为一个 FEC 分配同样的标签。FEC 和标签是一一对应的关系。

(3) 下一跳标签转发条目 (Next Hop Label Forwarding Entry, NHLFE)。NHLFE 是进行标签转发时需要用到的一些基本信息，类似于 IP 路由表中的下一跳、出接口等。在 NHLFE 中包含了一些信息，包括报文的下一跳、标签操作 (PUSH、SWAP、POP)、出接口等。

如图 9-10 所示为 MPLS 标签转发的基本流程。RTA 从 IP 域接收 IP 报文，PUSH 压入标签 1030，从接口 S0 发送出去，RTB 在收到带标签 1030 的报文时，执行 SWAP 标签交换的操作，将入标签 1030 替换成 1030 的出标签 (RTB 上出入标签相同)，接口 S3 发送出去。RTC 上执行相同的操作，将 1030 的入标签 SWAP 替换成 1032 的标签发送到 RTD，RTD 将 1032 的标签 POP 剥离，转发 IP 报文到网络 10.2.0.0/24。

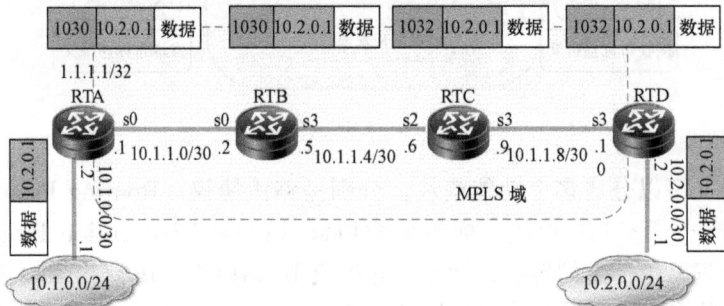

图 9-10　MPLS 转发流程

9.5　软　交　换

9.5.1　软交换定义

我国信息产业部电信传输研究所对软交换的定义是："软交换是网络演进以及下一代分级网络的核心设备之一，它独立于传送网络，主要完成呼叫控制、资源分配、协议处理、路由、认证、计费等主要功能，同时可以向用户提供现有电路交换机所能提供的所有业务，并向第三方提供可编程能力。"

从广义上看，软交换泛指一种体系结构，包括了 4 个功能层面：媒体/接入层、传输层、控制层和业务/应用层，如图 9 - 11 所示。它主要由软交换设备、信令网关、媒体网关、应用服务器、IAD（integrated access device）等组成。

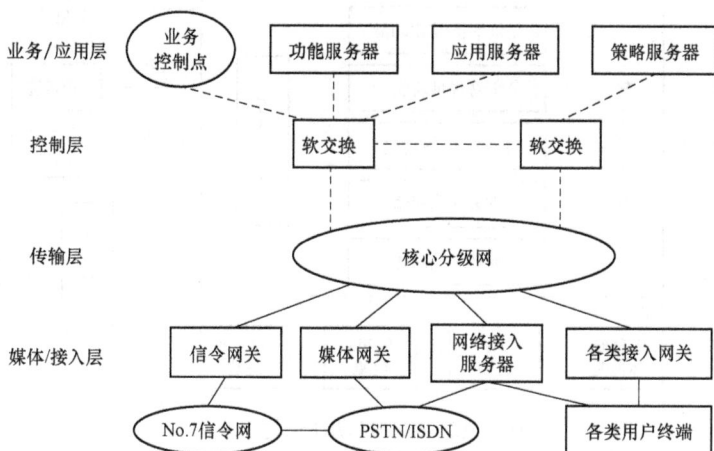

图 9 - 11　软交换系统结构示意图

从狭义上看，软交换指软交换设备，定位在控制层。软交换是下一代网络的控制功能实体，为下一代网络具有实时性要求的业务提供呼叫控制和连接控制功能，是下一代网络呼叫与控制的核心。

9.5.2　软交换的特点和功能

1. 特点

（1）软交换系统的最大优势是将应用层和控制层与核心网络完全分开，有利于快速方便地引进新业务。

（2）软交换将传统交换机的功能模块分离成为独立的网络部件，各个部件可以按相应的功能划分，各自独立发展。

（3）软交换系统中部件间的协议接口基于相应的标准，部件化使得电信网络逐步走向开放，运营商可以根据业务需要自由组合各部分的功能产品来组建网络，而且部件间协议接口的标准化方便了各种异构网互通的实现。

（4）软交换系统可以为模拟用户、数字用户、移动用户、IP 网络用户、ISDN 用户等多种网络用户提供业务。

（5）软交换可以利用标准的全开放应用平台为客户定制各种新业务和综合业务，最大限度地满足用户需求。

2. 功能

软交换的主要设计思想是业务/控制与传送/接入分离，各实体之间通过标准的协议进行连接和通信。目前软交换主要完成以下功能：媒体网关接入功能、呼叫控制功能、业务提供功能、互连互通功能（H. 323 和 SIP、INAP）、支持开放的业务/应用接口功能、认证与授权功能、计费功能、资源控制功能和 QoS 管理功能、协议和接口功能等。它的主要功能如

图 9 - 12 所示。

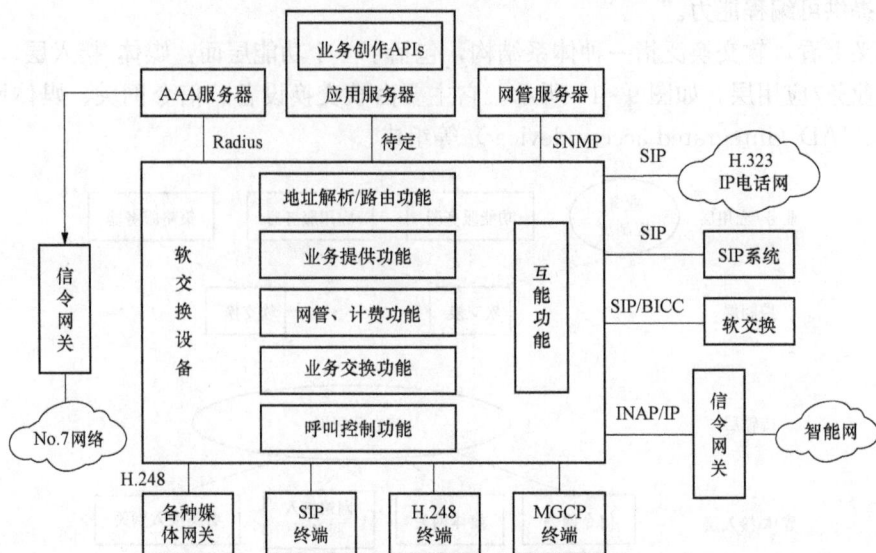

图 9 - 12　软交换功能结构示意图

（1）媒体网关接入功能。该功能可以认为是一种适配功能，它可以连接各种媒体网关，如 PSTN/IP 中继媒体网关、ATM 媒体网关、用户媒体网关、无线媒体网关、数据媒体网关等，完成 H.248 协议功能。同时还可以直接与 H.323 终端和 SIP 客户端终端进行连接，提供相应业务。

（2）呼叫控制和处理功能。呼叫控制功能是软交换的重要功能之一，它完成基本呼叫的建立、维持和释放，提供控制功能，包括呼叫处理、连接控制、智能呼叫触发检测和资源控制等，是整个网络的中枢。

（3）协议功能。软交换作为一个开放的实体，与外部的接口必须采用开放的协议。

1）媒体网关与软交换间的接口。用于软交换对媒体网关的承载控制、资源控制及管理。此接口可使用媒体网关控制协议（MGCP：media gateway control protocol ）或 H.248/Megaco 协议。

2）信令网关与软交换间的接口。用于传递软交换和信令网关间的信令信息。此接口可使用信令传输（Sigtran：signaling transport ）协议实现基于 IP 的 No.7 信令传送。

3）软交换间的接口。实现不同软交换间的交互。此接口可以使用 SIP－T 或 BICC 协议。

4）软交换与应用/业务层之间的接口。提供访问各种数据库、第三方应用平台、各种功能服务器等的接口，实现对各种增值业务、管理业务和第三方应用的支持。如：

　•软交换与应用服务器间的接口。此接口可使用 SIP 协议或 API（如 PARLAY API ），提供对第三方应用和各种增值业务的支持功能。

　•软交换与策略服务器间的接口。实现对网络设备的工作进行动态干预，并可使用 COPS 协议。

　•软交换与网管中心间的接口。实现网络管理，可使用 SNMP 协议。

·软交换与智能网的 SCP 之间的接口。实现对现有智能网业务的支持，可使用 INAP 协议。

（4）业务提供功能。由于软交换在电信网络从电路交换网向分组网演进的过程中起着十分重要的作用，所以软交换应能够提供 PSTN/ISDN 交换机提供的全部业务，包括基本业务和补充业务；同时还可以与现有智能网配合提供现有智能网所提供的业务；也可以支持第三方业务平台，提供多种增值业务和智能业务。

（5）互通功能。软交换互通功能可以通过信令网关实现分组网与现有 No.7 信令网的互通；可以通过信令网关与智能网互通；可以通过软交换的互通模块，采用 H.323 协议与 IP 电话网互通，采用 SIP 协议与 SIP 网络互通。

9.5.3 软交换呼叫控制原理

这里所介绍的软交换主要是指在控制平面的软交换设备。软交换通过软件来实现对各种呼叫建立的控制，完成呼叫的交换过程。在传统的 PSTN 中，呼叫控制与业务提供是不可分离的，它们都在交换机内部实现。对于不同的业务，要有相应的交换设备来控制呼叫的建立。而软交换不仅将呼叫控制能力从交换机上分离出来，还使呼叫控制与提供的业务无关。以软交换为核心的下一代网络，利用分组网代替传统交换机中的交换矩阵，开放了业务、控制、接入协议，不仅可以接入多种网络，而且可以方便地构建新的业务。

软交换最重要的功能就是呼叫控制功能。为了实现呼叫控制与具体的网络实现无关，软交换要先进行协议转换的操作，然后将呼叫控制消息转换为抽象的中间消息进行统一处理。上层软件看到一条呼叫建立的消息时，并不关心它是来自 PSTN 网络、H.323 网络还是其他分组网，只需要根据呼叫处理流程进行下一步的处理即可。可以将软交换呼叫控制的基本原理概括如下：

（1）通过信令网关交互必要的控制信息。在与电路交换网互通的情况下，软交换要与信令网关进行信令消息的互通，处理接收到的信令消息，或者将 IP 网的控制消息转换为适合在电路交换网中传送的信令消息格式。

（2）进行协议的转换工作。连接异构网络的时候，软交换要实现不同协议消息间的转换工作，比如将 SIP 协议中表示呼叫建立的 INVITE 消息转换为 ISUP 中的 IAM 消息等。

（3）控制媒体网关检测呼叫的建立和释放等操作。软交换需要与连接主叫和被叫的媒体网关进行通信，控制其为呼叫的建立分配必要的资源，并获取与呼叫相关的信息，如 RTP 地址和端口号；软交换还要能够进行必要的寻址操作，控制媒体网关进行发送、停止信号音等操作。

9.6 小 结 与 思 考

本章讨论的是通信网络中的交换技术，主要解决任意两点之间较低成本的相互通信问题。本章首先介绍了电路交换和分组交换两种基本交换方式的原理，然后对 ATM 交换技术的信元结构和传递模式及基本原理进行阐述，接着讨论了 MPLS 技术的工作原理，最后对软交换的特点、功能和呼叫控制原理进行了介绍。

习　题

9.1　电路交换的特点有哪些？

9.2　分组交换有哪两种方式？试比较这两种方式的优缺点。

9.3　ATM UNI 接口的信元与 NNI 接口的信元结构有什么异同？

9.4　ATM 信元头中各个域的含义是什么，完成什么功能？

9.5　ATM 交换技术的特点有哪些？

9.6　MPLS 网络由哪些设备构成？

9.7　LDP 的功能是什么？

9.8　标签交换设备主要由哪两个组件构成，各完成什么功能？

9.9　绘图说明软交换的系统结构。

9.10　软交换的特点与功能是什么？

参 考 文 献

［1］ 周炯槃．通信网理论基础（修订版）．北京：人民邮电出版社，2009.

［2］ 苏驷希．通信网性能分析基础．北京：北京邮电大学出版社，2006.

［3］ 李建东．通信网络基础．2 版．北京：高等教育出版社，2011.

［4］ 石文孝．通信网理论与应用．2 版．北京：电子工业出版社，2016.

［5］ 毛京丽．现代通信网．4 版．北京：北京邮电大学出版社，2021.

［6］ 潘勇，黄进永，胡宁．可靠性概率．北京：电子工业出版社，2015.

［7］ 孙荣恒，李建平．排队论基础．北京：科学出版社，2002.

［8］ 朱华，黄辉宁．随机信号分析．北京：北京理工大学出版社，1990.

［9］ William Stallings. 王海，张娟，周慧，等译．数据与计算机通信．10 版．北京：电子工业出版社，2015.

［10］ Giovanni Giambene. Queuing Theory and Telecommunications Networks and Applications. 2014.

［11］ Larry L. Peterson. Elsevier Inc；Bruce S. Davie. Computer Networks‐A Systems Approach，2012.

［12］ Tanenbaum，Andrew Wetherall，David. Prentice Hall；Computer Networks. 2010.